可鲁克湖水环境

王圣瑞　翟永洪　吴　越 等　著

科 学 出 版 社

北　京

内 容 简 介

本书针对可鲁克湖水环境问题，从历史演变和区域发展角度，围绕水环境演变特征及驱动机制、水污染综合治理方案设计和水环境保护治理路线图三方面，系统梳理和总结了可鲁克湖流域生态环境现状、存在的问题以及可鲁克湖水质下降与流域发展及水环境保护治理间关系。首先从流域变化视角，解析了导致可鲁克湖水质下降的原因；其次从流域产业结构调整与污染控制、湖滨湿地保护与功能提升、湖泊水生态保护与修复及流域水质目标管理等方面，制定了可鲁克湖保护治理方案，并提出了具体建议；最后，进一步基于对我国乃至世界湖泊保护治理历程及经验教训的回顾，从区域层面分析了青藏高原湖泊的脆弱性等自然属性与流域经济社会特征，提出了该湖区湖泊保护治理需要关注的重点问题与保护治理路线图，研究成果可为可鲁克湖及其他青藏高原湖泊保护提供理论支撑。

本书可供从事湖泊保护治理、环境工程、水环境管理及流域管理等部门的研究人员、管理人员及高等院校师生等参考。

图书在版编目(CIP)数据

可鲁克湖水环境 / 王圣瑞等著. —北京：科学出版社，2020.8

ISBN 978-7-03-065684-1

Ⅰ. ①可… Ⅱ. ①王… Ⅲ. ①湖泊-水环境-环境综合整治-德令哈
Ⅳ. ①X524

中国版本图书馆CIP数据核字(2020)第126288号

责任编辑：刘 冉 / 责任校对：杜子昂
责任印制：吴兆东 / 封面设计：北京图阅盛世

科学出版社 出版
北京东黄城根北街 16 号
邮政编码: 100717
http://www.sciencep.com
北京建宏印刷有限公司 印刷
科学出版社发行 各地新华书店经销
*
2020 年 8 月第 一 版 开本：720 × 1000 1/16
2020 年 8 月第一次印刷 印张：16
字数：320 000

定价：138.00 元

(如有印装质量问题，我社负责调换)

本书作者

王圣瑞　翟永洪　吴　越
胡　健　巢世军　周小平
王建荣　胡　鑫

前 言

可鲁克湖地处青藏高原腹地，青海省海西蒙古族藏族自治州德令哈市境内的柴达木盆地北缘次一级盆地——德令哈冲洪积扇盆地，面积为 58.03 km^2，属巴音河流域，为典型高寒干燥大陆性气候区，植被极度稀疏，但矿产和旅游资源丰富。

可鲁克湖是青藏高原湖区水质较好的湖泊，自有监测数据以来，水质多年为Ⅱ类；但 2003 年后其水质呈总体下降趋势，尤其是 COD、氨氮和 pH 等主要水质指标值增加趋势明显，特别是 2012～2015 年间，伴随两次较大洪水，可鲁克湖水质发生了剧烈变化，2012～2013 年 COD_{Cr} 浓度升高了 2.44 倍，2014～2015 年氨氮浓度升高了 5.16 倍；2012～2016 年间各监测点位主要水质指标平均值Ⅱ类水达标率为 45.82%，Ⅲ类水达标率为 70.82%。可鲁克湖水质整体下降风险较大，但原因不清；伴随水质下降，湖泊水生生态系统呈现明显退化趋势，相比 20 世纪 80 年代，湖泊浮游植物密度与生物量大幅下降，浮游动物小型化、种群结构简单化，生物量锐减，水生植物种类及分布面积大幅下降。

青藏高原湖区作为我国湖泊分布最为集中区域，由于其特殊的生态屏障作用与水资源及生物多样性等价值而备受关注，长期以来由于受人类活动干扰强度较小，青藏高原湖泊水质总体较好，相关研究更多关注了气候变化影响及湖泊演化等内容，而对该湖区湖泊水环境及水生态问题等缺乏较为系统的认识，对水污染问题关注较少，其保护治理及管理等相关研究均较为薄弱。青藏高原在我国生态安全战略格局中具有极其重要的地位，可鲁克湖水质快速下降的问题警示我们，需要重视该区域湖泊保护治理问题，不能再走我国东部湖泊先污染、后治理的老路，防控青藏高原湖泊水污染和富营养化也是我国湖泊保护治理的重要任务。

基于此，本书从可鲁克湖水质下降问题切入，按照识别问题—诊断原因—系统设计—逐个落实的思路，从水环境特征及演变、水质下降的流域及区域驱动因素分析、湖泊水污染综合治理方案和水环境保护治理路线图等层面，系统梳理了可鲁克湖水质下降与流域发展及水环境保护间关系，剖析了可鲁克湖水环境变化与流域发展间关系及驱动机制，分析了流域污染排放及入湖特征，明确了可鲁克湖 COD 和氨氮以畜牧业来源为主，TN 和 TP 以农业面源为主的入湖负荷特征；同时结合荧光光谱技术等揭示了可鲁克湖水质下降及水生态退化是流域人口增加、产业迅速发展、农林渔牧业产业结构变化、水文及水资源条件改变、流域荒漠化及湖滨湿地退化等因素综合作用的结果，而特殊气象条件导致的洪水则是水质快速下降的主要诱因，即自然因素是次要因素，而流域人类活动增加和经济社会不合理发展方式是湖泊水质下降的主因。从流域产业结构调整与污染控制、湖滨湿地保护与功能提升、湖泊水生态保护与修复及流域水质目标管理等方面，给出了可鲁克湖保护治理的具体建议措施。

此外，鉴于可鲁克湖乃至青藏高原湖泊的脆弱性及保护治理的特殊性，针对其可能面临的水污染风险，综合考虑我国湖泊保护治理历程，在区域层面总结了青藏高原湖泊自然与流域经济社会特征及湖泊水质变化趋势，综合考虑了区域湖泊特殊的生态屏障作用及水资源价值和独特的脆弱性等特征，以协调流域发展与湖泊保护间关系为主线，突出保护优先的理念，提出了需要高度关注青藏高原湖泊水污染问题的观点和该区域湖泊保护治理路线图，这是本书的重要成果，可为可鲁克湖及青藏高原湖泊保护治理提供支撑和参考。

本书共 9 章，王圣瑞负责总体设计，王圣瑞与吴越负责组织编写与统稿。第 1 章由翟永洪、巢世军及吴越撰写，第 2 章由周小平、胡健及吴越撰写，第 3 章由吴越及王圣瑞撰写，第 4 章由王圣瑞及吴越撰写，第 5 章由吴越及巢世军撰写，第 6 章由吴越、胡鑫与王建荣撰写，第 7 章由胡健、翟永洪及周小平撰写，第 8 章由吴越及王圣瑞撰写，第 9 章由王圣瑞及吴越撰写。

本书的形成得到了北京师范大学、中国环境科学研究院及青海省生态环境保护科学研究院等单位的支持和帮助；本书的出版得到北京师范大学引进人才工作运行和科研启动项目(项目编号：12400-31223232102)资助，依托课题研究期间德令哈市生态环境局给予了大力帮助，青海省生态环境保护科学研究院在现场工作及数据资料等方面也给予了大力支持；胡小贞、韩立及倪兆奎等参与了部分工作，部分研究生参与了样品分析、数据处理及文字校对等工作；本书成稿过程中也得到了多位专家的指导和帮助，在此一并表示诚挚谢意。

由于时间仓促，难免存在不足，恳请批评指正。

王圣瑞　吴　越

2020 年 1 月

目　录

第1章　可鲁克湖流域概况及生态环境现状

可鲁克湖位于青海省海西蒙古族藏族自治州德令哈市境内，属巴音河流域。该区域处于青藏高原腹地的高寒干燥大陆性气候区，植被极度稀疏或无植被，天然植被大多傍河湖而生，大部分地区为典型荒漠。可鲁克湖是柴达木盆地最大的淡水湖，也是德令哈的生态屏障，在维持区域生态平衡、生态安全及调节气候和提供淡水资源等方面具有重要作用(巢世军等，2014；黄桂林，2008)。可鲁克湖流域自然子系统和社会子系统相互联系、相互制约和相互影响，共同推动流域系统的演替和发展(马世骏和王如松，1984)，特别是伴随流域经济社会快速发展，可鲁克湖及流域均发生了较大变化，但问题是变化影响、主导因素和过程等尚不清楚，其对湖泊水环境影响是本研究关心的重点。

基于此，本研究聚焦可鲁克湖流域水环境现状，梳理气候、地貌、水系、人口、经济发展、土地利用、水资源利用等对水环境变化有较大影响的自然环境和经济社会因子，以期掌握可鲁克湖及流域生态环境状况，总结可鲁克湖流域特征，为针对性解析可鲁克湖水环境变化原因和制定保护治理方案提供基础。

1.1　可鲁克湖流域自然概况

1.1.1　湖泊概况

可鲁克湖位于柴达木盆地北缘的德令哈冲洪积扇盆地内，地理坐标为北纬37°15′～37°20′，东经 96°51′～96°58′，东距海西州人民政府所在区域德令哈市42 km，属巴音河流域，流域面积 17608 km^2，长 11.3 km，最大宽 10.5 km，平均宽 5.02 km，水位高程 2817 m 时湖面面积为 58.03 km^2，蓄水量 1.67×10^8 m^3，最大水深 13.3 m，平均水深 2.94 m，属于中型浅水湖泊。就湖泊的形成而言，可鲁克湖属于外泄湖，巴音河和巴勒更河流经草原和戈壁入湖回旋后，从南部低洼处流入与之相通的另一湖泊——托素湖。可鲁克湖与托素湖虽相距很近，有着相同的生态环境和变迁历史，但生态环境状况却迥然不同，可鲁克湖是柴达木盆地东部最大，也是唯一的淡水湖，湖东拥有大片湿地，优良草场环绕，动植物资源丰富，是盆地重要湿地和生物多样性聚集地；而托素湖则是典型内陆咸水湖，水生动植物浮游动植物较少，几乎完全被戈壁滩环绕(图 1-1)。

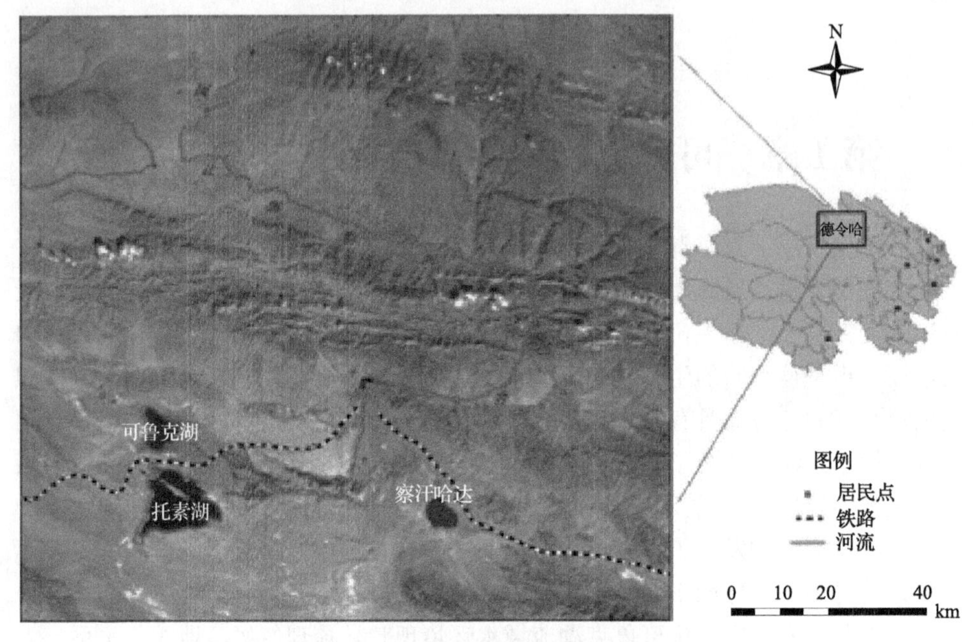

图 1-1　可鲁克湖地理位置示意图

1.1.2　气候特征及地形地貌

1. 气候特征

可鲁克湖地处青藏高原腹地，属于典型高寒干燥大陆性气候区，春季干旱多风，夏季短暂干热，秋季多雨而早霜，冬季寒冷漫长，干旱少雨、风沙大、气候变化剧烈、日照长、积温高和昼夜温差大；多年平均气温 2.8℃，≥10.0℃的天数 100 天；极端最高气温 27.0℃，极端最低气温–22.0℃；多年平均风速 2.30 m/s，最大风速 18.00 m/s，东北风最多；2010 年全年降雨量 264.9 mm，年内蒸发量 2736.2～3505.6 mm。

2. 地形地貌

可鲁克湖流域地处德令哈冲洪积扇盆地，地势北高南低，山川湖盆相间。北部以宗务隆山为界，东部与布赫特山接壤，西部和南部以红层丘陵为主，中部为开阔且较平坦的山前冲洪积倾斜平原和德令哈冲洪积扇，至盆地沉降中心有淡水湖和咸水湖分布，如图 1-2 所示。

由北至南地貌依次为北部宗务隆山为中山地貌，海拔一般在 4000 m 以上，最高峰海拔 5261 m；南坡受大幅度沉降的柴达木盆地侵蚀基准面制约，山势陡峻，

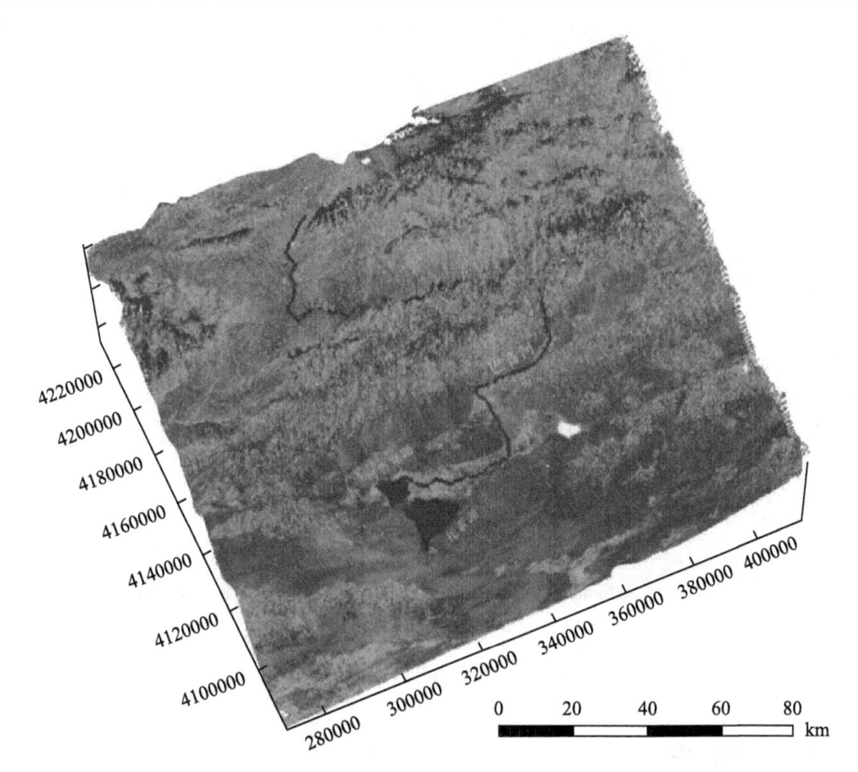

图 1-2　德令哈冲洪积扇盆地三维地形图

资料来源：可鲁克湖生态环境保护项目总体实施方案

侵蚀切割强烈，跌水陡坎发育，为区域水系主要发源地；中部为冲洪积平原区，由山前冲洪积倾斜平原和冲洪积扇组成，向南缓倾，倾斜平原由山前至盆地中部分为戈壁砾石带与细土平原带，坡度由陡变缓；平坦开阔的冲洪积扇中部及倾斜平原前部的细土平原带是良好的农耕区；倾斜平原前部，丘陵区北缘，受构造运动差异性升降影响，形成了近东西向沉降带，并在沉降带两端各形成一个沉降中心，即现今的尕海湖和可鲁克湖—托素湖，此处也为区域汇水中心；南部为海拔 2850～3100 m 的红层丘陵区，由第三纪地层褶皱隆起而形成，剥蚀作用强烈，相对高差 250 m 左右，多为桌状山和环形山，其间沟谷发育。

利用流域数字高程 DEM 数据在 ArcGIS 中得到流域坡向分布图，见图 1-3。由图可知，流域北部山区坡向地形破碎化程度高，经长期地质侵蚀，沟壑纵横，山区河流切割山体较深，多形成险峻峡谷；区内巴音河主河道呈近南北方向，山区内河谷阶地不发育，山区外较发育。可鲁克湖—托素湖地处南北两条东西向山脉中山谷的低洼汇水中心地带。

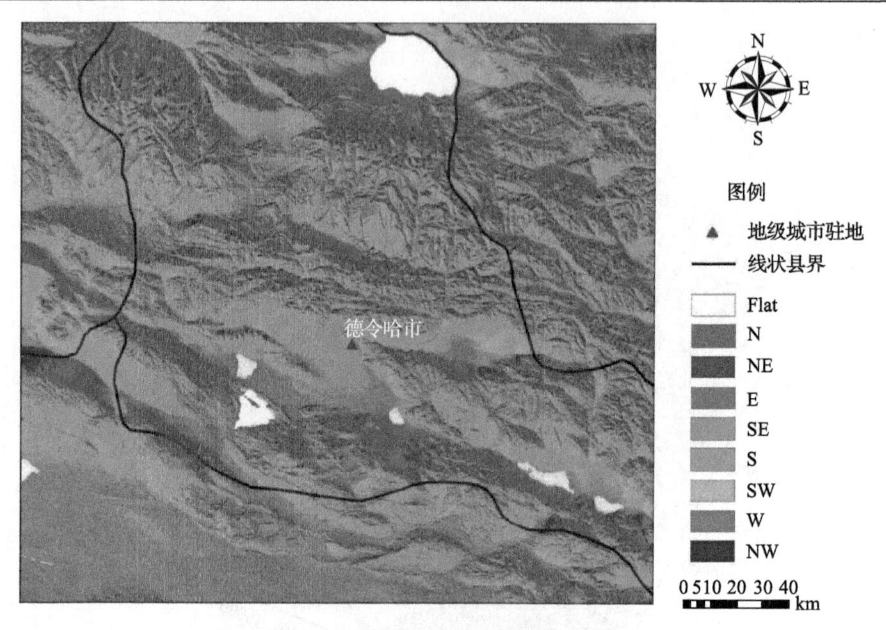

图 1-3　可鲁克湖流域坡向分布图

资料来源：青海省可鲁克湖流域生态环境基线调查报告

1.1.3　流域水系概况

可鲁克湖所属巴音河流域北以野牛脊山、哈尔科山与哈拉湖盆地分隔，东与布赫特山相连，南至阿木尼克山巴音山一线，西以伊克达坂山与塔塔棱河水系相隔。巴音河流域常年有水河流主要是巴音河和巴勒更河，其中巴音河是德令哈市最大河流，也是柴达木盆地第四大河流；巴音河与巴勒更河经几番潜流和溢出后汇入下游的可鲁克湖、托素湖和尕海，河流湖泊共同构成完整的内陆河水系，称为可鲁克湖—托素湖—尕海水系，流域水系见图 1-4。

1. 巴音河

巴音河发源于祁连山脉喀克图蒙克山，上游称乌兰哈达郭勒，中游称阿让郭勒，下游称巴音郭勒。当其在野牛脊山、哈尔科山以南与宗务隆山以北的山间向东流动时，左岸接纳大量支流，形成典型梳状水系。河流切穿宗务隆山，流经克利尔齐、泽林沟、德令哈、尕海、戈壁，最后注入可鲁克湖，再流入托素湖。巴音河出泽林沟水文站后，进入蓄集盆地，之后大量渗入补给地下水，渗漏段长约 23 km。受德令哈构造控制，布赫特山西段(黑石山)与宗务隆山夹峙，在德令哈市西北将蓄集盆地封闭。巴音河河谷束窄，地下水在德令哈水文站上游约 7 km 处大量渗出，径流经地下水库调节后较稳定。

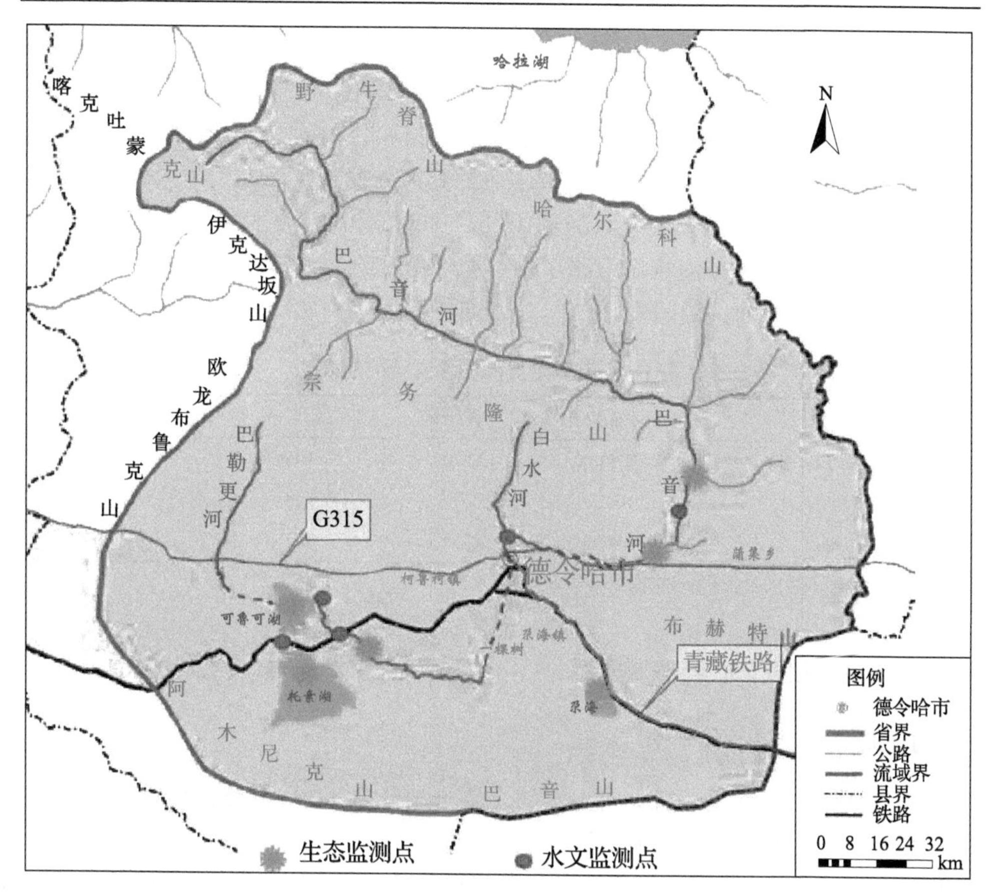

图 1-4　可鲁克湖流域水系图

巴音河流经德令哈市区后，在戈壁滩大量渗漏，潜入地下分东西两支，其中东支潜流部分注入尕海湖，大部分通过泉集河又汇入巴音河，西支在郭里木溢出，汇流成河，向西流经戈壁水文站，最终汇入可鲁克湖。戈壁水文站到可鲁克湖约 10 km 的河段，河床坡度减缓，水流排泄不畅、河汊发育，地表芦苇丛生，形成了宽阔的沼泽湿地；巴音河经可鲁克湖天然调节后，由连通河外排至托素湖。

2. 巴勒更河

巴勒更河发源于宗务隆山，源头分东西两支，汇合后向南切割宗务隆山，受怀头他拉构造影响，巴勒更冲洪积平原被分为南北两部分。巴勒更河在出宗务隆山前 5 km 处即开始大量渗漏补给地下水；出山后，水流在北部平原分散，主流向南约 17 km 后进入怀头他拉水库。巴勒更河全长 66.5 km，流域面积 882 km^2，多年平均径流量为 0.24×10^8 m^3。

3. 白水河

白水河为巴音河支流，发源于柏树山，由石炭二叠纪的岩溶泉水和冰雪融水汇集而成，最终在黑石山水库泄洪道下游处汇入巴音河，全长 15 km，流域面积 54 km^2，多年平均径流量为 0.24×10^8 m^3。可鲁克湖流域主要河流水文特征见表 1-1；流域 3 条主要河流均为冰川融雪和降雨补给，该区域气候条件是限制可鲁克湖流域水资源的关键因素。

表 1-1　流域主要河流水文特征值表

河流	集水面积/km^2	河长/km	年径流量/(m^3/s)	年径流深/mm
巴音河(德令哈站以上)	7281.00	223.00	3.43	47.10
巴勒更河	882.00	66.50	0.24	26.90
白水河	54.00	15.00	0.21	379.60

资料来源：青海省水文局水资源勘测局德令哈分局

1.1.4　土壤植被及矿产与旅游资源

1. 土壤

根据我国土壤分类，德令哈地区的土壤可划分为 11 个土类、24 个亚类、15 个土属、8 个土种；其保护区及周边分布有 6 个土类、17 个亚类。棕钙土是德令哈市境内平原滩地中的一个主要土类，可分为棕钙土、盐化棕钙土、淡棕钙土 3 个亚类，主要分布在怀头他拉、德令哈、小野马滩一带的高台地、山前缓丘、盆地、洪积扇背部等较为平缓地带及青新公路两侧和巴音河二级阶地上，土层厚度 30～150 cm。

灰棕漠土也分为 3 个亚类，即灰棕漠土、石膏灰棕漠土和石膏盐灰棕漠土，主要分布于宗务隆山前戈壁地带、德令哈农场五六大队及南大片洪积扇滩地、可鲁克湖托素湖周围残丘带和怀头他拉梭梭林滩地，海拔 2850～3000 m，土层厚度 15～50 cm。不少地区为裸地，石质性强，化学物质积聚明显，pH 8.5，土壤利用价值区别较大，部分是一般性牧场，怀头他拉一带被垦为农田，其他亚类暂无农牧业利用价值。

盐土也可分为 3 个亚类，即残积盐土、草甸盐土、沼泽盐土，主要分布于可鲁克湖、托素湖、尕海湖湖洼、沿河两岸和山前洪积扇外缘，海拔 2800～3500 m，土层厚度 50～150 cm；该类土壤只有小部分可改良，其余则只能做季节性草场。

草甸土则分为草甸土和盐化土两个亚类，分布于可鲁克湖、尕海湖湖洼地带的湖滨阶地和扇缘溢水地带。海拔 2800～2900 m，土壤厚度 20～30 cm。牧草茂盛，产草量高，耐牧性强，是流域最优良的夏季牧场。

沼泽土可分为泥潭沼泽土、草甸沼泽土、盐化沼泽土 3 个亚类，零星分布于可鲁克湖湖洼滩地及郭里木一棵树村到原戈壁沿湖洼地，海拔 2800～2900 m，土层厚度大于 150 cm。风砂土分为流动风砂土、半固定风砂土、固定风砂土 3 个亚类，分布在德令哈市区东南山坡到尕海农场以西的布赫特山南麓及怀头他拉南部地区，海拔 2900～3900 m。

2. 植被资源

流域植被以灌木、半灌木荒漠和沼泽，草甸为主，缺乏裸子植物和被子植物中高大乔木(图 1-5)。水分条件成了植物分布的限制因素，组成植物群落的种类稀少贫乏，结构简单，常由一个种形成单优群落，如可鲁克湖水生植被及周边的芦苇群落和随处可见的芨芨草荒漠草原；其他荒漠植物群落一般仅由 2～4 种植物组成；唯在湖河两岸分布的草甸植被种类组成较丰富，但一般也不超过 20 种。

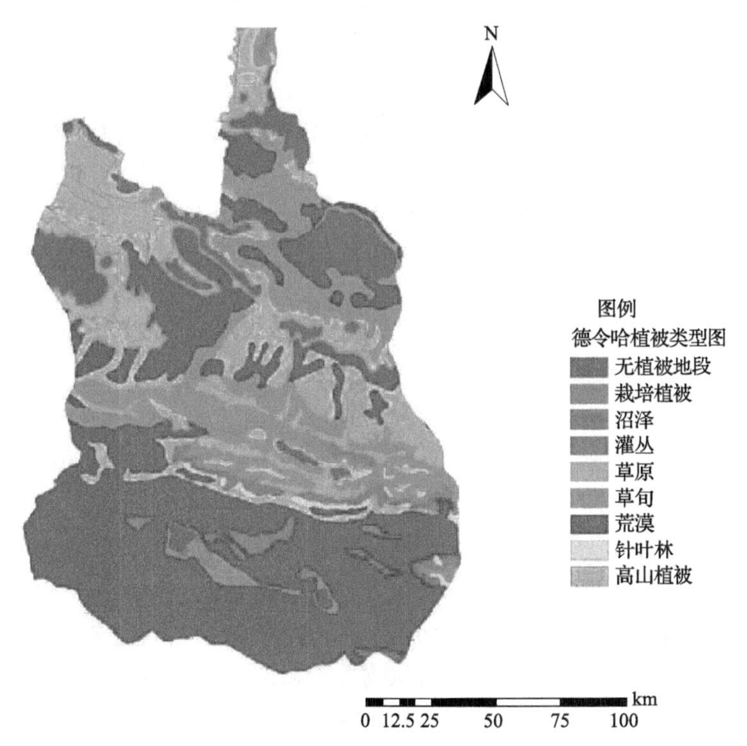

图 1-5　德令哈植被类型分布图

资料来源：青海省可鲁克湖流域生态环境基线调查报告

根据青海省生物多样性调查报告，可鲁克湖流域主要植物有 26 科 66 属 105 种，其中禾本科 14 属 24 种，菊科 13 属 20 科，蔷薇科 1 属 5 种，伞形科 4 属 4 种，另外还有木贼科、小檗科、罂粟科、十字花科、景天科、大戟科、柽柳科、胡颓子科、龙胆科、玄参科、车前科、桔梗科等科。流域植物具有极强的抗旱能力，盐生植物多，最常见的真盐生植物有盐角草、盐生风毛菊、中亚风毛菊、海韭菜、水麦冬、海乳草等。

3. *矿产资源*

可鲁克流域已经探明的矿产资源有 343 个矿点，65 个矿床，其中大型矿床 2 个，已开发的有煤、石灰石、黏土、沙金、铅、铜等 10 余种。金属矿藏有铁矿、铅锌矿、铜矿、金矿、多金属矿。铁矿主要有东大沟铁矿、尕海断层山铁矿。铅锌矿主要有蓄集铅锌矿、硫磺沟铅锌矿。铜矿主要有勾山铜矿。金矿主要有雅沙图砂金矿、巴音河口砂金矿。多金属矿已探明的有蓄集山多金属矿、硫磺沟多金属矿、砂石岱海多金属矿。非金属矿藏主要有磷、钛稀土矿、煤矿、石灰岩、白云石、黏土、硼矿、石英岩、重晶石、绿松石、石墨、石油。境内煤矿分布广，储量大，煤质好，煤层厚，埋藏浅，易开采。现已探明矿床点 17 个，探明储量的 12 个，储量为 1.5 亿吨，主要有旺尕秀煤矿和柏树山煤矿。石灰岩主要有柏树山石灰岩、旺尕秀石灰岩，系大型矿床，C+C 级储量 30359.25 万吨，含量 53.3%。白云岩主要有黄石梁白云岩矿。黏土矿主要有旺尕秀黏土矿、尕海南黏土矿、柏树山黏土矿；硼矿主要有雅沙图居洪图硼矿和雅沙图靠条灶火硼矿。此外，境内还有自然硫、石膏、芒硝、大理石、汉白玉及铝土、钨等金属和非金属矿点或矿化点。

4. *旅游资源*

可鲁克湖及其姊妹湖托素湖，被当地人誉为“情人湖”。两个湖泊的形成，当地流传着一个动人的故事，说是由两位情侣魂化而成。著名的“外星人遗址”就坐落在可鲁克湖南部，远远望去，高出地面五六十米的黄灰色的山崖，有如一座金字塔。在山的正面有三个明显的三角形岩洞，中间一个最大，离地面 2 m 多高，洞深约 6 m，最高处近 8 m；洞内有一根直径约 40 cm 的管状物的半边管壁从顶部斜通到底。另一根相同口径的管状物从底壁通到地下，只露出管口；洞口之上，还有 10 余根直径大小不一的管子穿入山体，管壁与岩石完全吻合，好像是直接将管道插入岩石之中一般。以上管状物无论粗细长短，都呈现出铁锈般的褐红色，有些管道甚至延伸到烟波浩渺的托素湖，岩洞外各种奇形怪状的石头都站立着，有些甚至立在湖中，沙石的岩层上还有一串神秘莫测的符号和未解的字母。有关机构把一些管片送去做测试，奇怪的是其中有些元素根本没有化验出成分，更增加了外星人遗址的神秘性，在国内外 UFO 爱好者中享有较高的知名度。可鲁克湖由于湖泊传说和“外星人遗址”等成为青海省的著名旅游景点。

1.2　可鲁克湖流域社会经济概况

1.2.1　流域行政区划与人口

巴音河流域 1990 年总人口 4.55 万人，经过 20 多年的发展，2015 总人口达到 7.32 万人，其中城镇人口 4.33 万人，农村人口 3.00 万人，共有蒙古、藏、回、撒拉、土、汉等 19 个民族，蒙古族为主体少数民族。可鲁克湖流域分布的村镇主要包括德令哈市辖区内的三镇(柯鲁柯镇、怀头他拉镇和尕海镇)一乡(蓄集乡)及三个街道办事处(河东、河西、火车站)(图 1-6)。具体乡镇及村级行政区划见表 1-2。

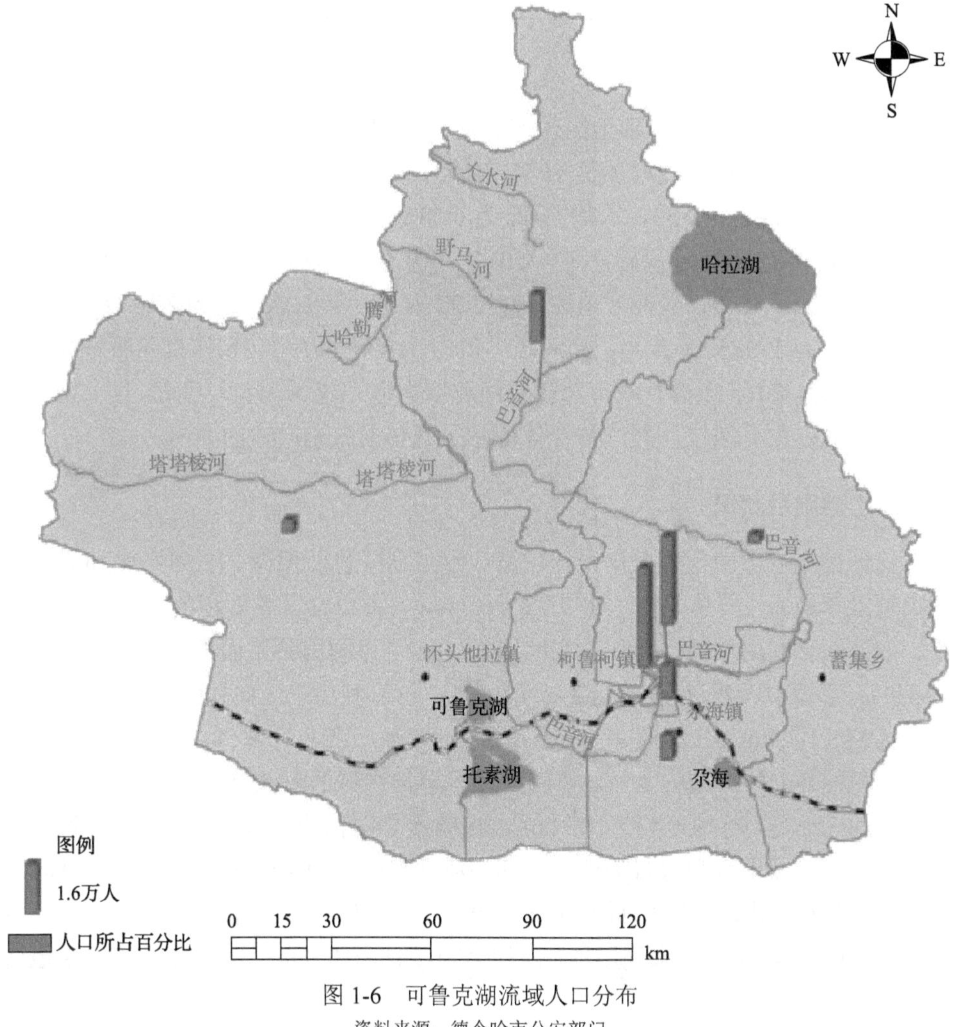

图 1-6　可鲁克湖流域人口分布

资料来源：德令哈市公安部门

表 1-2 可鲁克湖流域行政区划

镇级	镇所在地	村级
柯鲁柯镇	浩门都谷	乌兰干沟村、德令哈村、茶汉村、陶生诺尔村、柯鲁诺尔村、新秀村、连湖村、金原村、希望村、花土村、安康村、民兴村、民乐村、平原村
怀头他拉镇	怀头他拉	东滩村、西滩村、怀图村、巴里沟村、卡格图村
尕海镇	尕海	郭里木新村、尕海村、陶哈村、努尔村、富源村、泉水村、东长村、富康村
蓄集乡	泽令沟	贡艾里沟村、茶汉哈达村、浩特茶汉村、乌茶汉村、伊克拉村、陶斯图村
河东街道办事处	长江路	东山村、红光村、阳光村
河西街道办事处	格尔木西路	巴音河东村、北山村、巴音河西村、白水河村、甘南村
火车站街道办事处	黄河路	

1.2.2 经济发展状况

2015 年，德令哈市实现地区生产总值 45.5 亿元。其中第一产业实现增加值 5.05 亿元，第二产业实现增加值 16.37 亿元，第三产业实现增加值 24.1 亿元。三次产业结构为 11∶36∶53，人均 GDP 为 6.23 万元(德令哈市人民政府，2015a)。农牧业是可鲁克湖流域基础产业，2015 年全市农林牧渔业总产值(现价)完成 90057.65 万元。其中，农业产值为 59135.92 万元，林业总产值为 8717.75 万元，牧业总产值为 17286.88 万元，渔业总产值为 1167.10 万元，农林牧渔服务业产值为 3750 万元。2015 年德令哈市农林牧渔业增加值完成 52725.9 万元，其中枸杞种植业和牧业占主导地位，其产值合计达到了农林渔牧总产值的 85%。

1.2.3 土地利用状况

根据德令哈市国土资源局统计，德令哈市辖区总面积为 277.65×10^4 hm^2，土地类型以草地为主，总面积达 149.73×10^4 hm^2，占市辖区总面积的 53.92%，其中绝大部分为可利用草地，面积 128.82×10^4 hm^2，可利用草地面积占草地总面积的 86.03%；草地中天然草场 127.83×10^4 hm^2，占可利用草地面积的 99.23%；改良草场 0.93×10^4 hm^2，占可利用草地面积的 0.73%，人工草场 58.7 hm^2，占可利用草地面积的 0.05%；除草地外，市辖区还有草地水域面积 8.75×10^4 hm^2，占辖区总面积的 3.56%，林地 6.43×10^4 hm^2，占辖区总面积的 1.71%；耕地和建设用地主要集中在流域中心和巴音河两岸，其中耕地总面积为 1.01×10^4 hm^2，占辖区总面积的 0.56%；建设用地总面积 0.48×10^4 hm^2，仅为辖区总面积的 0.20%，还有占辖区总面积 41.60%的未利用地，面积为 102.31×10^4 hm^2。可鲁克湖流域用地情况见图 1-7。

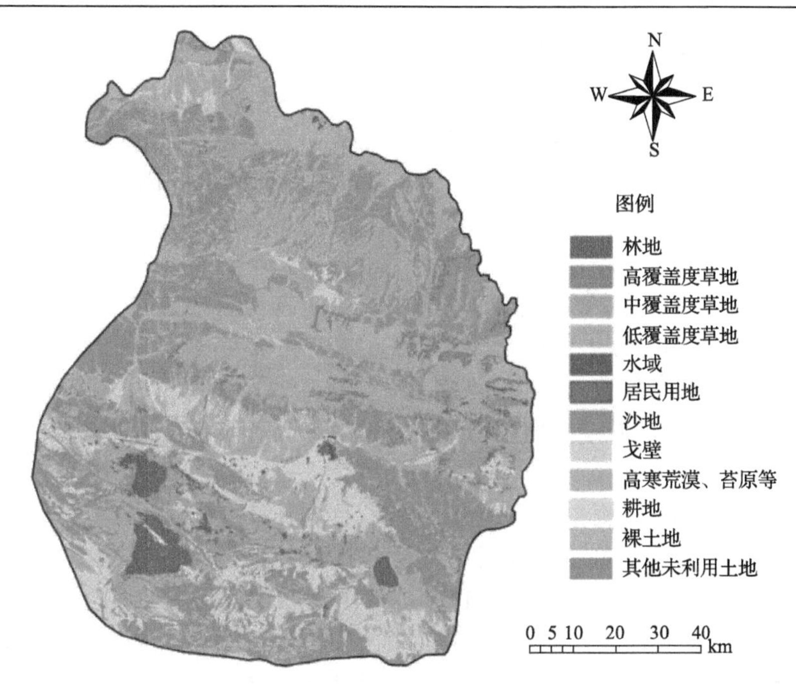

图 1-7　可鲁克湖流域用地情况图

资料来源：德令哈市国土资源局

1.2.4　水资源开发利用状况

根据多年水文、气象等资料计算，可鲁克湖流域地表水资源量约 4.15 亿 m^3，地下水资源量约为 3.70 亿 m^3，地表地下重复量 2.98 亿 m^3，水资源总量约为 4.87 亿 m^3。采用遥感反演法确定区域最小生态需水量约为 3.80 亿 m^3(青海省环境科学研究设计院，2012a)；区域大部分地区为典型荒漠生态系统，植被极度稀疏或无植被，但河流下游，傍河、湖而生的天然植被，大多分布在地下水位较高的河漫滩、低阶地、湖滨及低洼地，依靠洪水漫溢或地下水维持生命，沿河分布有宽窄不一的由草灌组成的绿色植被带，形成了完全不同的天然绿洲生态系统。天然绿洲生态系统是以河流为中心分布，也是补给水的主要来源；流域内能够被人类消耗利用的最大水资源量即水资源可利用量约为 1.38 亿 m^3，可利用率为 29.7%。由此可见，该区域水资源相当缺乏。

1.3　可鲁克湖水环境状况

1.3.1　可鲁克湖水化学特征

可鲁克湖为弱碱性淡水(水总溶解固体 TDS＜1000 mg/L)，上覆水 TDS 变化范围为 785～1150 mg/L（秦建光等，1983；李皎等，2015），平均值为 848.33 mg/L，pH 平均为 8～9；湖泊主要阳离子含量顺序为 $Na^+ > CO_3^{2-} > Mg^{2+} > K^+$；主要阴离子含量顺序为 $Cl^- > SO_4^{2-} > HCO_3^- > CO_3^{2-}$，即湖水类型为 $Cl^- \cdot SO_4^{2-}$ - $Na^+ \cdot Ca^{2+}$型。根据阿列金（1960）提出的天然水分类方案，可鲁克湖属于[Cl]NaIII型水体。

虽然巴音河是可鲁克湖最主要补给来源，但水体离子组成不同，可鲁克湖 SO_4^{2-}、Mg^{2+}、Na^+含量高于巴音河，而 HCO_3^-和 CO_3^{2-}的含量低于巴音河，主要是由于巴音河流经区域富含碳酸盐矿物，中上游山区地势起伏，降水充分（年降水量可达 450 mm 以上），淋滤作用强，致使巴音河来水溶解了大量碳酸盐（主要为 HCO_3^-和 Ca^{2+}离子），入可鲁克湖后，强烈蒸发作用下发生沉淀，造成了 Ca^{2+}和 HCO_3^-亏损，而使上覆水 OH^-不断累积，从而 $OH^- > H^+$，导致可鲁克湖水体偏碱性。

Gibbs 图是 Gibbs 根据世界河流、湖泊及主要海洋离子特征总结得到的一种利用半对数坐标进行图解和分析水体化学特性的研究方法（Feth and Gibbs，1971）。由图 1-8 可见，巴音河的 TDS-$Na^+/(Na^+ + Ca^{2+})$ 和 TDS-$Cl^-/(Cl^- + HCO_3^-)$ 图中均位于岩石风化区，而可鲁克湖的结果则均在虚线区外，靠近蒸发-浓缩区，这一差异主要是因为湖泊蒸发作用产生的 Ca^{2+}和 HCO_3^-亏损，表明控制可鲁克湖水化学性质的主要因子为自身蒸发-浓缩作用，次要因子是来水输入。由于可鲁克湖地处干旱的柴达木盆地，其保持淡水的原因可能是冰川融水和地下淡水的补给作用，且可鲁克湖-托素湖水系主要的蒸发和矿化过程均发生在托素湖。

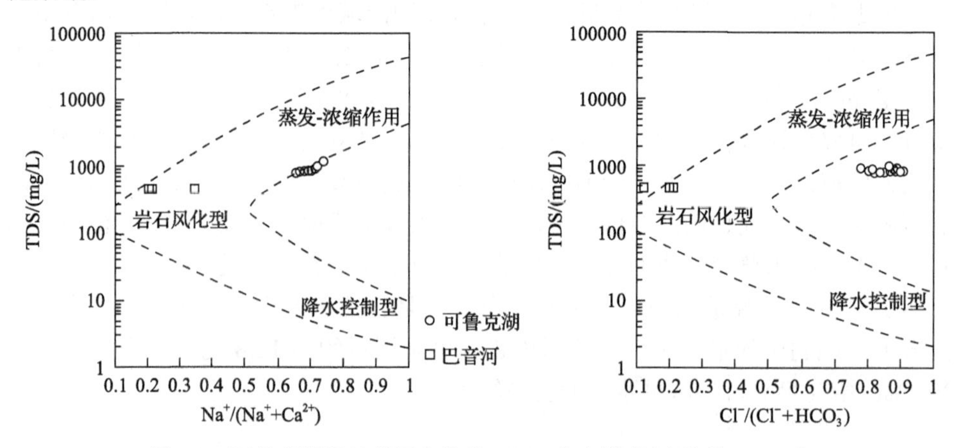

图 1-8　可鲁克湖及巴音河水化学 Gibbs 分布模式（李皎等，2015）

1.3.2　可鲁克湖水质状况

根据 2017 年 4 月全湖布设的 19 个点位数据（图 1-9 和表 1-3）和 2016 年调查

结果，2016～2017 年可鲁克湖水体 pH 在 8.30～9.00 之间，平均值 8.47，TN 浓度变化在 0.68～2.0 mg/L 间，平均为 1.05 mg/L；氨氮浓度变化在 0.2～1.3 mg/L 之间，平均为 0.29 mg/L；TP 浓度变化在 0.01～0.03 mg/L 之间，平均为 0.019 mg/L，化学需氧量 COD_{Cr} 在 16～32 mg/L，平均为 22.65 mg/L。根据 GB 3838—2002 地表水环境质量标准限值，可鲁克湖水体氨氮、TP(以 P 计)指标均达到Ⅱ级水质标准，而 TN(湖库以 N 计)和化学需氧量(COD_{Cr})超过Ⅲ类水质标准。

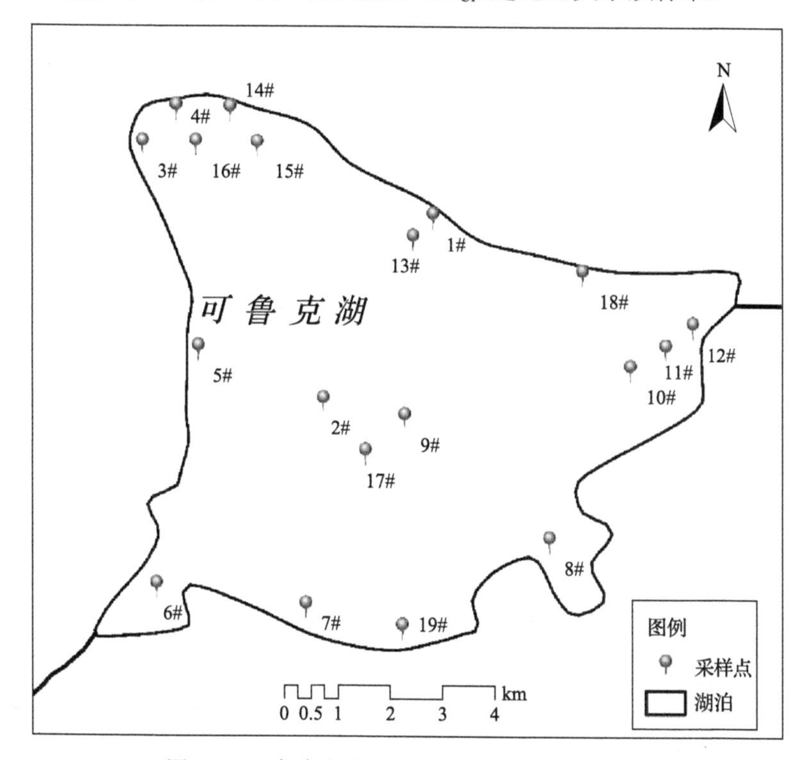

图 1-9 可鲁克湖水样采样点分布(2017 年 4 月)

近年来，可鲁克湖水质年内呈波动变化趋势，周小平和杨晓丽(2017)利用主成分分析法对 2014～2015 年水质进行了评价，水质季节变化趋势并不完全一致，2014 年 3 个水期的水质从优到差排序为平-春(Ⅲ类)＞平-秋(Ⅳ类)＞丰-夏(Ⅲ类)，2015 年各水期水质状况从优到差为平-春(Ⅲ类)＞丰-夏(Ⅳ类)平-秋(Ⅴ类)，COD_{Cr} 与氨氮，五日生化需氧量(BOD_5)及高锰酸盐指数(COD_{Mn})均呈显著相关，表明 COD_{Cr} 与 NH_3-N 和 BOD_5 及 COD_{Mn} 的变化趋势一致，DO 与 COD_{Cr} 和 COD_{Mn} 成显著负相关，表明水体 COD_{Cr} 和 COD_{Mn} 的上升导致了 DO 下降。

表 1-3 可鲁克湖主要水质指标(2017 年 4 月)

采样点编号	pH	EC/(10^3μS/cm)	COD_{Cr}/(mg/L)	氨氮/(mg/L)	TN/(mg/L)	TP/(mg/L)
1	8.34	0.86	32.00	0.26	0.97	0.01
2	8.34	0.86	27.00	0.18	1.23	0.02
3	8.3	0.86	19.00	0.17	1.05	0.01
4	8.3	0.86	22.00	0.19	1.13	0.02
5	8.29	0.86	17.00	0.19	1.03	0.02
6	8.35	0.89	20.00	0.36	1.02	0.02
7	8.38	0.96	19.00	0.47	0.98	0.02
8	8.3	1.05	20.00	0.47	1.01	0.02
9	8.29	0.93	22.00	0.25	1.13	0.02
10	8.33	0.95	22.00	0.21	1.13	0.02
11	8.34	0.91	22.00	0.15	1.13	0.02
12	8.35	0.81	18.00	0.44	0.97	0.02
13	8.35	0.9	16.00	0.15	0.86	0.02
14	8.36	0.9	21.00	0.12	1.06	0.03
15	8.34	0.9	24.00	0.25	1.04	0.03
16	8.35	0.92	27.00	0.09	1.13	0.02
17	8.36	0.92	24.00	0.19	1.09	0.02
18	8.33	0.78	17.00	0.15	0.79	0.03
19	8.41	1.31	23.00	0.14	0.89	0.03
均值	8.33	0.91	21.68	0.23	1.03	0.02
2016 年 4 月	8.65	—	23.50	0.34	1.06	0.02

主成分分析结果还表明，2014 年和 2015 年综合水质评价结果相比，2014 年 14 个采样点各水期的水质综合评价得分优于Ⅲ类的采样点为 42.86%，Ⅳ类为 52.38%，Ⅴ类为 4.76%；2015 年 14 个采样点各水期的水质综合评价得分优于Ⅲ类的采样点为 21.43%，Ⅳ类为 35.71%，Ⅴ类为 42.85%，说明 2015 年水质较 2014 年出现了一定程度的下降；3 个水期相比，2015 年平秋的水质较 2014 年下降幅度最大。综合以上结果可见，对可鲁克湖水质影响较大的指标主要为 COD_{Cr}、COD_{Mn}、氨氮及 TP，但不同水期的主要水质影响因子存在差异，2014 年春季由 BOD_5 和 TP 决定第三主成分，而夏季和秋季为由 COD_{Cr} 和 COD_{Mn} 等决定的第一主成分；2015 年春季主要由氨氮和 BOD_5 决定第二主成分，夏季由 COD_{Cr} 和 COD_{Mn} 决定第一主成分，而秋季则是第一主成分、第二主成分、第三主成分均较高，共同导致可鲁克湖水质综合评价得分下降。

1.3.3 可鲁克湖沉积物状况

2013年8月青海省环境监测中心站及青海省水环境监测中心的王恒山等(2016)采取系统随机采样和分层随机采样的方式采集了可鲁克湖14个沉积物样品，研究其营养盐及重金属分布特征(图1-10)。

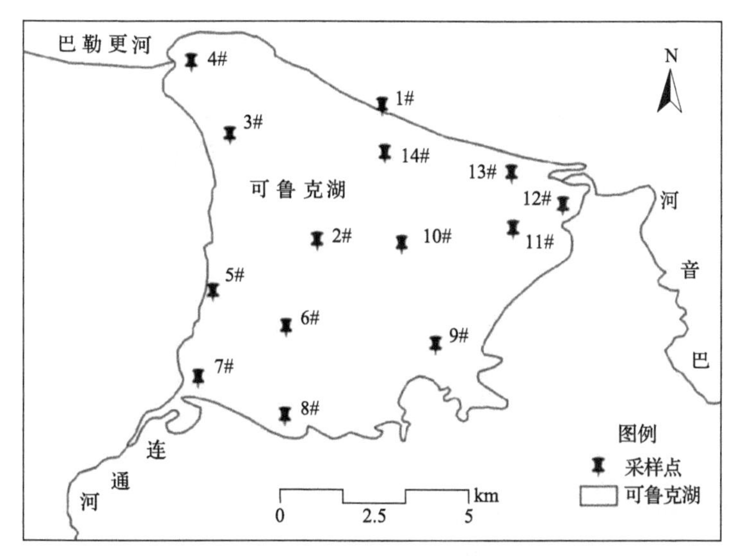

图1-10 可鲁克湖沉积物采样点分布图(王恒山等，2016)

1. 可鲁克湖沉积物氮形态含量及空间分布

可鲁克湖沉积物TN在1316.64～6952.69 mg/kg，平均为3870 mg/kg，空间分布差异较大(图1-11)，总体趋势为由西向东TN浓度逐渐减小；高值集中在5#和

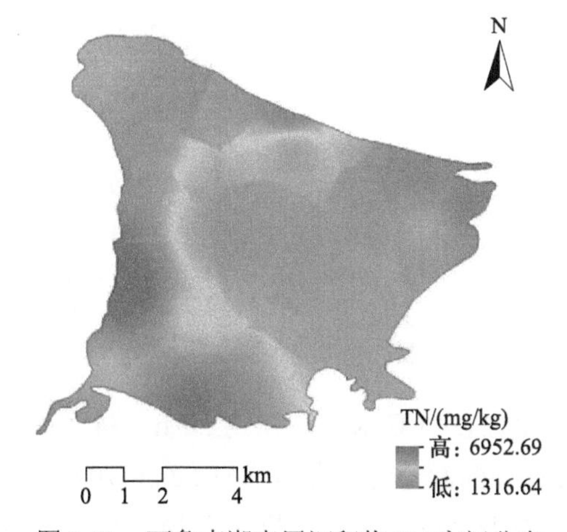

图1-11 可鲁克湖表层沉积物TN空间分布

8#点位，其含量分别是年均值的 1.76 和 1.59 倍，主要分布在连通河东西两侧；巴音河河口附近 12#和 13#点位由于受巴音河冲刷等影响，沉积物 TN 含量较低，即表层沉积物 TN 差异较小。

可交换态氮作为沉积物氮活跃组分，也是沉积物-水界面交换最频繁的氮形态（王圣瑞等，2008）。可鲁克湖沉积物可交换态 TN 含量在 72.89～328.04 mg/kg，平均为 181.59 mg/kg，可交换态氮以有机氮为主，含量在 38.19～205.63 mg/kg，平均为 103.73 mg/kg，占可交换态 TN 的 57.12%；可交换态氨氮含量在 20.96～137.53 mg/kg 之间，平均为 55.72 mg/kg，占可交换态 TN 的 30%左右（图 1-12）。由此可见，可鲁克湖沉积物可交换态硝氮占可交换态 TN 比例较少，均值仅为 10%。

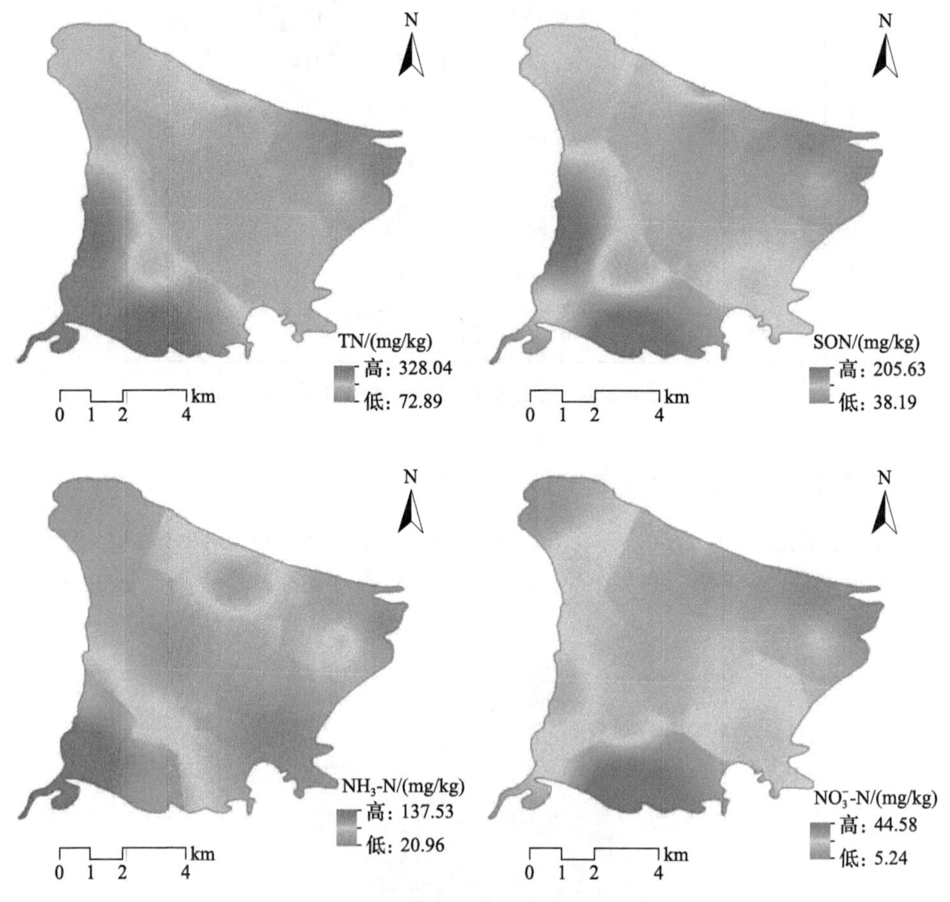

图 1-12　沉积物可交换态氮形态空间分布

用 6 mol/L HCl 于（121±2）℃水解沉积物 20 h，将沉积物中能被酸分解的氮称为酸解态氮，可鲁克湖酸解态氮含量在 931.58～4707.19 mg/kg 之间，平均值为 2546.31 mg/kg，其中主要可鉴别的有机化合物氨基酸态氮（AAN）、氨基糖态氮(ASN)、氨态氮(AN)和未鉴别含氮化合物(UN)的含量分别为 308.56～2202.94 mg/kg、21.645～201.56 mg/kg、335.41～1671.71 mg/kg、82.9353～956.02 mg/kg。可鲁克湖沉积物酸解态氮差异较大，总体来说，AAN 占 TN 的比例最高，为 41.07%；其次是 AN 和 UN，分别为 35.80%和 19.41%，ASN 所占比例最小，仅为 3.72%。酸解态氮含量的空间分布呈可鲁克湖西＞可鲁克湖北＞可鲁克湖东的特征(图 1-13)。

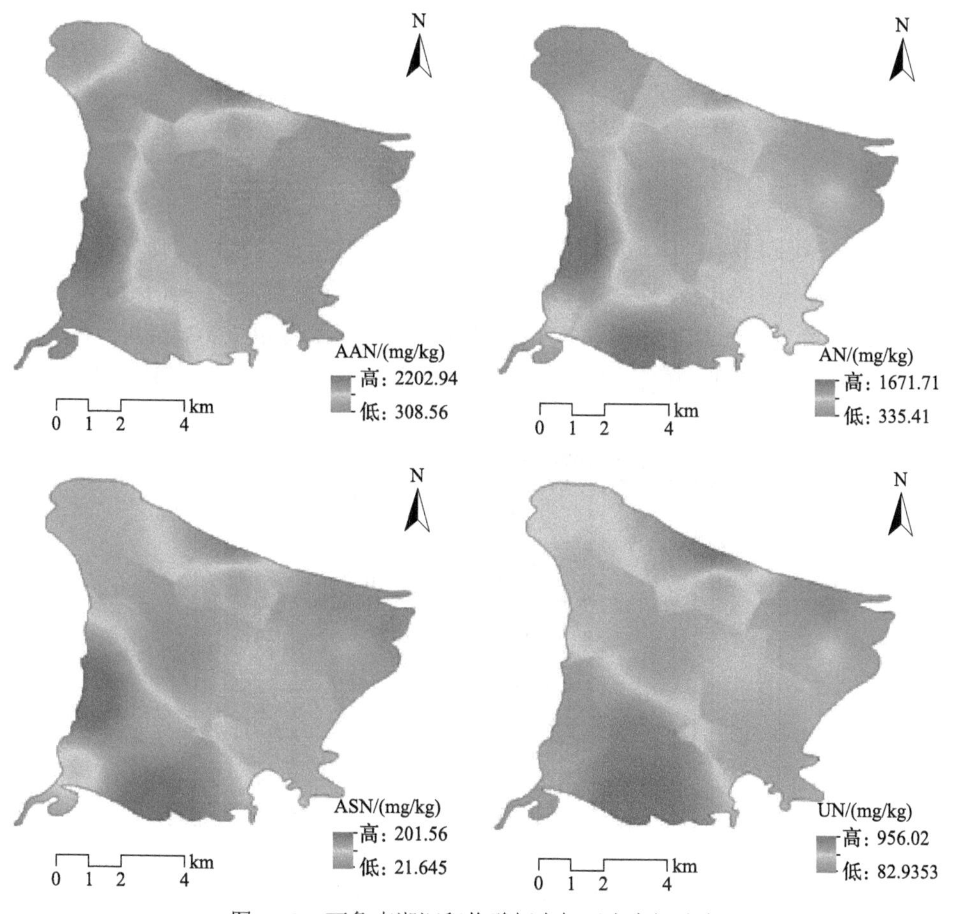

图 1-13　可鲁克湖沉积物酸解态氮形态空间分布

可鲁克湖沉积物残渣态氮(RN)是与杂环或芳香环键结合在一起的有机结合氮，该部分氮主要来源于缩合程度较高的腐殖质结构组分，沉积物 RN 在 230.35～1653.81 mg/kg，平均值为 972.50 mg/kg，高值主要分布在湖区北部的 3#和 4#点位，而靠近巴音河口的 11#、12#、13#点位沉积物含量较低，如图 1-14 所示。

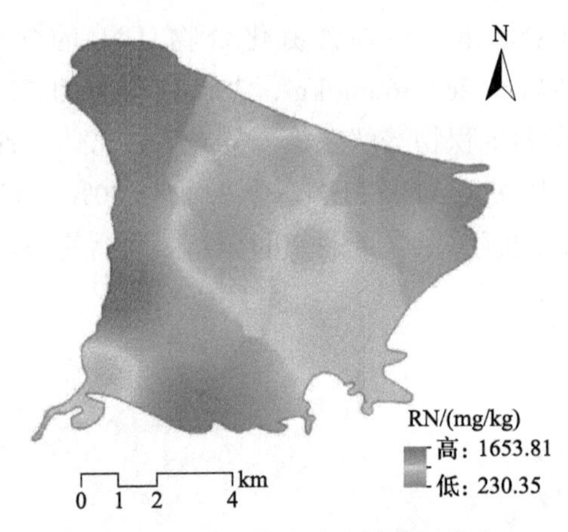

图 1-14　沉积物残渣态氮空间分布

可鲁克湖沉积物 TN 存在表层富集，即 TN 含量随沉积物深度增加整体呈现逐步下降趋势，除 12#点位外，20 cm 深度沉积物 TN 含量较高，并在深度为 60 cm 左右时趋于稳定。全湖表层 5 cm 沉积物处 TN 平均含量为 4677.03 mg/kg，是 60～100 cm 深度各点位平均值，是 100 cm 深度平均含量的 2 倍左右，详见图 1-15。

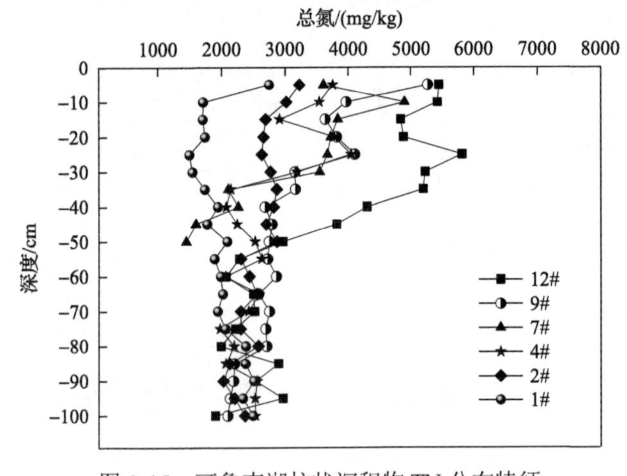

图 1-15　可鲁克湖柱状沉积物 TN 分布特征

2. 沉积物底泥磷形态含量及空间分布

可鲁克湖表层沉积物 TP 在 258.07～861.19 mg/kg，平均值为 529.59 mg/kg，空间分布差异较大，高值区主要集中在游船码头和巴音河入湖河口区。游船码头区 1#点位 TP 全湖最高，为全年均值的 1.61 倍，巴音河入湖河口区 12#和 13#点位 TP 分别是全年均值的 1.26 倍。

可鲁克湖表层沉积物无机磷含量在116.50～440.01 mg/kg，平均值为249.57 mg/kg，无机磷空间变化较为明显，高值集中在人口密集的巴音河河口 12#和 13#点位及人类活动频繁的游船码头 1#点位，其含量分别为平均值的 1.76 倍、1.21 倍、1.76 倍。低值分布在湖区北部的 4#点位及西南部的 8#和 9#点位。

无机磷形态主要可分为弱吸附态磷（WA-P_i）、潜在活性磷（PA-P_i）、铁结合态磷（Fe/Al-P_i）和钙结合态磷（Ca-P_i）。如图 1-16，可鲁克湖各点位 WA-P_i 在 2.79～15.46 mg/kg，平均为 8.56 mg/kg，主要来源于间隙水以物理吸附态附着于碳酸盐、氧化物、氢氧化物或黏土矿粒等其他相而存在的磷。PA-P_i 主要包括 $NaHCO_3$ 提取的一定量活性的 Fe-P 和 Al-P 盐类及少量活性较大的 Ca-P 盐类，是无机磷中比较活跃的形态（许春雪等，2011），PA-P_i 在 21.23～69.29 mg/kg 之间，平均值为 35.26 mg/kg，占无机磷含量 14.13%。Ca-P_i 主要源于自生磷灰石、沉积碳酸钙以及生物骨骼等含磷矿物有关的磷形态，Ca-P_i 含量在 77.15～299.81 mg/kg，平均为 170.09 mg/kg，占无机磷含量平均值的 68.15%。

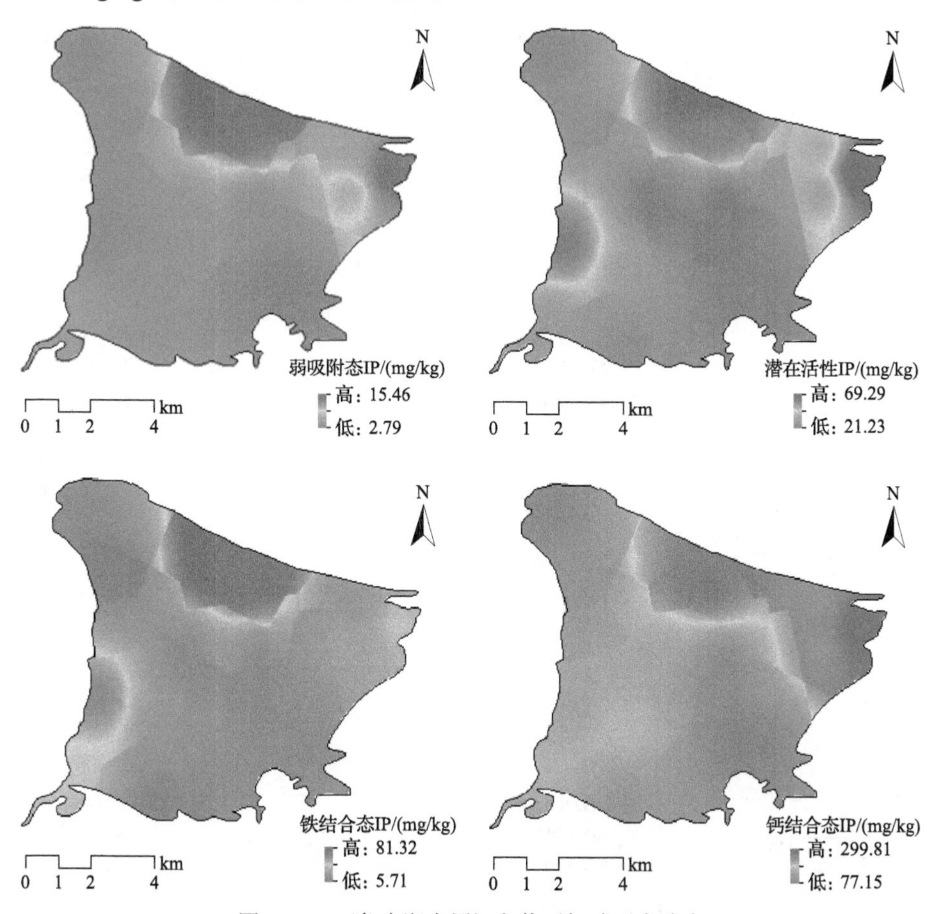

图 1-16　可鲁克湖表层沉积物无机磷形态分布

可鲁克湖表层沉积物有机磷含量在 157.69～433.73 mg/kg，平均为 292.02 mg/kg，有机磷含量高于无机磷，且空间分布比较均匀(图 1-17)，只有 9#点位有机磷含量略低，为 157.69 mg/kg。沉积物有机磷形态分为弱吸附态有机磷(WA-P_o)、潜在活性有机磷(PA-P_o)、中活性有机磷(MA-P_o)和非活性有机磷(NA-P_o)(金相灿等，2004)。WA-P_o是极易矿化和迁移的磷形态，主要包括溶解性氨基磷酸、磷酸单酯及核苷酸类等含磷化合物，湖区各点位沉积物 WA-P_o在 4.69～19.53 mg/kg，平均为 9.64 mg/kg，仅占有机磷含量的 3%。PA-P_o是沉积物较为“活跃”的磷形态，主要包括核酸、磷脂类、磷糖类等含磷化合物，湖区各点位沉积物 PA-P_o在 3.54～19.84 mg/kg，平均为 11.77 mg/kg。MA-P_o是沉积物潜在的生物有效磷形态，主要包括植酸钙、镁及部分与富里酸结合的含磷化合物；可鲁克湖沉积物 MA-P_o含量在 76.37～229.06 mg/kg，平均为 132.75 mg/kg。NA-P_o是沉积物较稳定磷形态，其含量在 69.74～203.64 mg/kg，平均为 137.55 mg/kg。

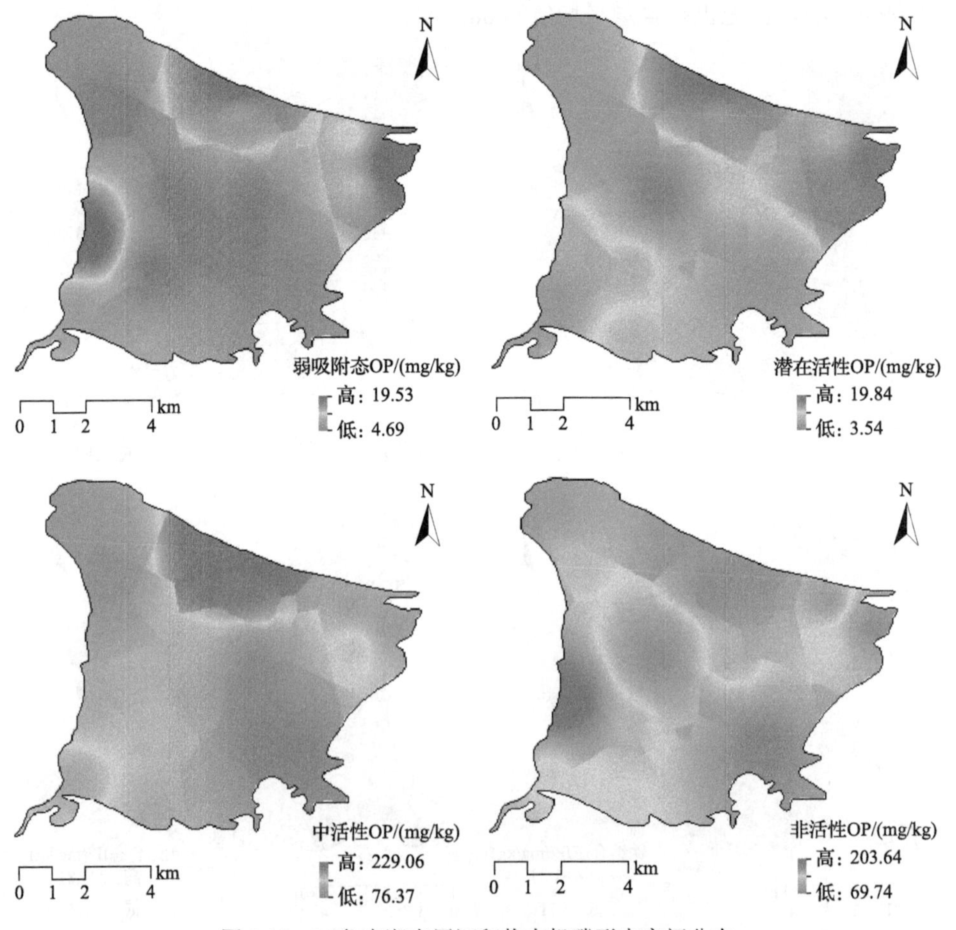

图 1-17　可鲁克湖表层沉积物有机磷形态空间分布

从可鲁克湖表层沉积物磷各形态相对比例来看(图 1-18)，无机磷与有机磷含量较均匀，平均含量比值为 1∶1.2，有机磷含量略高。

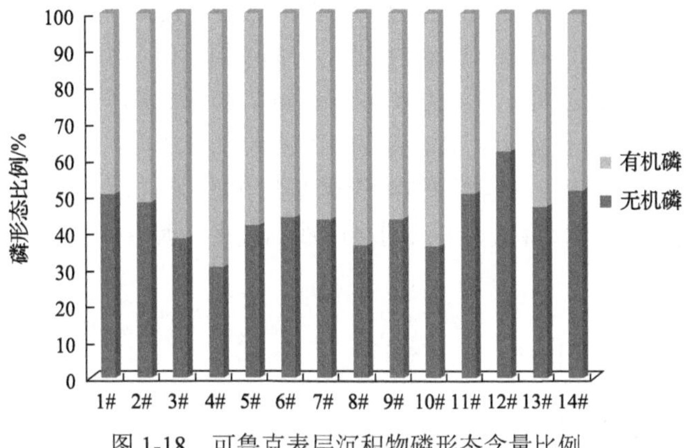

图 1-18　可鲁克表层沉积物磷形态含量比例

从垂向上看，可鲁克湖沉积物 TP 也存在表层富集现象，TP 含量随沉积物深度的增加整体呈现逐步下降趋势，并在深度为 60 cm 左右趋于稳定(图 1-19)；全湖表层沉积物 5 cm 深度 TP 平均含量是 100 cm 深度平均含量的 2.62 倍。其中 1# 采样点位表层沉积物 TP 富集最为明显，TP 含量由表层 5 cm 的 853.05 mg/kg 下降到 100 cm 深度的 278.89 mg/kg，表层沉积物 TP 含量是底层沉积物的 3 倍。

进一步分析发现，50 cm 深度以上沉积物 TP 含量均处于重污染状态；到 55 cm 深度，沉积物 TP 含量下降明显，其污染程度转为轻度；随后，沉积物 TP 含量进一步降低，即沉积物 TP 含量处于清洁状态。

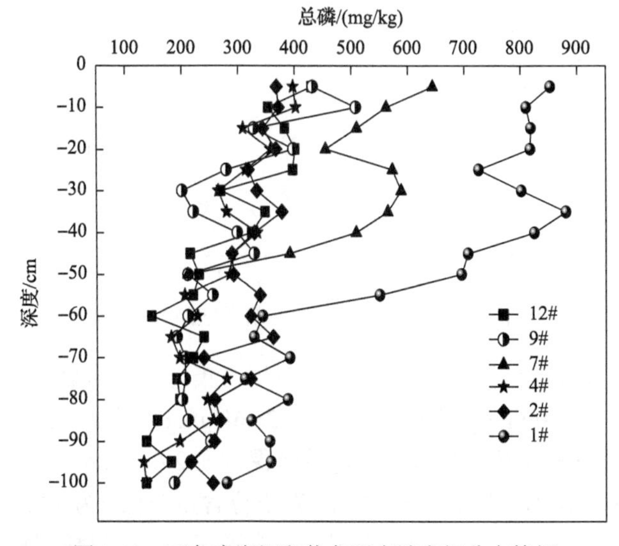

图 1-19　可鲁克湖沉积物各形态磷空间分布特征

3. 可鲁克湖沉积物有机质含量及空间分布

有机质作为水环境研究所关注的重要指标之一，是湖泊水体、沉积物氮磷等营养元素的主要来源。由图 1-20 可见，可鲁克湖沉积物总有机质含量范围在24.23～118.95 mg/kg 之间，平均为 67.45 mg/kg。与氮、磷空间分布不同，有机质高值主要集中在 5#点位附近，其含量为 12#点位的 4.9 倍，可能与所处位置属下风向，受东部风浪影响，植物残体漂浮聚集腐解有关，而入湖河口区域 12#与13#点位有机质含量明显降低，与入湖河口沙砾较多、水生植物较少及河流冲刷等有关。

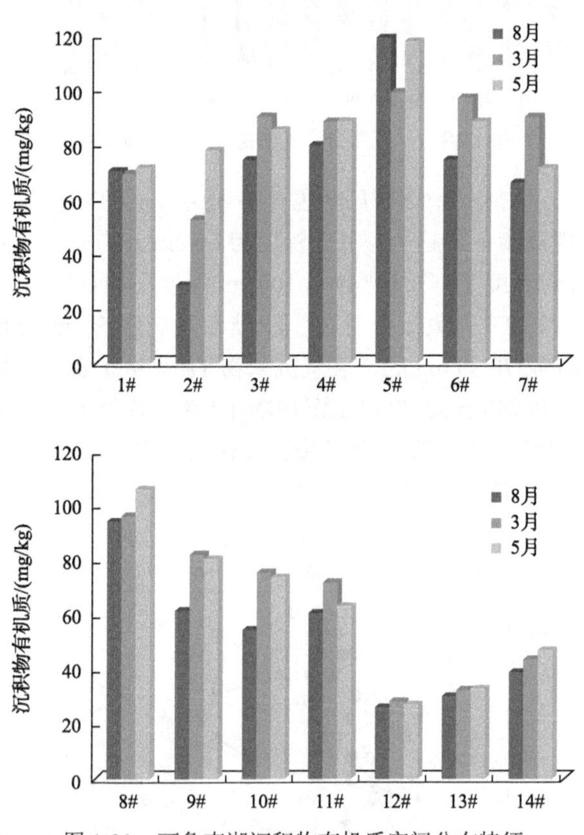

图 1-20　可鲁克湖沉积物有机质空间分布特征

从垂直上看，可鲁克湖沉积物有机质表层富集现象不明显，全湖总有机质变化范围在 10.99～49.09 g/kg 之间，平均为 28.68 g/kg，见图 1-21。除 7#点位外，其他点位各分层间有机质含量较稳定，总体保持在 29.9 g/kg，与可鲁克湖受人为干预少，湖体多年沉水植物累积有关。仅 7#点位含量较低，为全湖平均值的 70%，位于连通河河口附近，可能与受水力因素影响等有关，有机质累积较少。

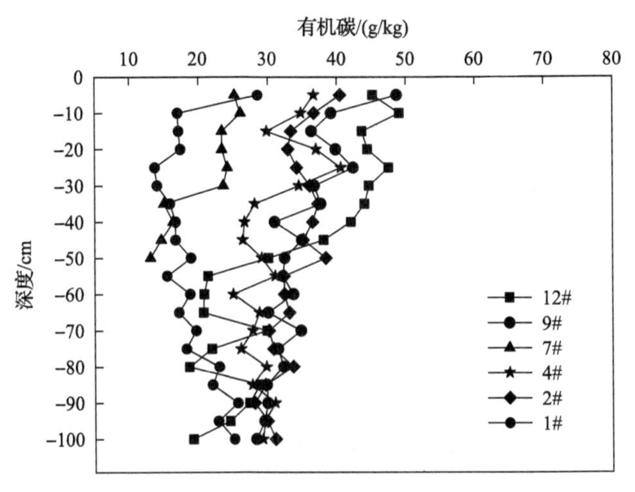

图 1-21　可鲁克湖沉积物有机垂直分布特征

4. 沉积物-水界面营养盐扩散通量及空间分布

可鲁克湖表层沉积物-水界面氮扩散通量在 12.46～114.34 mg/(d·m^2)，平均值为 45.29 mg/(d·m^2)，表层沉积物氮释放通量均为正值，说明氮通量从沉积物向上覆水扩散，沉积物充当内源作用。氮扩散通量高值区集中分布在湖区西南部，最高值与最低值比为 9.18∶1；可鲁克湖表层沉积物-水界面磷扩散通量在 0.10～0.48 mg/(d·m^2)，平均值为 0.26 mg/(d·m^2)，整体而言，表层沉积物磷也是由沉积物向上覆水释放，磷扩散通量相对高值区主要集中在湖泊东北部及巴音河河口两侧区域(图 1-22)。

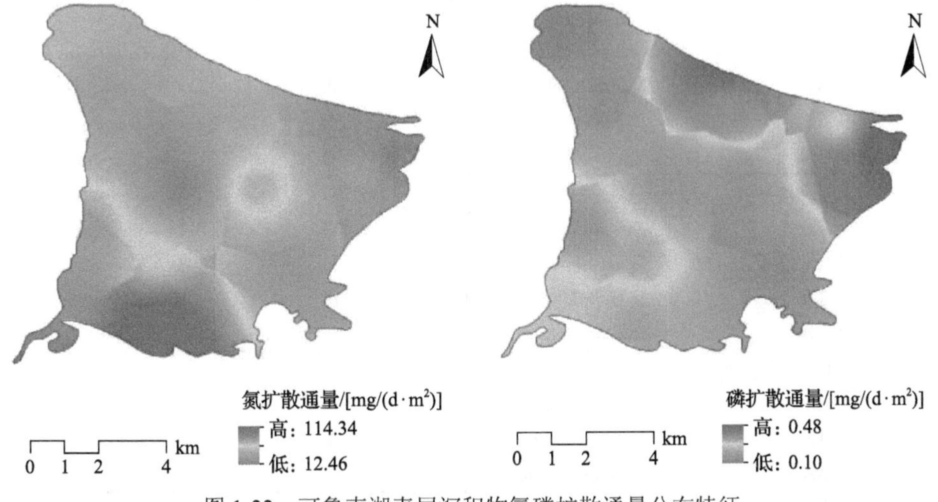

图 1-22　可鲁克湖表层沉积物氮磷扩散通量分布特征

1.3.4　可鲁克湖主要生物类群状况

1. 浮游植物

根据 2012 年可鲁克湖流域生态环境基线调查报告，共鉴定出浮游植物 7 门 41 属，其中硅藻门 12 属，绿藻门 10 属，各占 29%和 24%；蓝藻门 9 属和甲藻门 4 属，各占 22%和 10%；金藻门 3 属、隐藻门 2 属、定鞭藻门 1 属各占 7%、5%和 2%，具体组成见表 1-4。各样点浮游植物密度在 27.7×10^5～43.6×10^5 cell/L，所有样点中，蓝藻和绿藻密度所占比例较大；蓝藻密度较大原因是有蓝藻群体细胞存在，比如微囊藻、平裂藻、颤藻、假鱼腥藻等。绿藻密度在 8.7×10^5～15.9×10^5 cell/L，其中常见的绿藻有栅藻、衣藻、小球藻、四角藻和纤维藻。各样点浮游植物生物量在 0.49～0.70 mg/L，各样点蓝藻密度虽然较高，但生物量并不高，然而硅藻密度不高，但生物量占比较大，种类也最为丰富。

表 1-4　可鲁克湖浮游植物的种类组成

门	中文名	学名	门	中文名	学名
硅藻门			隐藻门		
	小环藻	*Cyclotella* sp.		蓝隐藻	*Chroomonas* sp.
	曲壳藻	*Achnanthes* sp.		隐藻	*Cryptomonas* sp.
	双眉藻	*Amphora* sp.	甲藻门		
	短缝藻	*Eunotia* sp.		多甲藻	*Peridinum* sp.
	等片藻	*Cymbella* sp.		角甲藻	*Ceratium* sp.
	舟形藻	*Navicula* sp.		裸甲藻属	*Gymnodinium* sp.
	异极藻	*Gomphonema* sp.		拟多甲藻	*Peridiniopsis* sp.
	针杆藻	*Synedra* sp.	蓝藻门		
	脆杆藻	*Fragilaria* sp.		蓝纤维藻	*Dactylococcopsis* sp.
	波缘藻	*Cymatopleura* sp.		色球藻	*Chroococcus* sp.
	羽纹藻	*Pinnularia* sp.		小雪藻	*Snowella* sp.
	桥弯藻	*Cymbella* sp.		微囊藻	*Microcystis* sp.
绿藻门				假鱼腥藻	*Pseudanabaena* sp.
	衣藻	*Chlamydomonas* sp.		隐球藻	*Aphanocapsa* sp.
	栅藻	*Scenedesmus* sp.		颤藻	*Oscillatoria* sp.
	小球藻	*Chlorella* sp.		平裂藻	*Merismopedia* sp.
	纤维藻	*Ankistrodesmus* sp.		鱼腥藻	*Anabaena* sp.
	四角藻	*Tetraedron* sp.	金藻门		
	鼓藻	*Cosarium* sp.		金杯藻	*Kephyrion* sp.
	并联藻	*Quadrigula* sp.		锥囊藻	*Dinobryon* sp.
	肾形藻	*Nephrocytium* sp.		棕鞭藻	*Ochromonas* sp.
	卵囊藻	*Oocystis* sp.	定鞭藻门		
	空星藻	*Coelastrum* sp.		小金色藻	*Chrysochromulina* sp.

资料来源：青海省可鲁克湖流域生态环境基线调查报告

2. 浮游动物

2012 年调查共发现 5 种大型浮游动物，具体见表 1-5。其中枝角类 3 种，桡足类 2 种；枝角类的长额象鼻溞(*Bosmina longirostris*)和桡足类的无节幼体(*nauplius*)在每个点位都有检出。大型浮游动物密度在 0.35～1.65 ind/m^2，平均密度为 1.01 ind/L。

表 1-5 可鲁克湖大型浮游动物种类组成

种类组成	1#	2#	3#	4#	5#
枝角类					
长额象鼻溞(*Bosmina longirostris*)	+	+	+	+	+
圆形盘肠溞(*Chydorus sphaericus*)		+		+	+
肋形尖额溞(*Alona costata*)		+	+	+	+
桡足类					
无节幼体(*nauplius*)	+	+	+	+	+
剑水蚤幼体(*cyclop larva*)		+			+
总计	2	5	3	4	5

资料来源：青海省可鲁克湖流域生态环境基线调查报告

3. 底栖动物

根据 2012 年调查，所有采样点位共发现 4 种底栖动物(表 1-6)，其中环节动物门 1 种、节肢动物门 1 种、软体动物门 2 种；底栖动物的平均密度和生物量分别为 133.3 ind/m^2 和 0.85 g/m^2。

表 1-6 可鲁克湖大型底栖动物种类组成

种类	2#	3#	4#	5#
环节动物门寡毛纲				
霍甫水丝蚓(*Liminodrilus hoffmeisteri*)				+
软体动物门				
萝卜螺属(*Radix Montfort*)		+		
旋螺属(*Gyraulus charpentier*)		+		
节肢动物门昆虫纲				
羽摇蚊(*Chplumosus*)	+	+	+	+
种类数	1	3	1	2

资料来源：青海省可鲁克湖流域生态环境基线调查报告

1977 年 7 月和 1981 年 9 月两次调查共发现环节动物门 1 种、节肢动物门 12 种、软体动物门 3 种，以摇蚊幼虫和钩虾占优势。2012 年调查则是以羽摇蚊占优势，密度和生物量均较历史数据偏低。

4. 水生植物

生态基线调查表明，2012 年可鲁克湖有水生植物 21 种，隶属于 13 科 14 属，其中大型藻类植物 1 科 1 属 2 种；单子叶植物 7 科 8 属 13 种；双子叶植物 5 科 5 属 6 种(表 1-7)。

表 1-7　可鲁克湖水生植物名录

分类群	生活型	相对数量
轮藻门(Charophyta)		
一、轮藻科(Characeae)		
轮藻属(*Chara* Vaillant ex Linn.)		
毛轮藻(*C. tomentosa*)	S	soc
轮藻(*Chara* sp.)	S	soc
被子植物门(Angiospermae)		
双子叶植物纲(Dicotyledoneae)		
二、蓼科(Polygonaceae)		
蓼属(*Polygonum* L.)		
西伯利亚蓼(*P. sibiricum*)	E	cop1
三、毛茛科(Ranunculaceae)		
碱毛茛属(*Halerpestes* Green.)		
三裂碱毛茛(*H. tricuspis*)	E	cop1
水葫芦苗(*H. sarmentosus*)	E 或 F	sp
四、狸藻科(Lentibulariaceae)		
狸藻属(*Utricularia* L.)		
狸藻(*U. vulgaris*)	S	cop1
五、小二仙草科(Haloragaceae)		
狐尾藻属(*Myriophyllum* L.)		
穗花狐尾藻(*M. spicatum* L.)	S	soc
六、杉叶藻科(Hippurdaceae)		
杉叶藻属(*Hippuris* L.)		
杉叶藻(*H. vulgaris* L.)	S	cop2
单子叶植物纲(Monocotyledoneae)		
七、眼子菜科(Potamogetonaceae)		
眼子菜属(*Potamogeton* L.)		
篦齿眼子菜(*P. pectinatus*)	S	soc

续表

分类群	生活型	相对数量
小眼子菜(*P. pusillus*)	S	cop2
穿叶眼子菜(*P. perfoliatus*)	S	cop2
八、香蒲科(Typhaceae)		
香蒲属(*Typha* L.)		
无苞香蒲(*T. laxmanii*)	E	sp
九、水麦冬科(Juncaginaceae)		
水麦冬属(*Triglochin* L.)		
海韭菜(*T. maritima* L.)	E	cop2
水麦冬(*T. palustris* L.)	E	cop2
十、泽泻科(Alismataceae)		
泽泻属(*Alisma* Linn.)		
狭叶泽泻(*A. canaliculatum*)	S	sp
十一、莎草科(Cyperaceae)		
藨草属(*Scirpus* Linn.)		
球穗藨草(*S. strobilinus*)	E	cop1
水葱(*S. validus*)	E	cop1
扁秆藨草(*S. planiculmis*)	E	cop1
荸荠属(*Heleocharis* R. Br. Elcocharis)		
无刚毛荸荠(*E. glabella*)	E	sp
十二、灯心草科(Juncaceae)		
灯心草属(*Juncus* L.)		
灯心草(*J. effusus*)	E	sp
十三、禾本科(Gramineae)		
芦苇属(*Phragmites Trin.*)		
芦苇(*P. australis*)	E	soc

注：E 表示挺水植物，Fa 表示浮叶植物，F 表示漂浮植物，S 表示沉水植物；soc 表示极多，cop3 表示很多，cop2 表示多，cop1 表示尚多，sp 表示不多，sol 表示稀少，un 表示单株

资料来源：青海省可鲁克湖流域生态环境基线调查报告

可鲁克湖水生植物优势科为轮藻科(Characeae)、眼子菜科(Potamogetonaceae)、小二仙草科(Haloragaceae)、莎草科(Cyperaceae)和禾本科(Gramineae)，一般都是群落优势类群。考虑出现的相对频率，眼子菜科、禾本科、莎草科和轮藻科出现频率较高，最常见的属为眼子菜属(*Potamogeton* L.)、轮藻属(*Chara* Vaillant ex Linn.)、狐尾藻属(*Myriophyllum* L.)和杉叶藻属(*Hippuris* L.)。篦齿眼子菜(*P.*

pectinatus)、穗花狐尾藻(*M. spicatum* L.)、芦苇(*P. australis*)、轮藻(*Chara* sp.)和毛轮藻(*C. tomentosa*)等是最常见的种类，但生物量最大的种类为篦齿眼子菜、穗花狐尾藻、毛轮藻、轮藻和芦苇。

5. 水生植物群系及分布情况

1) 毛轮藻群系(Form *C. tomentosa*)

以毛轮藻为建群种的沉水植物群落是可鲁克湖优势群落，沿岸边芦苇带至湖心均有分布，湖西北边和码头东边水域更为丰富；湖泊水出口河流亦有分布，岸边水深较浅，毛轮藻生长茂密，呈暗绿色，盖度达 85%～90%。伴生种类极少，仅见穗状狐尾藻和篦齿眼子菜等分布。

2) 穗花狐尾藻群系(Form *M. spicatum*)

以穗花狐尾藻为建群种的沉水植物群落主要分布于养殖场码头两边的浅水区域，特别是在码头东边更为丰富，群落盖度 80%～90%。

3) 狸藻群系(Form *U. vulgaris*)

以狸藻为建群种的沉水植物群落主要分布在岸边芦苇带内的广大水域，一般与毛轮藻、穗状狐尾藻、篦齿眼子菜群落相嵌分布，群落结构简单，种类单一；时有其他水生植物群落伴生。

4) 篦齿眼子菜群系(Form *P. pectinatus*)

以篦齿眼子菜为建群种的沉水植物群落大面积分布于可鲁克湖水域，群落结构简单，种类组成单一，常与毛轮藻、穗状狐尾藻、狸藻群落镶嵌分布，也可为其他水生植物群落伴生。

6. 水生植物生物量

1) 挺水植物生物量

经遥感解译可鲁克湖挺水植被面积为 20.2 km^2(图 1-23)。样方研究表明，芦苇生物量鲜重为 15.2 kg/m^2，计算得出可鲁克湖湿地区芦苇生物量约为 310000 t。

2) 沉水植物生物量

群落调查表明，可鲁克湖区沉水植物主要为轮藻科植物，其余水生植物群落少量分布；2012 年，沉水植物盖度约占全湖面积的 80%；生物量测定结果表明，沉水植物平均生物量约为 6.91 kg/m^2，湖面面积按 58 km^2 计算，则可鲁克湖沉水植被生物量约为 400780 t。

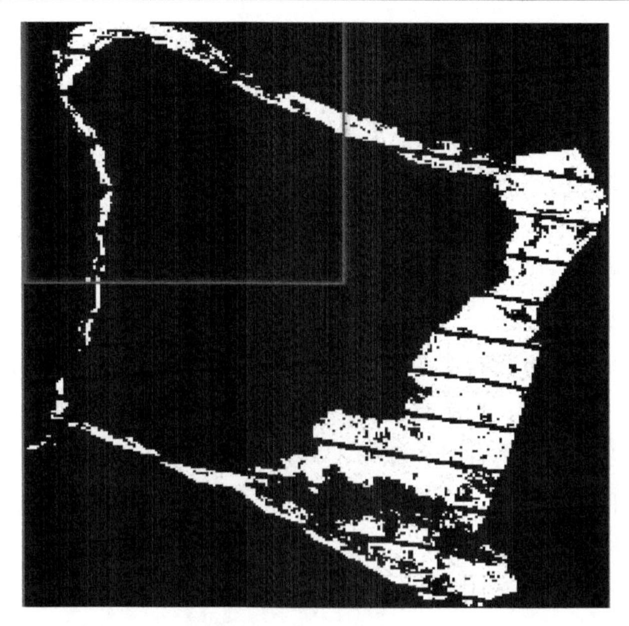

图 1-23　可鲁克湖挺水植被遥感解译图（白色区域）

资料来源：青海省可鲁克湖流域生态环境基线调查报告

7. 动物资源

调查表明，可鲁克湖现有鱼类 17 种，属 4 科 16 属，其中原生鱼类仅 6 种，由单一的中亚山区鱼类复合体构成，即鲤科裂腹鱼亚科的裸裂尻鱼属、裸鲤属和条鳅亚科的高原鳅属鱼类组成；其他 11 种鱼类均为外地引入种（王基琳等，1982）。1973 年首次引进鲤鱼和鲫鱼，成功后 1976 年引进青鱼、草鱼、白鲢和鳙鱼，1979 年引进团头鲂，1981 年引进鳊鱼，1989 年又引进池沼公鱼（赵利华等，1990）。引种时也带入一些其他鱼类，比较重要的鱼类资源包括厚尾高原鳅、短尾高原鳅、黄河裸裂尻鱼（小嘴湟鱼）和青海湖裸鲤（青海湖湟鱼）。

两栖类动物仅有花背蟾蜍 1 种，其对环境的适应能力较强，在古北界的东北区、华北区、蒙新区和青藏区均有分布，在可鲁克湖—托素湖湿地自然保护区河湖灌丛、草原和荒漠边缘等地都能见到。

爬行类有中亚型的密点麻蜥和中介蝮 2 种。中介蝮栖息于荒漠灌丛、草原等生境，而密点麻蜥主要生活在干草原、荒漠和半荒漠边缘的稀疏灌草丛等生境。

鸟类资源是区内陆生脊椎动物资源的重要组成部分。根据调查结果，可鲁克湖流域内鸟类有 136 种，隶属于 15 目 39 科 87 属。占全国鸟类总种数 1329 种的 10.2%，古北界种类占优势，有 111 种，占全部鸟类的 81.62%，东洋种只有 4 种，占鸟类总数的 2.94%。在 136 种鸟类中，夏候鸟的种类最多，有 67 种，占全部鸟类的 42.14%，其次是留鸟，有 52 种，占 32.70%，春夏季繁殖鸟类多达 119 种，占所有鸟类 74.84%；旅鸟 40 种，占 25.16%，无冬越冬候鸟。其中国家一级保护鸟类有玉带海鹏、白尾海鹏、金鹏、白肩鹏、黑颈鹤等 5 种，国家二级保护鸟类动物有大天鹅、疣鼻天鹅、鹗、黑鸢、秃鹫、大鵟、红隼、燕隼、猎隼、游隼、蓑羽鹤、灰鹤等 13 种。

兽类共有 30 种，隶属于 13 科 26 属；兽类中古北界种类占绝大多数，而东洋界种类只有豺 1 种。30 种兽类中有 11 种为中亚型，占 36.67%，如沙狐、荒漠猫、兔狲、藏野驴、鹅喉羚、长尾仓鼠等。其中国家一级保护动物有藏野驴和白唇鹿 2 种，国家二级保护动物有豺、棕熊、石貂、荒漠猫、兔狲、猞猁、马鹿、鹅喉羚、盘羊、岩羊等 11 种。

1.4　可鲁克湖流域生态环境状况

1.4.1　入湖河流水质状况

由可鲁克湖流域实地考察成果可见(图 1-24)，2017 年单次调查可鲁克湖入湖河流水质为Ⅲ类，入湖河流 COD、TN 和氨氮是可鲁克湖污染物主要来源。各断面 TN 浓度在 1.19～2.4 mg/L，平均值 1.76 mg/L，劣于Ⅲ类；各断面 TP 浓度在 0.01～0.03 mg/L，平均值 0.016 mg/L，Ⅱ类水达标断面占比 100%，总体处于Ⅰ类，但上游的 2#点位浓度为 0.03 mg/L，属于Ⅱ类；氨氮浓度在 0.055～0.713 mg/L，上游 1#点位属于Ⅰ类，自抵达德令哈市起(2#)点位由浓度逐渐增加，在德令哈市出口 3#点位达到最高值 0.713 mg/L，已属Ⅲ类，COD_{Cr}浓度值在 9～30 mg/L，平均值 17.2 mg/L，总体属Ⅲ类，但Ⅲ类水达标断面占比仅 50%，在德令哈市出口(3#)点位，其 COD_{Cr} 浓度达到了 30 mg/L，已经达到了Ⅳ类水质标准的上限。

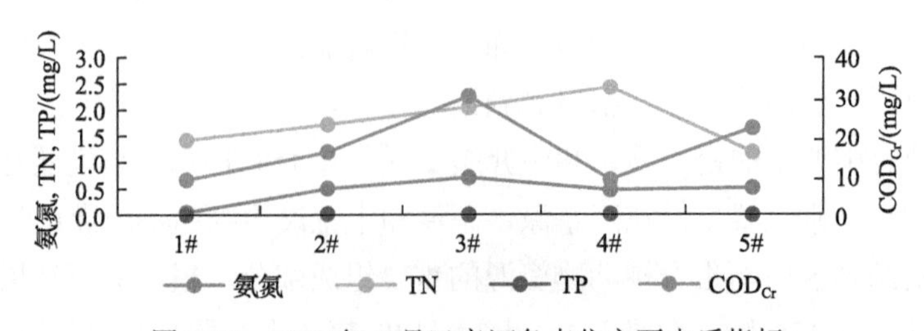

图 1-24　2017 年 5 月巴音河各点位主要水质指标

现场调查并结合 2016 年 6 月单次采样数据对比分析可见(图 1-25 至图 1-28)，2016 年单次调查可鲁克湖入湖河流水质为Ⅱ类，各断面 TN 浓度均值为 1.20 mg/L，Ⅱ类水达标断面占比 40%；氨氮浓度均值为 0.17 mg/L，Ⅱ类水达标断面占比 100%；COD_{Cr} 浓度均值为 8.2 mg/L，Ⅱ类水达标断面占比 100%；TP 浓度在平均值 0.02 mg/L，Ⅱ类水达标断面占比 80%。总体来看，可鲁克湖主要入湖河流巴音河 TP 浓度波动变化规律不明显；2017 年各断面 COD_{Cr}、氨氮和 TN 浓度均高于 2016 年，从单项污染因子浓度来看，COD_{Cr} 和氨氮的增幅较大，相差最大的点位分别达到 3.75 倍和 4.17 倍，平均为 2.09 倍和 2.70 倍，年际对比表明巴音河水质有明显下降，巴音河污染物浓度升高是可鲁克湖水污染程度加重的重要原因。

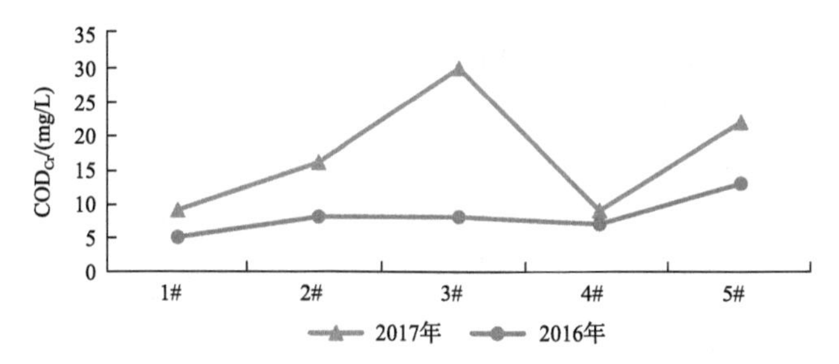

图 1-25　巴音河 COD_{Cr} 2016 年与 2017 年对比

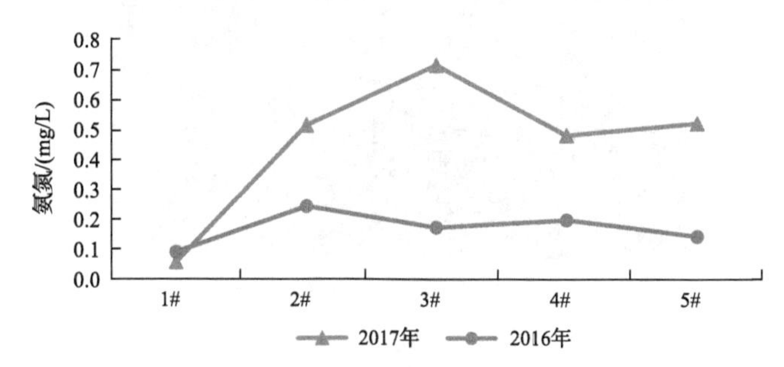

图 1-26　巴音河氨氮 2016 年与 2017 年对比

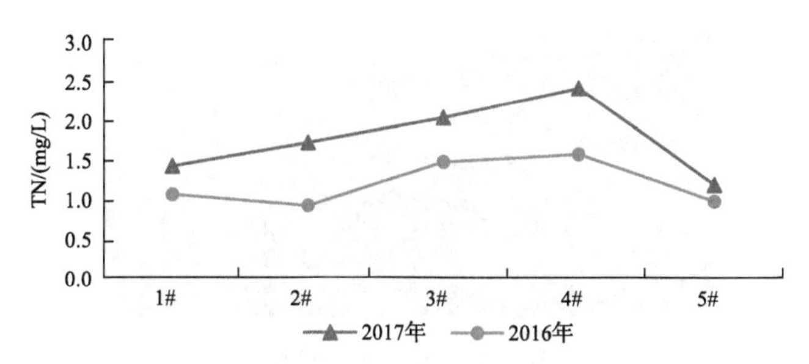

图 1-27　巴音河 TN 2016 年与 2017 年对比

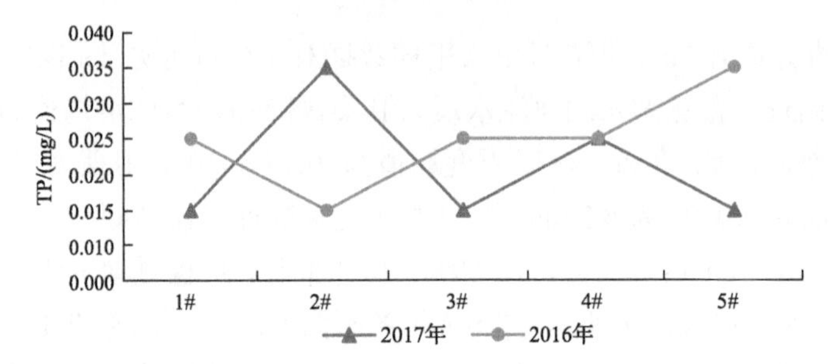

图 1-28　巴音河 TP 2016 年与 2017 年对比

1.4.2　湖滨湿地状况

巴音河流域现共有湿地 165000 亩[①]，主要集中在一棵树以下至可鲁克湖地区。2015 年湖滨自然岸线长度为 50.77 km，湖滨岸线总长度为 51.60 km，湖滨自然岸线率为 98.39%（图 1-29）。

图 1-29　湖滨湿地现状

① 1 亩≈666.7 m^2。

可鲁克湖沼泽植被主要是指由湿生多年生草本植物形成的植物群落，其多生长在浅水区或长期积水或土壤过渡湿润的区域，主要包括芦苇群系(Form *Phragmites australis*)、球穗藨草群系(Form *Scirpus strobilinus*)、无苞香蒲群系(Form *Typha laxmanii*)和杉叶藻群系(Form *Hippuris vulgris*)；水生植被是生长在水域环境(湖泊、河流、池塘等)的植被类型，由水生植物组成，其种类组成包括低等和高等水生植物，可鲁克湖主要水生植物群系主要包括毛轮藻群系(Form *Chara tomentosa*)、穗花狐尾藻群系(Form *Myriophyllum spicatum*)、狸藻群系(Form *Utriclaris vulgaris*)和篦齿眼子菜群系(Form *Potamogeten pectinatus*)。

1. *芦苇群系*(Form *Phragmites australis*)

该群系主要分布于德令哈市一棵树南部的巴音河岸边以及可鲁克湖四周的浅水区，一般形成宽约 5～30 m 的带状分布，是各种鸟类栖息的场所，以芦苇为单建群种，生长发育良好，高 2～4 m，直立，草群生长密集，总盖度 90%～100%，形成可鲁克湖的天然防风屏障。

2. *球穗藨草群系*(Form *Scirpus strobilinus*)

该群系仅小面积见于可鲁克湖南面戈壁车站的巴音河南岸的沼泽地，地面有积水，以球穗藨草为建群种，植物生长密集，外貌整齐，其花穗呈深紫色，群落总盖度达 90%以上。球穗藨草株高 50～60 cm，分盖度达 85%，其伴生种类较少，常见的仅有杉叶藻等。

3. *无苞香蒲群系*(Form *Typha laxmanii*)

该群系仅小面积见于可鲁克湖南部戈壁车站东约 1 km 处的积水洼地区域。由无苞香蒲为建群种，由于其棍棒状的花序生于茎的顶端，外貌独特，群落结构分化明显，无苞香蒲高 100～110 cm，生长茂密，盖度达 80%以上，下层以无刚毛荸荠(*Elcocharis glabella*)为单一优势群落，株高 20 cm 左右，盖度在 10%左右。

4. *杉叶藻群系*(Form *Hippuris vulgris*)

该群系在可鲁克湖地区呈小片分布于戈壁车站巴音河南岸和可鲁克湖西面芦苇沼泽以外的积水或不积水沼泽湿地。土壤为泥炭沼泽土，群落外貌暗绿色，草丛高 15～20 cm，盖度 30%～40%，以杉叶藻为建群种，常呈单优势状态，一般伴生种类较少，常见的仅有芦苇等。

1.4.3 陆地生态系统状况

巴音河流域是一个完整的内陆河流水系，流域大气降水→地下水→再生河水→湖泊水资源循环形成了巴音河流域独特的较完整自然绿洲生态系统、农业生态系统及林地生态系统。

1. 自然绿洲生态系统

分布于冲洪平原前缘细土带，在自然条件下为沼泽化草甸和盐生草甸，沼泽化草甸主要分布在可鲁克湖畔和巴音河下游，以禾草草场为主；盐生草甸类主要分布于尕海湖积平原，以禾草草场组为主，是由多年生根茎禾草组成的植物群落。

2. 农业生态系统

流域气候温和、土壤肥沃、水资源丰富而成为宜农之地，从 1954 年起国家兴办规模较大的国营农场，至 20 世纪 70 年代初逐步建成了规模化盆地绿洲农业，以种植小麦、豌豆、青稞、油菜及蔬菜等为主。

3. 林地生态系统

主要以白刺灌木林、梭梭灌木林为主，包括如下重要类型：

1) 白刺灌木林

可鲁克湖东北和西岸分布有面积约 20 万亩的天然白刺林，以唐古特白刺为优势种，根系发达，耐旱、耐盐碱、抗风沙，是荒漠区防风固沙和盐渍地造林的主要树种之一。白刺灌木林结构简单，仅灌木层和草木层，常有柽柳、枸杞伴生。白刺根蘖旺盛，枝条柔软，常丛状分布或形成白刺沙包，层盖度 20%～50%，平均高度 120～150 cm，在地下水位较浅的草甸盐土区生长更为繁茂；草本层一般较稀疏，层盖度 10%～20%，种类主要有芦苇、赖草、碱蓬、黄芪、芨芨草等。

2) 灌木林

主要分布于可鲁克湖—托素湖西、南、东三侧的丘陵区，海拔 2958～3340 m，其分布范围东起旺尕秀煤矿，西至大柴旦泉集河，北与青藏铁路相连，南与东西走向的阿木尼克山为界，东西长 114 km，南北宽 54 km，面积 3105 km^2，有梭梭群落、梭梭-优若藜-芦苇群落、梭梭-麻黄-红砂群落 3 种类型。以梭梭为优势的灌木林，对固定流沙，改变荒漠面貌和保护绿洲生态环境有着重要的作用，是荒漠中生物蓄积量较高的植被类型之一，该区是国内梭梭林分布较集中的地区，梭梭灌木林在荒漠自然条件下，是最为稳定的灌木林类型之一，但自 20 世纪 60 年代后期，随着青藏铁路、青新公路、青藏公路的建设，因燃料短缺，筑路大军大量樵采沙生灌木，加之河区绿洲农业的开发和工矿业的开发，以梭梭为主的沙生植物遭到了严重的破坏。

1.5　可鲁克湖流域污染源及污染负荷

可鲁克湖流域污染负荷调查以 2015 年为现状年，流域地理、人口、社会经济等数据以统计等权威部门资料为基础，结合现场调查，针对工业污染源、农业污染源、生活污染源、旅游及水上交通污染、水产养殖业等进行了调查，并相应对流域污染负荷状况进行了核算。

1.5.1　工业污染源及污染负荷

可鲁克湖工业污染源主要来自德令哈市工业园区，地处德令哈市西南部，流域重点工业企业共 19 家。根据 2015 年环境统计数据和《青海省“十二五”城镇污水处理及中水回用设施建设规划》资料，德令哈市工业废污水入河量及污染物排放量见表 1-8(德令哈市所有工业废水均经管道排放至南山专用废液排放场地，不排入巴音河流域地表环境，考虑排放场地渗漏等影响，入河系数取 0.05)。

表 1-8　2015 年德令哈市工业废污水及污染物产生量与入河量

单位	废污水/(万 t/a)	氨氮/(t/a)	COD_{Cr}/(t/a)	TP/(t/a)	TN/(t/a)
产生量	3424.84	729.46	9896.32	63.55	1117.46
入河量	171.24	36.48	494.82	3.18	55.87

资料来源：德令哈市生态环境局

1.5.2　城镇生活污染负荷

可鲁克湖流域城镇生活污水产生量根据柴达木盆地城镇居民人均综合用水指标人均 182 L/d 计算(青海省水文水资源勘查局，2009)。2015 年德令哈市城镇人口为 51342 人，城镇生活污水平均年产生量为 3410649 t/a。污染源产排放量以第一次全国污染源普查系数手册为主要依据计算，污染物产生量为 COD_{Cr} 993.21 t、氨氮 136.8 t、TN 189.27 t、TP 13.87 t。

流域城镇生活污染源主要靠德令哈市污水处理厂，该厂于 2009 年 4 月开工建设，2010 年 6 月建成，总投资 4760 万元，占地 37313 m^2，建设规模一期日处理量 2 万吨，二期日处理量增加 1.5 万吨，共 3.5 万吨；污水处理工艺采用较为先进的周期循环活性污泥法，即 CASS 法处理后的水质达到国家综合排放一级 B 类标准。目前德令哈市城镇污水收集率为 90%，2015 年实际污水处理量 520.5 万 m^3，达标排放至巴音河，削减 COD_{Cr} 1709.32 t/a、氨氮 167.6 t/a、TN 167.6 t/a。

德令哈市污水处理厂目前还没有达到设计处理能力，生活污水排污量应依据实际污水处理口浓度和排水量加 25%未收集直排生活污水计算，污水浓度按照污水处理厂入口浓度计算(COD_{Cr} 276 mg/L，氨氮 39 mg/L)。因此核算 2015 年流域内城镇生活污水排放量 COD_{Cr} 628.6 t，氨氮 73.28 t，TN 73.28 t，TP 13.87 t。

1.5.3 农村生活污染负荷

2015 年德令哈市城镇化率为 70.15%，农村人口为 21847 人，根据现场调查，德令哈市农村无污水处理设施，生活污水全部随机排放，日常排水主要是由日常洗浴和厨房烹饪组成。近年来，流域农村水冲厕的使用比例逐渐增加，污水排放量增大，农村生活污水产生量达到 52 L/d，系数参考农村居民生活排污系数，可核算 2015 年流域农村生活主要污染物排污量为 COD_{Cr} 422.6 t、氨氮 58.21 t、TN 80.53 t、TP 5.9 t。

1.5.4 农业污染负荷

1. 种植业面积变化及污染负荷

根据德令哈市经济年报(德令哈市人民政府，2015a)，2015 年可鲁克湖流域农作物播种面积持续增长，达 196487.35 亩(含林业枸杞)。

(1)粮食种植面积 62431 亩，比上年减少 7938 亩，较上年下降 11.28%；2015 年流域粮食总产量达 21760 吨，比上年减少 2368 吨，较上年下降 9.81%；粮食面积及产量减少主要源自结构调整。

(2)油料种植面积大幅下降，为 6429 亩，比上年减少 3413 亩，较上年下降 34.67%；2015 年流域油料产量达 640 吨，比 2014 年减少 443 吨，较上年下降 40.9%。

(3)枸杞种植面积大幅度增加，2015 年流域内枸杞种植面积达 114228 亩(含退耕还林和撂荒地种植枸杞 5.05 万亩)，比 2014 年增加 18867 亩，较上年增长 19.78%；2015 年枸杞产量达 14073 吨，比上年增加 1302 吨，较上年增长 10.19%。

(4)蔬菜种植面积持续上升，2015 年流域内蔬菜种植面积 5754.5 亩，比上年增加 731.5 亩，较上年增长 14.56%；2015 年蔬菜产量达 20675 吨，比上年增加 2290 吨，较上年增长 12.45%。

德令哈市化肥施用情况调查结果如表 1-9 所示，每亩耕地的化肥施用量为 50 kg(青海省环境科学研究院，2012)，换算为 750 kg/hm^2，使用量远大于国际上为防止水体污染而设置的 225 kg/hm^2 的化肥使用安全上限(李家康和林葆，2001)。

表 1-9　德令哈市化肥使用量

指标		单位	2015 年
耕地面积		亩	196487.35
施用化肥农地面积		亩	196487.35
氮肥	施用总量	t	6385.89
	尿素施用量	t	2947.21
	折纯量	t(以 N 计)	1850.34
磷肥	施用总量	t	3438.47
	折纯量	t(以 P_2O_5 计)	1581.80
化肥施用总量		t	9824.35
单位面积平均施用量		kg/亩	50

据调查，德令哈市氮肥利用率为 42.5%，磷肥利用率为 10%。农业生产未被利用的化肥一般在降水或者灌溉等作用下，可通过径流和淋洗等途径进入水环境，其中大约有 5%的未利用氮通过径流进入地表水，引起水体富营养化和赤潮等，因而地表水体富营养化主要发生在近海、湖泊、水库及流速缓慢河流等水体；2%通过淋洗进入地下水引起硝酸盐富集，34%通过硝化或反硝化作用产生 N_2O 气体进入大气，引起酸雨、破坏臭氧层、温室气体排放等环境问题，11%以氨的形式挥发，另外 35%作物回收(尉元明等，2003)。

参考《第一次全国污染源普查农业污染源肥料流失系数手册》土壤肥料流失系数，结合可鲁克湖流域地形地势、土壤类型及不同种植模式土壤氮磷含量监测成果，核算 2015 年流域农业活动污染物排放量为 COD_{Cr} 15692.1 t、氨氮 357.2 t、TN 6086.15 t 和 TP 2952. t。

2. 畜牧业状况及污染排放

2015 年德令哈草食畜年末存栏头数为 26.20 万头(只)，大牲畜存栏头数为 1.39 万头(只)，较上年增长 8.59%，其中牛年末存栏头数为 0.97 万头(只)，较上年增长 4.3%，羊年末存栏头数为 24.81 万头(只)，较上年下降 0.4%，猪年末存栏头数为 2.98 万头(只)，较上年增长 23.65%。同期，草食畜出栏头数为 12.42 万头(只)，较 2014 年下降 0.16%，大牲畜出栏头数为 0.54 万头(只)，与 2014 年持平，其中牛出栏头数为 0.49 万头(只)，与 2014 年持平，羊出栏头数为 11.88 万头(只)，较 2014 年下降 0.16%，猪出栏头数为 3.59 万头(只)，较 2014 年增长 0.27%(德令哈市人民政府，2015a)。

据调查，德令哈市大牲畜和羊主要采取放养，而猪也主要采取散养；对畜禽养殖污染及处理能力调研表明，德令哈市畜禽养殖量见表 1-10(大牲畜排放系数全按牛计，本研究畜禽排污系数与排污量见表 1-11）。猪粪尿全部施于农田作为有机肥，而放养牛羊及其他大牲畜的粪尿则部分收集作为燃料，部分直接排放；德令哈市污水及固体废弃物处理设施及场所集中处理畜禽养殖污染；核算可得流域畜牧业污染 2015 年排放量为 COD_{Cr} 10906.88 t、TN 2330.59 t、氨氮 687.31 t 和 TP 673.67 t。

表 1-10　历年来可鲁克湖流域牧业存栏量

	单位	2008 年	2009 年	2010 年	2015 年
大牲畜	万头	1.30	1.32	1.50	1.39
羊	万只	34.21	35.53	35.92	24.81
猪	万头	2.21	2.12	5.65	2.98
牛	万头	—	—	—	0.97

资料来源：德令哈市统计年鉴

表 1-11　可鲁克湖流域牧业养殖排污系数

	粪便量 /[kg/(头·天)]	尿液量 /[L/(头·天)]	COD_{Cr}	TN	TP	氨氮	饲养天数 /天
			/[g/(头·天)]				
牛	12.10	8.33	2235.21	104.10	10.17	40.2	365.00
羊	未记	2.60	12.04	19.50	6.76	4.88	365.00
猪	1.27	2.78	320.87	33.08	4.30	17.38	199.00

资料来源：青海省可鲁克湖流域生态环境基线调查报告

1.5.5　旅游服务及水上交通污染负荷

可鲁克湖旅游船舶分为游艇和快艇，目前可鲁克湖景区有游艇 3 艘，实际运营 1 艘，运营时船速 20～30 km/h，快艇 5 艘，实际运营 3 艘，运营时船速 40～50 km/h，运营航线 3 km。2015 年景区接待游客 17.3 万人次，根据西部旅游产业排污研究(赵美风等，2011；汪超等，2016)，本研究排污系数 COD_{Cr} 160 g/(人·d)，氨氮 10 g/(人·d)，TP 1.0 g/(人·d)，TN 15 g/(人·d)，2015 年可鲁克湖旅游污染有 COD_{Cr} 27.68 t、氨氮 1.73 t、TP 0.173 t、TN 2.60 t。

1.5.6　水产养殖业污染负荷

可鲁克湖捕捞季节为每年的 3 月底至 10 月底，捕捞方式采用的是迷魂阵捕鱼及地笼捕蟹。2015 年，渔业总产量 482 t，其中鲫鱼 62.7 t，鲤鱼 55.7 t，草鱼 34.8 t，池沼公鱼 275 t，河蟹 35.3 t，鲢鱼 18.5 t。投放蟹苗(大眼幼体)200 kg，鱼苗 18 万斤。依据《第一次全国污染源普查水产养殖业污染源产排污系数手册》中给出的污染物排放量计算方法：

$$污染物排放量G = 排污系数P \times 养殖增产量N \tag{1-1}$$

其中：

$$养殖增产量N = 产量N_1 - 投产量N_2 \tag{1-2}$$

由此可见，可鲁克湖 2015 年水产养殖污染物排放量为 TN 19.28 t，TP 3.19 t，COD_{Cr} 13.67 t。

1.6　可鲁克湖流域污染负荷排放及入湖特征

1.6.1　流域污染物排放总体特征

2015 年可鲁克湖流域废水排放量主要由工业排放、农村生活和城镇生活组成，其中 COD_{Cr} 排放量上以农业面源排放量占比最高，占 COD_{Cr} 排放总量的 41.75%，其次为畜牧养殖、工业和城镇生活，分别占 COD_{Cr} 排放总量的 29.02%、26.33%和 1.67%；氨氮以工业排放最大，占其排放总量的 38.23%，其次是畜牧养殖和农业面源，分别占其氨氮排放总量的 36.02%、18.76%；TP 以农业面源排放最高，占其总量的 79.52%，其次是畜牧养殖、工业排放和城镇生活污水，分别占其 TP 排放总量的 18.15%、1.71%和 0.37%；TN 排放也是农业面源排放最高，占其 TN 排放总量的 62.68%，其次是畜牧养殖、工业排放和农村生活污水，分别占 TN 排放总量的 24.00%、11.51%和 0.83%。

由此可见，可鲁克湖流域污染负荷排放主要由工业排放、农业面源、畜牧养殖组成。各类污染源排放量详见表 1-12 及图 1-30 至图 1-34。

表 1-12　2015 年可鲁克湖流域污染物排放汇总

污染源	污染物排放				
	废水/10^4t	COD_{Cr}/t	氨氮/t	TN/t	TP/t
工业排放	3424.8	9896.32	729.5	1117.46	63.55
城镇生活	520.5	628.6	73.28	73.28	13.87
农村生活	41.47	422.6	58.21	80.53	5.9
畜牧养殖		10906.88	687.31	2330.59	673.67
农业面源		15692.13	357.92	6086.15	2952.06
旅游服务		27.68	1.73	2.6	0.173
水上交通		0	0	0	0
水产养殖		13.67	0	19.28	3.19
总计	3986.77	37587.88	1907.95	9709.89	3712.41

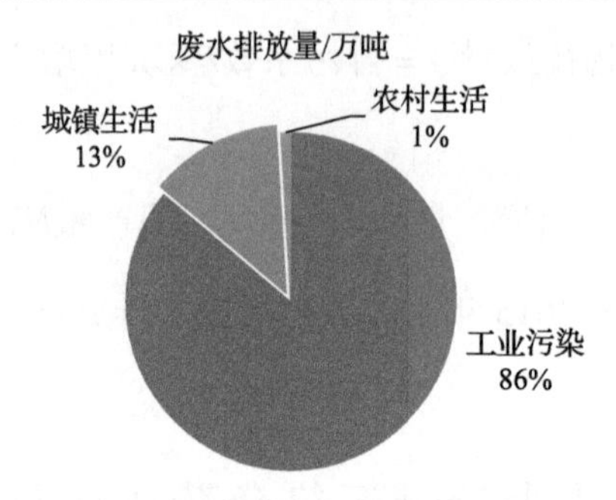

图 1-30　流域废水排放来源占比

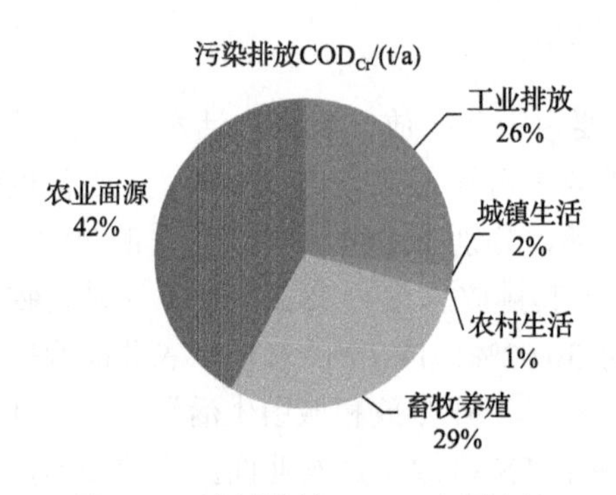

图 1-31　流域排放 COD_{Cr} 来源占比

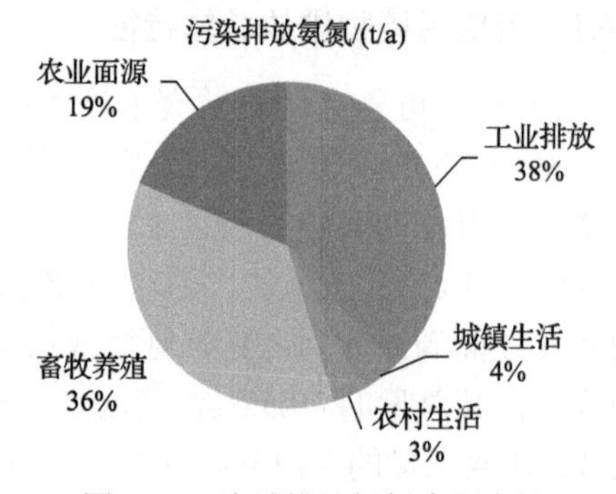

图 1-32　流域排放氨氮来源占比

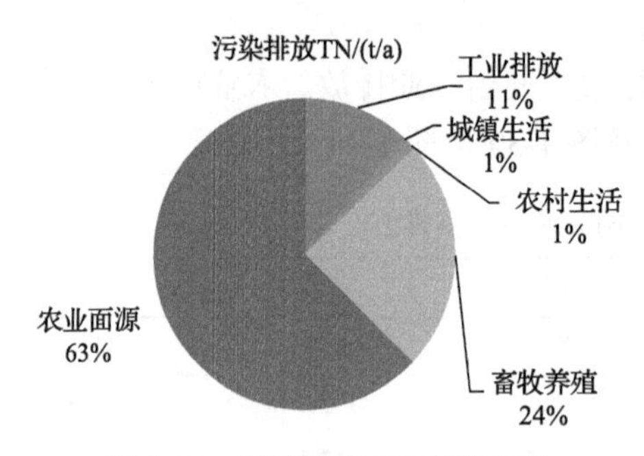

图 1-33　流域排放 TN 来源占比

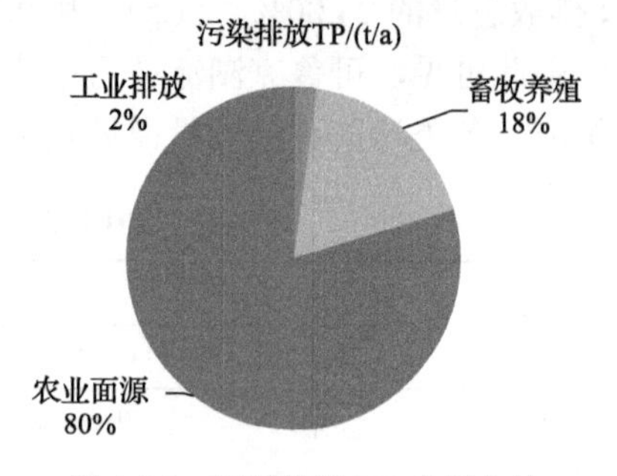

图 1-34　流域排放 TP 来源占比

1.6.2　流域入湖污染负荷特征

本研究采用入湖系数法核算流域入湖污染负荷，根据各产业污染排放及入湖研究成果及可鲁克湖流域废水处理及地形地貌等特征，估算了各污染源平均入湖系数(工业污染源入湖系数 0.03、城镇生活污染源污染物入湖系数 0.8、农村生活污染源污染物入湖系数 0.3、畜禽养殖污染源污染物入湖系数 0.2、农业面源污染源入湖系数 0.05、旅游服务源污染物入湖系数 0.9、水产养殖污染物入湖系数 1)。

另外，自然水体大部分磷以颗粒存在，参考西北及高原地区湖泊情况，入湖TP 取系数 0.2 为其溶解态磷入湖系数(王志芸，2016；王林等，2012；田富银等，1995)。通过计算，2015 年可鲁克湖入湖负荷为 COD_{Cr} 3126.93 t、氨氮为 278.09 t、TP 为 236.45 t、TN 为 635.49 t(表 1-13)。

表 1-13　2015 年可鲁克湖流域污染物排放量和入湖量汇总

污染源	COD_{Cr} /t		氨氮/t		TN/t		TP/t	
	排放量	入湖量	排放量	入湖量	排放量	入湖量	排放量	入湖量
工业排放	9896.32	296.89	729.5	21.89	1117.46	33.52	63.55	1.90
城镇生活	628.60	502.88	73.28	58.62	73.28	58.62	13.87	11.10
农村生活	422.60	125.51	58.21	17.29	80.53	23.91	5.9	1.75
畜牧养殖	10906.88	1378.46	687.31	160.84	2330.59	249.85	673.67	72.22
农业面源	15692.13	784.61	357.92	17.90	6086.15	301.26	2952.06	146.13
旅游服务	27.68	24.912	1.73	1.56	2.6	2.34	0.173	0.1557
水上交通	0	0	0	0	0	0	0	0
水产养殖	13.67	13.67	0	0	19.28	19.28	3.19	3.19
总计	37587.88	3126.93	1907.95	278.09	9709.89	635.49	3712.41	236.45

可鲁克湖流域污染物入湖量占比见图 1-35 至图 1-38，其中 COD_{Cr} 入河量中以畜牧养殖最高，占 COD_{Cr} 总入河量的 44.08%，其次为农业面源和城镇生活污水，分别占 COD_{Cr} 排放总量的 25.09%和 16.08%；氨氮以畜牧养殖排放最大，占其入湖总量的 57.84%，其次是城镇生活污水、工业排放和农业面源，分别占氨氮入湖总量的 21.08%、7.87%和 6.44%；TN 入湖量以农业面源最大，占其 TN 入湖总量的 43.74%，其次是畜牧养殖、城镇生活污水和工业排放，分别占 36.27%、8.51%和 4.87%；TP 以农业面源占比最高，占总量的 61.80%，其次是畜牧养殖、城镇生活污水，分别占 TP 入湖总量的 30.54%和 4.69%。

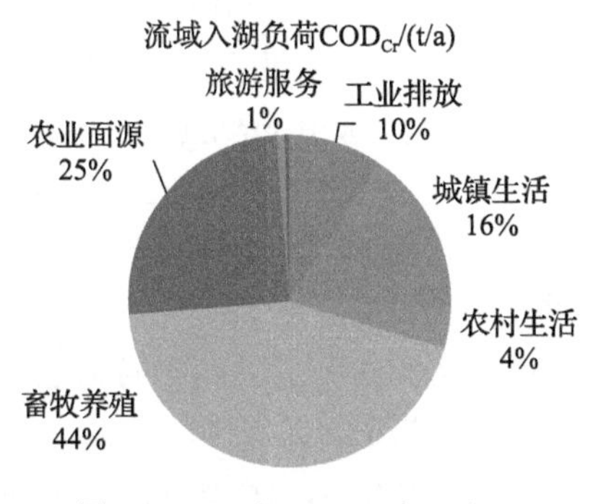

图 1-35　入湖 COD_{Cr} 来源占比

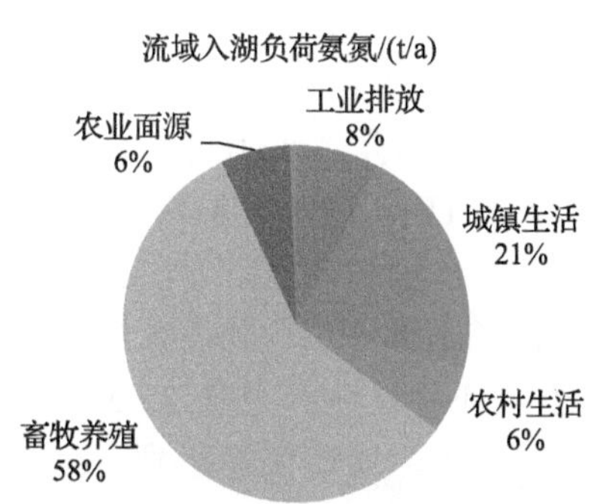

图 1-36　入湖氨氮来源占比

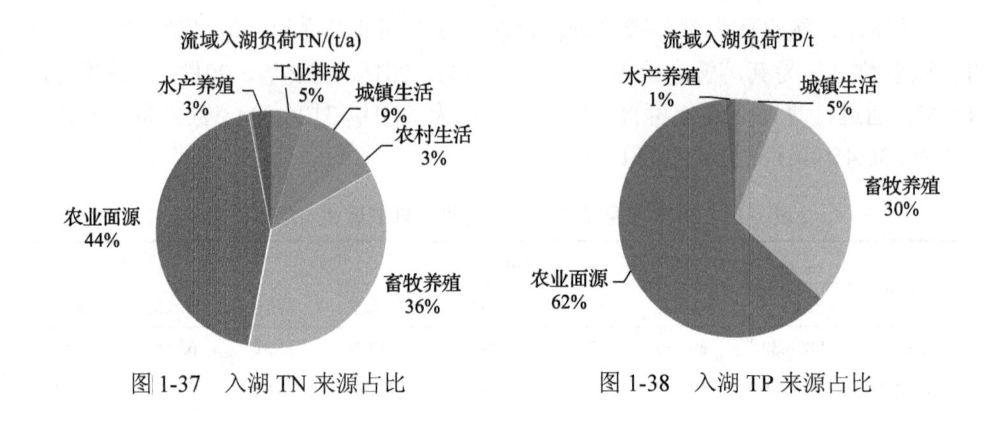

图 1-37　入湖 TN 来源占比

图 1-38　入湖 TP 来源占比

1.7 本 章 小 结

可鲁克湖、托素湖和尕海及河流构成完整的内陆河湖水系，称为可鲁克湖—托素湖—尕海水系，位于青海省海西蒙古族藏族自治州德令哈市境内，其中可鲁克湖湖泊面积为 58.03 km^2，是柴达木盆地最大的淡水湖，对周边柴达木东北区域生态系统平衡及生态安全具有重要意义。流域地处青藏高原腹地，干旱少雨、昼夜温差大，四季分明，春旱秋雨，夏短冬长。流域地表水资源量 4.15 亿 m^3，地下水资源量为 3.70 亿 m^3，水资源总量为 4.87 亿 m^3(重复量 2.98 亿 m^3)，可利用率为仅 29.7%。大部分区域植被极度稀疏或无植被，天然植被以灌木、半灌木荒漠、沼泽及草甸为主，大多傍河而生或分布在地下水位较高的河漫滩、低阶地、湖滨及低洼地，依靠洪水漫溢或地下水维持生命。

从流域生态环境状况来说，可鲁克湖及入湖河流水质均未达到保护目标，水生态呈现退化趋势。2016～2017 年，水质总体保持Ⅱ类到Ⅲ类，其中氨氮(NH_3-N)、TP(以 P 计)指标达到Ⅱ类水质标准，而 TN(湖、库，以 N 计)、化学需氧量(COD_{Cr})超过Ⅲ类水质标准；主要入湖河流巴音河水质 2017 年为Ⅲ类，与 2016 年对比水质有所下降，湖泊水生动植物种类密度和生物量均较历史偏低，表层沉积物 TN 含量在 1316.64～6952.69 mg/kg，平均为 3870 mg/kg，高值集中在湖区南部；TP 含量在 258.07～861.19 mg/kg，平均值为 529.59 mg/kg，高值集中在东北部；有机质含量在 24.23～118.95 mg/kg，平均为 67.45 mg/kg，高值主要集中在湖区西南部，沉积物内源污染总体不严重。

2015 年地区生产总值 45.5 亿元，人均 GDP 为 6.23 万元，高于青海省平均的 4.13 万元，城镇化率达到 70.15%；2015 年流域污染负荷排放量为 COD_{Cr} 37587.88 t、氨氮 1907.95 t、TP 3712.41 t、TN 9709.89 t，污染排放以农业面源、畜牧养殖、工业和城镇生活为主，入湖污染量 COD_{Cr} 为 3126.93 t、氨氮为 278.09 t、TP 为 236.45 t、TN 为 635.49 t，入湖污染物的最主要来源为畜禽养殖，其次为农业面源和城镇生活。

总体来说，由于所处的地理位置和气候条件的特殊性，可鲁克湖流域虽有完整的水系单元，但水资源不足，水资源可利用率低；处于荒漠地区，流域植被较单一，生物量较低，生态环境脆弱，水土流失严重。从社会经济发展和污染情况来看，可鲁克湖流域是青海省经济发展较快地区，城市化水平和人均 GDP 高于青海省平均水平，流域社会经济不合理发展与生态环境脆弱性等原因，特别是水资源、水环境承载力间矛盾较突出，排放污染物的主要来源为工业、畜牧业和城镇生活；流域较特殊脆弱的自然生态环境状况和不合理的社会经济发展模式等导致的污染和生态环境破坏问题是可鲁克湖保护治理必须面对的现实。

第 2 章　可鲁克湖流域经济社会与环境变化

湖泊流域是以水面、湖岸带及分水岭等为边界，以河道及水系为纽带所构成的自然、社会和经济相互渗透的复杂系统(季笠和李敏，2007)。湖泊生态环境主要受流域经济社会发展和流域水土资源利用等影响，湖泊生态环境问题不仅是水质变化，更重要的是生态系统发生了明显变化甚至退化，生态服务功能也随之变化，甚至发生严重退化或丧失。

德令哈市是可鲁克湖流域最大城市，其产业发展，民众生活和农牧业活动等都均对巴音河和可鲁克湖有较高的依赖度。可鲁克湖作为流域汇水中心，其水量、水质及生态环境变化与德令哈市经济社会发展变化息息相关。多年来，可鲁克湖流域人口较少，污染排放不直接影响湖泊水质，流域污染负荷入湖量总体较少，湖泊水质保持良好。但 2012 年以来，湖泊水质却发生了较大变化，呈现明显下降趋势，流域生态系统也发生了一定程度退化。为解析可鲁克湖水质变化及生态系统退化原因，本研究意在综合考虑流域经济社会变化及对水环境影响，辨析可鲁克湖流域生态环境问题；从流域社会经济变化入手，试图阐明流域人类活动变化及对湖泊水环境影响，研究总结流域生态环境变化及问题。

2.1　可鲁克湖流域经济社会变化及问题

湖泊水污染与富营养化无不是流域经济社会发展模式不合理与环境保护设施相对滞后等综合作用结果，而不合理发展模式与入湖污染负荷持续增加直接相关，是影响湖泊水环境的关键性因素。

2.1.1　流域人口变化及特征

图 2-1 为自 1989 年以来，德令哈市人口及国民生产总值变化趋势，以国民生产总值来看，德令哈市经济发展总体可分为三个阶段，其中第一阶段是从 1989 年到 1995 年，为经济快速发展期，国民生产总值增加了 1.89 倍；第二阶段为 1995 年到 2005 年，为经济稳定增长期，国民生产总值增加了 36%；第三阶段为 2005 年到 2015 年，为经济高速发展期，国民生产总值增加了 3.33 倍。伴随经济社发快速发展，流域人口总数也快速上升，2015 年流域人口总数较 1990 年增加 1.6 倍。相比而言，流域人口增加速度落后于国民生产总值。

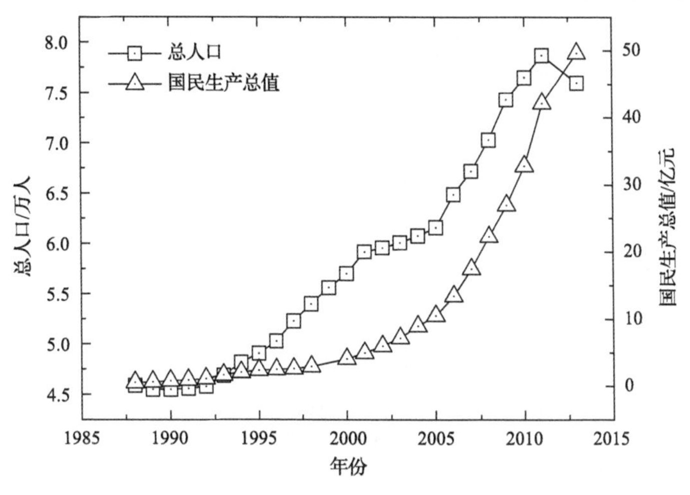

图 2-1　可鲁克湖流域人口及国民生产总值变化

数据来源：德令哈市统计年鉴

2.1.2　流域三产结构变化及问题

德令哈市近 20 年来三产总值变化趋势见图 2-2 和图 2-3，德令哈市第一产业生产总值经历了 3 个较快的发展阶段，第一个飞跃式发展是从 1992 年到 1995 年，第一产业生产总值增加 2.24 倍。1995 年之后，第一产业生产总值总体保持稳定，直到 2005 年后，重新开始快速增长，2016 年第一产业生产总值比 2005 年增加 6.25 倍。第一产业生产总值占国民生产总值比例从 1989 年到 1992 年持续下降，1992 年到 1995 年有所上升，但从 1995 年之后开始持续下降，至 2010 年，第一产业生产总值占比从 1989 年的 34.9 下降至 5.4%，后于 2010～2016 年回升至 11.08%。

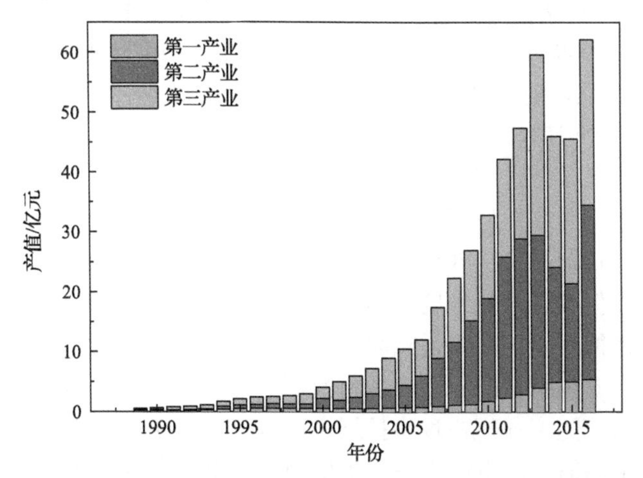

图 2-2　德令哈市三产发展变化趋势

数据来源：德令哈市统计年鉴

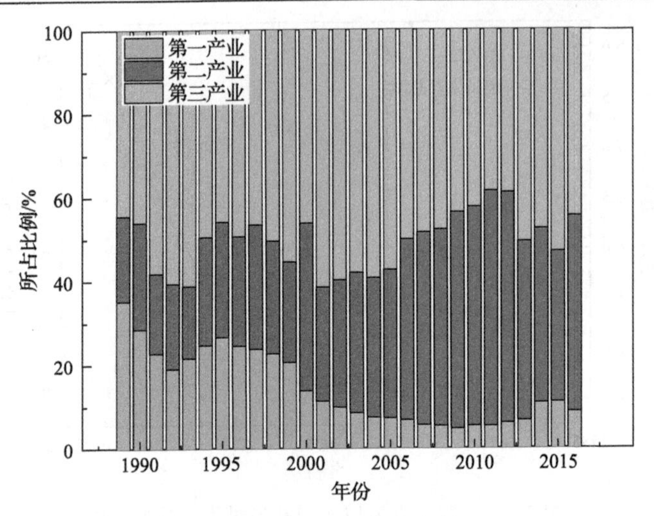

图 2-3　近 20 年可鲁克湖流域三产结构发展变化趋势

数据来源：德令哈市统计年鉴

第二产业生产总值也经历两次飞跃式增长，第一次是从 1993 年到 1994 年，增加了 1.31 倍。第二次是从 1999 年到 2000 年，增加了 1.32 倍。就发展速度而言，1989 年到 2000 年，增加了 13.82 倍；而 2016 年较 2000 年增加了 16.84 倍；第二产业生产总值占比总体上呈现上升趋势，从 1989 年的 20.25%增加至 2011 年的 56.06%，之后虽然有所降低，依然维持在较高水平，2016 年占比达到 46.77%。

第三产业生产总值总体也呈现较为匀速的增加趋势，增长速度较快的时间段为 1989 年到 1995 年，增加了 2.96 倍；以后为 2000 年到 2005 年，增加了 2.21 倍，再次为 2005 年到 2010 年，增加了 1.31 倍。增长速度较慢的时期为 1995～2000 年，增加了 97.9%。而第三产业生产总值占比则呈不规则变化趋势，但变化幅度总体较小，1989 年到 2016 年，第三产业生产总值占国民生产总值的比例平均值为 50.78%。就目前经济结构而言，第二产业是德令哈市国民生产总值的最大贡献者，2010 年到 2016 年，其国民生产总值占比为 47.28%，几乎占一半，而第三产业占为 45.13%，第一产业所占比例最小，仅占 7.59%。

从德令哈市三次产业发展情况来看，第二产业产值及占比增加主要带来两方面问题，其一是目前所有工业废水均经管道排放至南山专用废液排放场地，不排入巴音河流域，但随废液场地的不断缩小，必须提前规划解决未来工业园污染排放问题；其二是德令哈工业园是试验区重要的纯碱产业、绿色产业和新能源产业聚集区，主导产业包括盐碱化工、新材料、新能源、特色生物深加工等，其中纯碱行业占比最高。随工业规模逐步扩展，可鲁克湖上游用水需求将大幅增加，将逐步挤占流域生态需水，下游生态需水量的保证率已经从 2010 年的 74.59%下降到 2016 年的 68.81%。水量减少会导致湿地面积萎缩及生态功能和水体净化能力等退化。同时，随第一和第三产业发展，主要入湖河流巴音河水质受污染程度可能逐步加重，进而增加可鲁克湖入湖污染负荷。

2.1.3　流域农林渔牧业发展变化及问题

通过核算流域入湖污染负荷，可鲁克湖主要污染负荷来自第一产业，即农业、畜牧业和渔业对入湖污染负荷有显著影响。图 2-4 展示了近 20 年德令哈市农林渔牧的发展概况，农林渔牧总产值在 2005 年到 2010 年增长较缓慢，而 2010 年之后则迅速增长，2015 年的产值为 2010 年的 2.35 倍，为 2005 年的 7.39 倍，其国民生产总值占比也随之升高，2010 年仅占 9.01%，而 2015 年则提高到 19.79%。

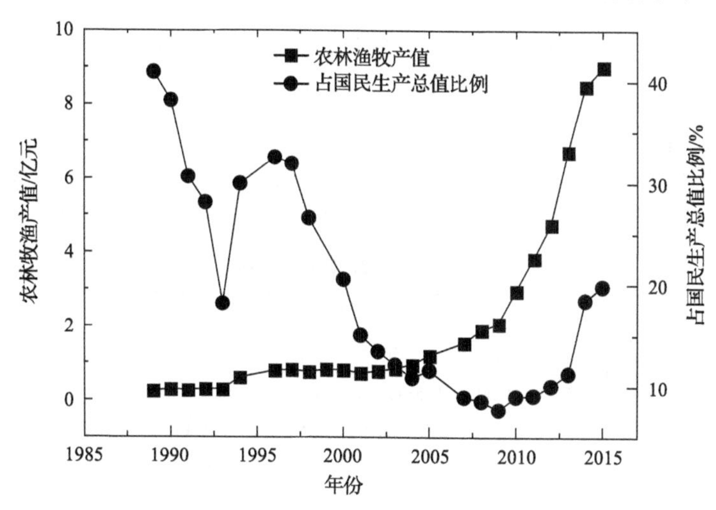

图 2-4　德令哈市农林牧渔业产值

数据来源：德令哈市统计年鉴

由表 2-1 可见，德令哈市 2010～2015 年农牧业发展重点是牧业和经济作物。5 年间，种植面积提高了 40.36%，粮食产量反而降低 19.7%，油料产量降低了 81.8%，新增种植面积主要是以枸杞为代表的经济作物面积增加所致。同期，肉类产量也提高了 71%，2015 年肉类产量达到 2003 年的 3.03 倍(图 2-5)。

表 2-1　2010～2015 年德令哈市各农林产品和各类作物种植面积

年份	各类作物种植面积/亩	粮食总产量/吨	油料总产量/吨	肉类总产量/吨
2010	139980	27101	2860	3222
2011	180383	25998	2169	3711
2012	181893	21157	2597	3800
2013	190124	20765	2234	3887
2014	189364	24128	1083	4472
2015	196487	21760	520	5510

数据来源：德令哈市统计年鉴

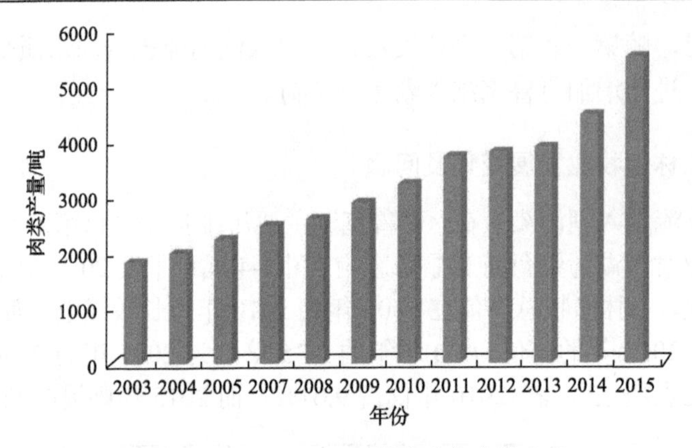

图 2-5　2003～2015 年德令哈市肉类产量

数据来源：德令哈市统计年鉴

由表 2-2 和表 2-3 可见，2010～2020 年，可鲁克湖周边的怀头他拉镇和柯鲁柯镇规划增加牧草地共 18991.1 公顷，到 2020 年牧草地将分别占农用地总量的 44.61%和 65.14%；表明畜牧业发展将保持其在德令哈市产业发展规划中的核心地位。

表 2-2　怀头他拉镇土地规划(2010～2020 年)

地类		规划基期(2009 年)		规划基期(2015 年)		规划基期(2020 年)		2010～2020 年面积递减
		面积/hm²	占比/%	面积/hm²	占比/%	面积/hm²	占比/%	
土地总面积		1053429.02	100.00	1053429.02	100.00	1053429.02	100.00	0.00
农用地	合计	470756.59	44.69	477512.19	45.33	482017.59	45.76	11261.00
	耕地	703.21	0.07	865.00	0.08	950.00	0.09	246.79
	园地	0.00	0.00	0.00	0.00	0.00	0.00	0.00
	林地	8640.66	0.82	9742.97	0.92	10478.02	0.99	1837.36
	牧草地	460846.99	43.75	466307.92	44.27	469948.23	44.61	9101.24
	其他农用地	565.73	0.05	596.31	0.06	641.35	0.06	75.62

资料来源：德令哈市国土资源局

表 2-3　柯鲁柯镇土地规划(2010～2020 年)

地类		规划基期(2009 年)		规划基期(2015 年)		规划基期(2020 年)		2010～2020 年面积递减
		面积/hm²	占比/%	面积/hm²	占比/%	面积/hm²	占比/%	
土地总面积		776030.44	100.00	776030.44	100.00	776030.44	100.00	0.00
农用地	合计	520440.5	67.06	529006.08	68.17	534553.01	68.88	14112.51
	耕地	5273.19	0.68	5600	0.72	5600	0.72	326.81
	园地	224.5	0.03	234.23	0.03	237.07	0.03	12.57
	林地	17895.64	2.31	20178.62	2.60	21700.98	2.8	3805.34
	牧草地	495716.11	63.88	501590.23	64．64	505505.97	65.14	9789.86
	其他农用地	1331.06	0.17	1403	0.18	1508.98	0.19	177.92

资料来源：德令哈市国土资源局

德令哈市经济作物主要为枸杞，2009～2020 年，按照用地规划，流域内耕地面积总体保持稳定，而总种植面积近年来快速增加主要来自枸杞种植，德令哈市枸杞种植始于 2001 年柴达木高科技药业有限公司率先种植了 3000 亩，至 2004 年达到盛果期并产生效益后逐步扩大面积。自 2008 年实施海西州枸杞产业化种植项目后，德令哈市把枸杞产业发展列为全市农业结构调整、农牧民增收、防沙治沙及发展生态农业重点工程，引导和培育龙头企业规模化产业化经营，采取补贴种苗、集中连片种植、配套推广滴灌模式等措施大规模种植枸杞，枸杞种植产业基地得以迅速发展。

2016 年，全市枸杞种植达 11.7 万亩，枸杞林正在大力采用节水灌溉措施，每亩需水量由原来的 2175 m^3，降至 150 m^3，仅为原来的 7%。但枸杞林化肥和农药流失仍将为可鲁克湖水环境保护带来压力。由此可见，德令哈市农业和畜牧业近年来快速发展，但缺乏规范化管理，出现了养殖业污染负荷排放及以枸杞田为主的农田化肥流失等环境问题，导致入可鲁克湖污染负荷迅速增加。

2.1.4　水产养殖与旅游发展变化及问题

水产养殖和旅游业对可鲁克湖水质影响不容忽视。可鲁克湖是德令哈市最重要的水产品供应地基地，每年为当地人民供应大量的河蟹、鲤鱼、鲫鱼、草鱼以及沼池公鱼等水产品，同时销往临近区域，产生较好的经济效益。2003 年，湖产水产品总产量为 54.4 吨，但 2015 年水产品产量已经增加到 482 吨(图 2-6)，12 年间增加了近 8 倍，年均增长速度达到 19.75%，甚至超过了畜牧业发展速度。

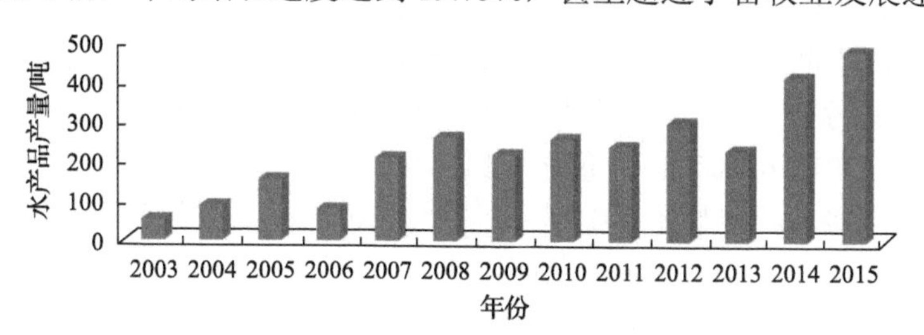

图 2-6　可鲁克湖 2003～2015 年水产品产量
数据来自德令哈市统计年鉴

旅游发展方面，可鲁克湖景区接待游客数在 2010～2014 年基本保持在 3～4 万人次/年；2015 年出现爆发式增长，达到 17.3 万人次，同比增长 3.68 倍(图 2.7)。由于管理手段比较滞后，游览过程中的垃圾等没有得到有效清理，游客大幅增长给可鲁克湖水环境带来较大负面影响。

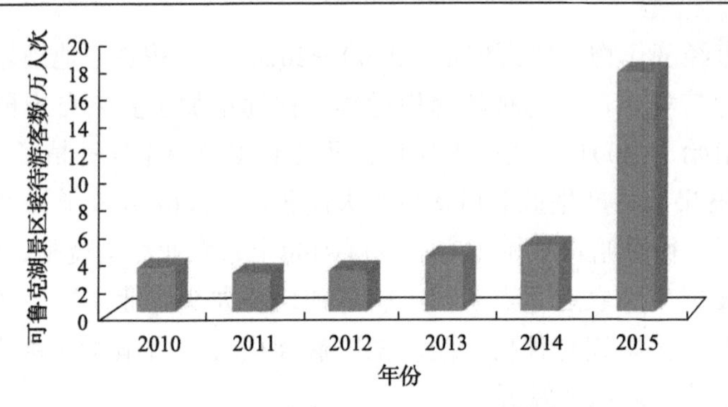

图 2-7　可鲁克湖 2010～2015 年景区接待游客数量

数据来源：德令哈市统计年鉴

通过对流域经济社会变化的分析可以发现，近 20 年来，在柴达木盆地经济快速发展背景下，作为盆地发展最快的区域之一，可鲁克湖流域经济社会各方面发展十分迅速，GDP 是 1989 年的 84 倍，人口为 1989 年的 1.6 倍，但经济发展对可鲁克湖生态环境带来明显影响；首先，国民经济发展用水日益挤占流域生态用水，下游生态需水保证率从 2010 年的 74.59%下降到 2016 年的 68.81%；水量减少导致湿地面积萎缩及生态功能和水体净化能力减弱；其次，“十二五”期间，德令哈市畜牧业发展迅速，肉类产量提高了 71%，畜牧业的发展没有实现集约化，仍以散养为主，规范化管理和行为约束没有落实，大量牛羊依赖湖水生活，畜牧粪便等直排入湖，畜牧业污染负荷较重；再次，“十二五”期间，德令哈市农业种植面积提高了 40.36%，且增加的种植面积主要为高水高肥的经济作物，枸杞田大量分布在可鲁克湖—托素湖省级自然保护区范围内东部近湖区，湖西岸及南岸也存在耕种面积不断扩大的趋势，流域农田化肥和农药施用量远超国际安全界限，成为重要入湖污染负荷，农业面源污染问题越来越突出。作为德令哈市最重要水产品供应地，2015 年水产品产量为 482 吨，12 年间上升了 8.7 倍，年均增长速度 19.75%；景区接待游客数在 2015 年出现爆发式增长，达到 17.3 万人次，同比增长 3.68 倍，对可鲁克湖水环境的负面影响不可小视。以上几方面流域社会经济变化与发展给可鲁克湖保护带来了较大压力。

2.2　可鲁克湖流域生态环境变化及问题

可鲁克湖流域生态系统非常脆弱，近 50 年，尤其是近 20 年来，流域人口和各项经济活动规模迅速扩张，对流域资源开发力度不断增加，对周围生态系统产生了一系列负面效应，与自然因素共同作用，使流域生态系统对其作出响应，发生了一系列变化，主要表现在荒漠化、植被覆盖率下降及水资源减少与湖泊面积缩减等。

2.2.1　流域生态环境变化与问题

1. 荒漠化

土地荒漠化(图 2-8)，按照联合国定义为“包括气候变异和人类活动在内的种种因素造成的干旱、半干旱和亚湿润干旱地区的土地退化”，“土地退化是指由于使用土地或由于一种因素或数种营力结合致使干旱，半干旱和亚湿润干旱地区雨浇地，水浇地或使草原、牧场、森林或林地的生物或经济生产力和复杂性下降或丧失”。土地荒漠化包括土地沙化、土地盐渍化、水土流失和土地生产力衰弱等(中华人民共和国林业部防治沙漠化办公室，1994)。目前荒漠化是我国西部干旱、半干旱地区生态环境最严重的问题，荒漠化面积已占全国总面积的 80%以上。

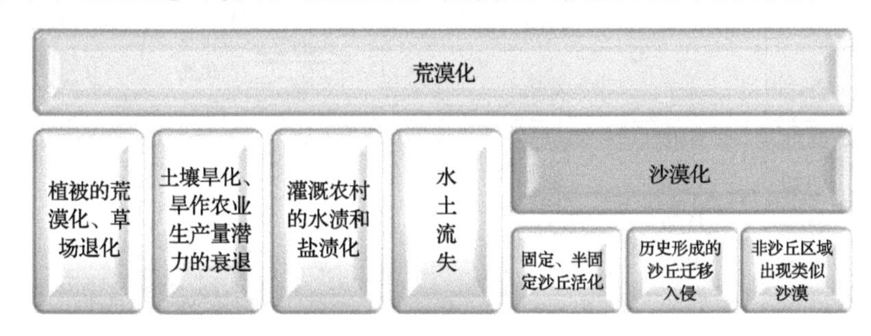

图 2-8　荒漠化的分类

1) 区域荒漠化

由于土壤植被、气象等自然条件及人类活动干预，柴达木盆地荒漠化和水土流失十分严重，生态环境质量总体呈下降态势。根据青海省第三次遥感普查，柴达木盆地水土流失总面积为 16.55 万 km^2，占总土地面积的 64.18%；水土流失主要以风蚀为主，呈斑块状分布；并伴有轻微的水蚀，在高山地带局部为冻融侵蚀；其中风力侵蚀 10.32×10^4 km^2，占水土流失总面积的 62.36%；冻融侵蚀 3.73×10^4 km^2，占总面积的 22.56%；水力侵蚀 2.5 万 km^2，占总面积的 15.08%。区域原地貌土壤风力侵蚀模数在 1000～3000 t/($km^2\cdot a$)之间，水力侵蚀模数在 50～1000 t/($km^2\cdot a$)之间。盆地戈壁、风蚀残丘、流动沙地(丘)等集中分布，加之区域城镇工业和农牧业生产活动比较频繁，导致局部沙漠逼近城镇和农垦区，严重威胁区域民众生活和生产。柴达木盆地集中了青海省 90%沙漠化土地，面积达 867 万 hm^2，而森林覆盖率还不足总面积的 1.35%。土地荒漠化与水土流失使该区域生态系统十分脆弱，土地生产能力下降；以上变化不仅是地区自然灾害的促生因素，还使该区域本身不发达的农牧区经济失去了抗御和减轻自然灾害的能力。

由表 2-4 可见，1959～1994 年为柴达木盆地土地严重荒漠化期，沙化土地面积从 5.80×10^6 hm^2 增加到 1.03×10^7 hm^2，年增长率为 2.13%，远高于全国平均 0.195%的增长率；1994～2004 为荒漠化企稳向好期，年沙化面积从 1.03×10^7 hm^2 下降到 9.50×10^6 hm^2，年下降率为 0.67%。1959～2004 年盆地的沙化面积年增长率 1.38%，流动沙地面积增长了 400%，半固定沙丘面积增长了 180%，风蚀残丘面积增长了 290%，有明显沙化趋势土地面积增长了 320%。1978 年开始的“三北”防护林工程及 1998 年开始的天保、退耕还林等林业生态工程，促成了 1994 年后土地沙化面积减少。1998～2003 年盆地共治理沙化土地面积 8.20×10^4 hm^2，封山育林面积 6.30×10^4 hm^2，营造乔灌木林 1.70×10^4 hm^2，种草 1000 hm^2，设置沙障 1000 hm^2。虽然盆地土地沙化整体扩展趋势得到初步遏制，但形势仍然严峻。

表 2-4　1959～2004 年柴达木盆地沙化土地面积　单位：10^4 hm^2

年份	流动沙地	半固定沙地	固定沙地	风蚀残丘	戈壁	沙化地合计	沙化趋势地	总计
1959	20.30	31.10	60.60	88.00	380.00	580.00	33.30	613.30
1977	90.20	82.10	71.80	88.00	440.00	772.10	51.70	823.80
1986	64.30	45.80	76.40	215.50	447.40	849.40	66.60	916.00
1994	153.80	116.90	91.60	204.50	458.70	1025.40	85.50	1110.90
2000	104.80	90.60	66.80	337.40	406.30	1005.90	90.40	1096.30
2004	101.40	86.40	55.60	347.30	358.80	949.50	139.80	1089.30

资料来源：赵串串等，2009

2）流域荒漠化及草场退化

可鲁克湖地处柴达木盆地东部，属典型高寒干燥大陆性气候，具有干旱少雨、风沙大、气候变化剧烈、日照长、积温高和昼夜温差大等特点。德令哈市沙化土地总面积 8943 km^2，约占全市总面积的 38.7%；其中戈壁占沙化土地面积的 61.77%，主要分布在北部的哈拉湖盆地和宗务隆山前平原；半固定沙丘（地）占沙化土地面积的 15.32%，主要分布在托素湖以北与巴音河以南的狭长地带；固定沙丘（地）占沙化土地面积的 5.42%，主要分布在托索湖与尕海湖以南；潜在沙化土地占沙化土地面积的 9.56%，主要分布在南部过牧的天然草场；流动沙丘（地）面积较小，占沙化土地面积的 0.5% ，零星分布在哈拉湖和尕海湖边；风蚀劣地占沙化土地面积的 7.42%，主要分布在戈壁乡以南和郭里木乡以西（表 2-5）。

表 2-5　2014 年德令哈市沙化土地情况　单位：10^4 hm^2

流动沙地	半固定沙地	固定沙地	风蚀残丘	戈壁	沙化地合计	沙化趋势地	总计
0.45	13.70	4.85	6.64	55.24	80.88	8.55	89.43

资料来源：青海省第五次荒漠化和沙化土地监测成果报告 2014

除了沙漠化的威胁，流域草场情况也不容乐观，草地面积占德令哈市土地面积的 34.64%，可利用草地占全市土地面积 16.76%，荒漠类草地约占全市草地面积 65%以上，草群结构简单，植被稀疏。草群总盖度一般为 40%左右，最小的为 1%～2%。由于受生态环境、鼠虫害、不合理利用及人为破坏等因素影响，草地退化严重，优质牧草减少甚至消失。流域共有退化草地 2700 km^2，约占可利用面积的 28%，其中中度以上退化程度草地 2000 km^2，各乡(镇)均有分布。

人类活动加剧荒漠化和土地使用方式变化带来的重要后果就是水土流失，如表 2-6、图 2-9 和图 2-10，可鲁克湖最重要的两条入湖河流，巴音河流域中度侵蚀面积已经占到 46%，重度侵蚀面积 21%，年输沙量 147500 m^3，巴勒更河情况稍好，中度及以上侵蚀面积占 37%。年输沙量 5950 m^3，为巴音河的 40%。大量泥沙入河湖泊淤积，可加剧水污染和富营养化，对湖泊生态环境产生较大影响。

表 2-6　可鲁克湖流域水土流失现状

流域名称	面积/亩	水土流失现状		
		中度侵蚀面积/亩	重度侵蚀面积/亩	年流水泥沙量/m^3
巴音河流域	26412000.00	12192606.00	5420970.00	147500.00
巴勒更河流域	2724000.00	706347.70	312151.87	5950.00
白水河流域	81000.00	43119.46	19055.52	5150.00

数据来源：德令哈市统计年鉴

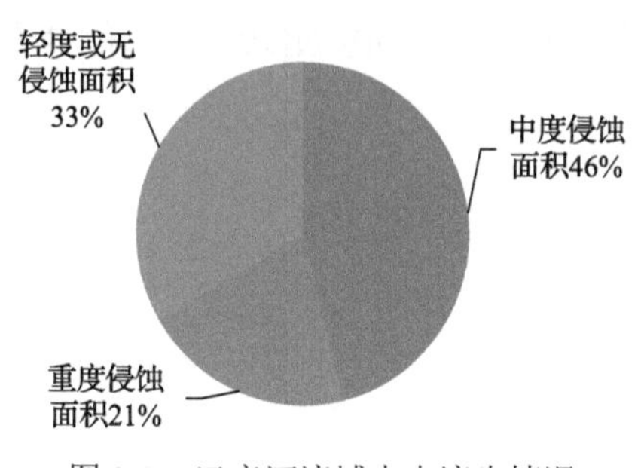

图 2-9　巴音河流域水土流失情况

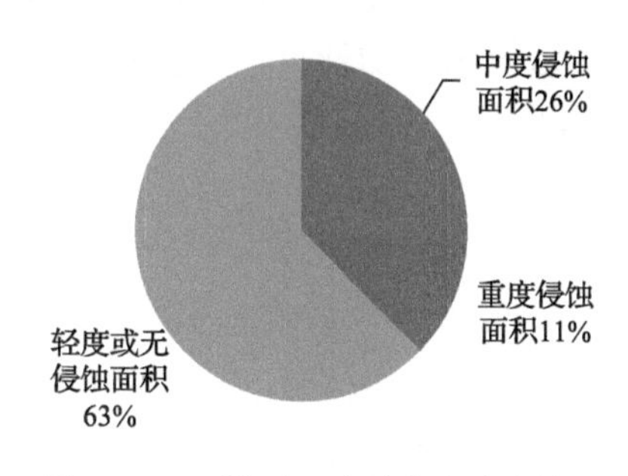

图 2-10　巴勒更河流域水土流失情况

2. 流域植被覆盖变化

植被是陆地生态系统的主体，也是全球陆地生态系统的主体，其生长状况往往是该地区阳光、空气、水和土壤(养分)等多种要素综合作用的结果。自然生态系统中，植被也是最活跃和敏感的因子，大气、水、土壤等成分的变化都能被其敏锐地反映出来，所以也被喻为生态系统变化的指示器。植被具有明显的年际变化和季节变化，在一定程度上能代表土地覆盖的变化，对植被进行动态监测能从一定程度上反映气候变化的原因，尤其在干旱与半干旱地区研究地表不同植被类型变化对该地区的能量、生物化学循环、水循环及气候变化等有重要意义。植被指数是遥感领域用来表征地表植被覆盖与生长状况的有效度量参数(郭铌，2003；Chen and Hu, 2005；Menzel, 2003)。

植被指数(NDVI)主要反映植被在可见光、近红外波段反射与土壤背景间差异的指标，且随时间变化与植被及作物物候信息呈现一定规律性。NDVI 时间序列是研究作物植被变化重要因子，呈现明显周期性和动态连续性，选取以旬或月时间间隔的 NDVI，从时间曲线可见植被季节性变化规律及空间分布变化。因此，通过对 MODIS 时序植被指数进行分析，可实现区域植被空间、时间变化的比较和植被动态检测(孙成明等，2011；卢娜和金晓媚，2015；向波等，2001)。采用 MODIS-NDVI 数据对流域植被指数进行解译和获取，对 MODIS-NDVI 数据进行验证和计算，选定德令哈流域荒漠化土地的 NDVI 值为稳定本底值(荒漠数据来源于《中国科学》1985，1990，2000 三期 1∶100000 土地利用数据库)，作为植被计算参考标准，以提高精度。

选择 2001～2011 年数据利用 MRT 软件提取 NDVI 数据。结果表明可鲁克湖流域植被 6～9 月是一年中植被最好的生长季节，在 7 月达到最大值。基于 MVC 最大合成法生成年度 NDVI 影像，对 2001～2011 年经 MVC 合成的每年 NDVI 影像图平均计算，得到可鲁克湖流域 11 年 MODIS-NDVI 平均值分布图(图 2-11 和图 2-12)。

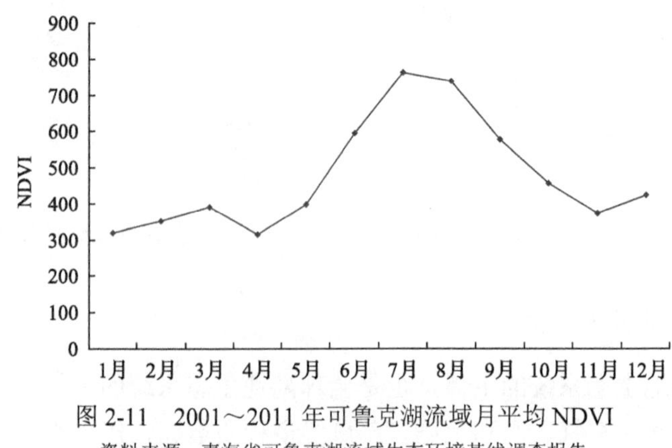

图 2-11　2001～2011 年可鲁克湖流域月平均 NDVI

资料来源：青海省可鲁克湖流域生态环境基线调查报告

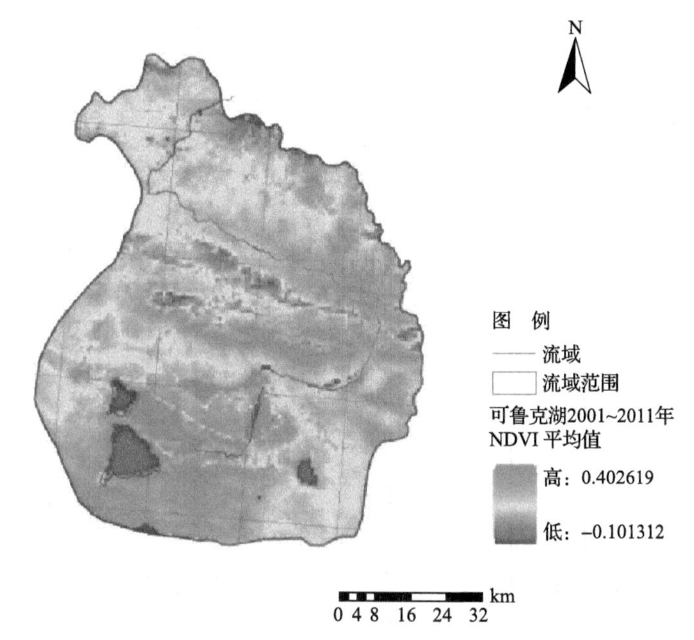

图 2-12　可鲁克湖流域 MODIS-NDVI 平均值分布图

资料来源：青海省可鲁克湖流域生态环境基线调查报告

通过对 2001～2011 年 11 年 MODIS-NDVI 影像平均值分布的计算可得，可鲁克湖流域植被处于–0.05～0.15 值域区间，表明该区域植被处于非常低的分布状态，区域植被生态环境非常脆弱。

采用一元线性回归法对可鲁克湖流域各植被覆盖类型 NDVI 的年际变化幅度进行研究(Chen et al. 2004)，结果见表 2-7，以 2000～2015 年 NDVI 变化率表示不同植被类型 NDVI 变化程度，变化率的负值(或正值)表示植被呈退化(或是改善)趋势，NDVI 变化率的大小表示退化(或改善)的程度。由表 2-7 可知，2000～2015 年可鲁克湖流域 NDVI 年际变化较大，16 年间，可鲁克湖流域植被整体呈现向好变化趋势。16 年变化率由高到低排序为耕地＞未利用土地＞高覆盖度草地=灌木林＞低覆盖度草地＞中覆盖度草地。对于耕地来说，71.19%为基本稳定，19.57%为稳定向好；未利用土地 99.30%为基本稳定，0.52%为稳定向好；灌木林有 95.99%为基本稳定，3.96%为稳定向好；高覆盖度草地有 93.68%为基本稳定，有 6.14%为稳定向好。就整个流域来说，有 98.13%的面积为基本稳定，1.65%为稳定向好。就 NDVI 变化趋势空间分布来说，植被改善和稳定向好的区域主要分布在流域南部，特别是可鲁克湖周边湿地其他大部分地区为基本稳定(图 2-13)。

表 2-7　可鲁克湖流域各植被覆盖类型 NDVI 值变化趋势

项目区域	总面积/km²	面积百分比/%	16 年变化率/%	中度退化 <–0.04		轻微退化 –0.04～–0.02		稳定趋退 –0.02～–0.01		基本稳定 –0.01～0.01		稳定向好 0.01～0.02		轻微改善 0.01～0.04	
				面积/km²	百分比/%	面积/km²	百分比/%	面积/km²	百分比/%	面积/km²	百分比/%	面积/km²	百分比/%	面积/km²	百分比/%
总计	26303.06	100	23	25.00	0.00	2.56	0.01	20.81	0.08	25811.19	98.13	433.13	1.65	35.13	0.13
耕地	265.06	1.01	27	6.25	0.02	2.19	0.83	12.38	4.67	188.69	71.19	51.88	19.57	9.88	3.73
未利用土地	10539.00	40.07	25	6.25	0.00	0.19	0.00	5.25	0.05	10465.19	99.30	55.19	0.52	13.13	0.12
灌木林	775.50	2.95	23	0.00	0.00	0.00	0.00	0.06	0.01	744.44	95.99	30.69	3.96	0.31	0.04
高覆盖度草地	2671.63	10.16	23	0.00	0.00	0.06	0.00	0.81	0.03	2502.88	93.68	164.00	6.14	3.88	0.15
中覆盖度草地	6910.69	26.27	21	6.25	0.00	0.06	0.00	1.44	0.02	6819.69	98.68	84.13	1.22	5.31	0.08
低覆盖度草地	5141.19	19.55	22	6.25	0.00	0.06	0.00	0.88	0.02	5090.31	99.01	47.25	0.92	2.63	0.05

资料来源：青海省环境科学研究设计院，2016

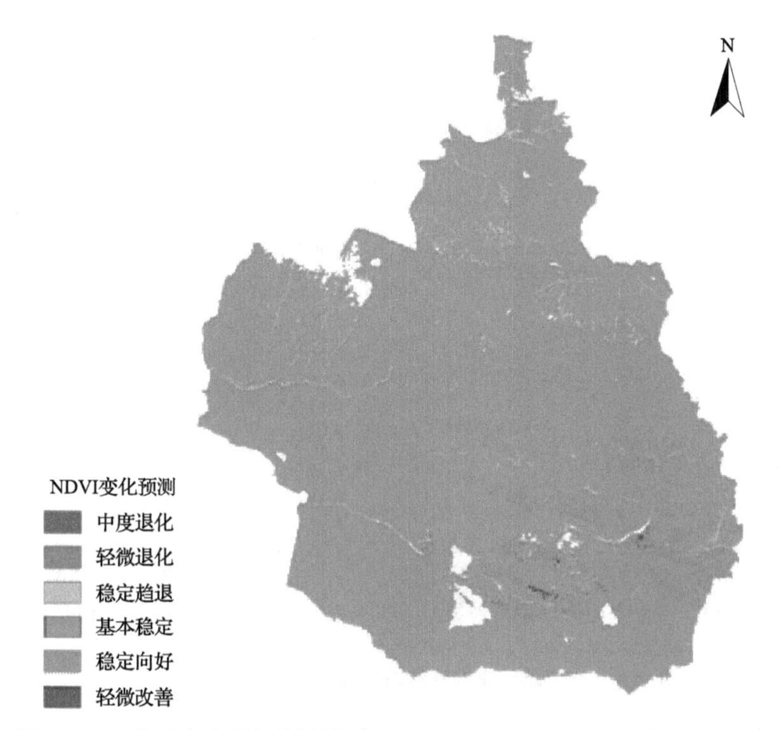

图 2-13　可鲁克湖流域各植被类型 2000～2015 年 NDVI 变化趋势空间分布

资料来源：青海省环境科学研究设计院，2016

根据最大值合成法得到的可鲁克湖流域各植被覆盖类型 2000～2015 年的 NDVI 值，对其进行年际变化趋势分析，结果见图 2-14，可鲁克湖流域各植被覆盖类型的 NDVI 值总体呈上升趋势，植被覆盖呈现改善趋势，其中改善幅度由大到小排序为耕地＞高覆盖度草地＞灌木林＞中覆盖度草地＞低覆盖度草地＞未利用土地，但总体上改善幅度均很小。对各植被覆盖类型的变化趋势研究表明，可鲁克湖流域各植被覆盖类型 NDVI 对外界环境的响应趋势一致，NDVI 值出现峰值的三个年份分别为 2005 年、2010 年和 2012 年。

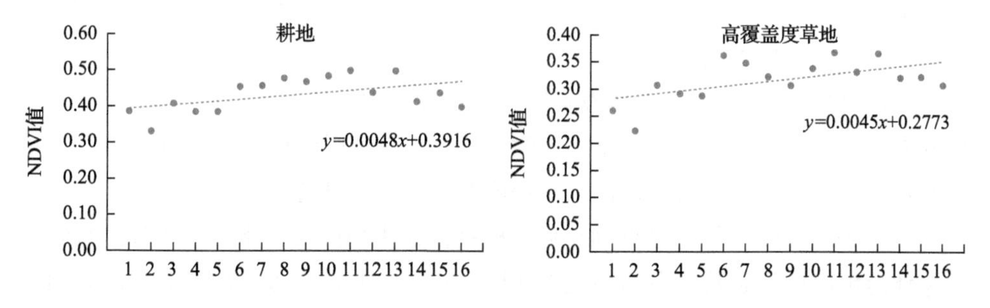

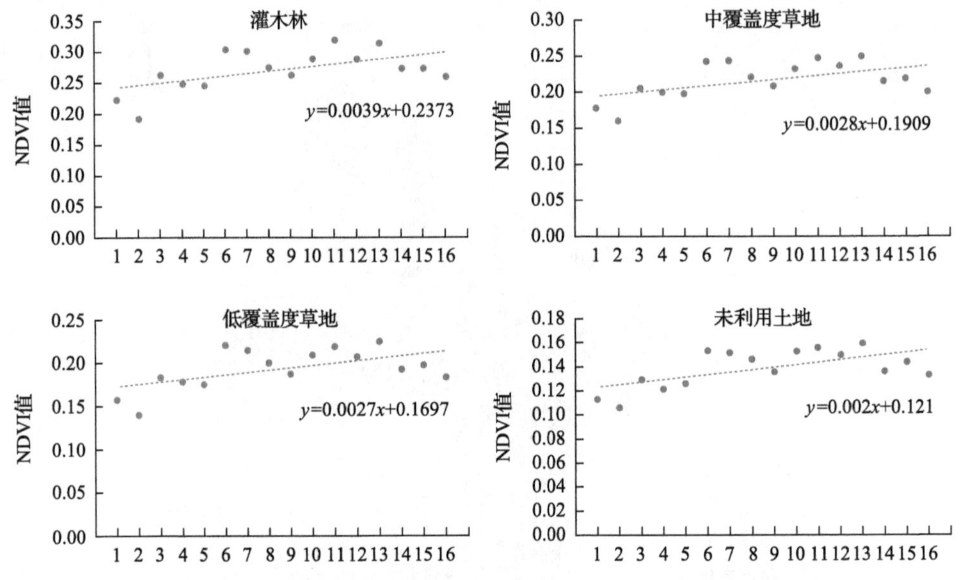

图 2-14　可鲁克湖流域各植被类型 2000～2015 年 NDVI 最大值的年际变化

横坐标 1 代表 2000 年，2 代表 2001 年，以此类推，16 代表 2015 年

资料来源：青海省环境科学研究设计院，2016

3. 流域生态系统变化特征

通过对流域荒漠化、水土流失及植被覆盖度等历史变化的总体分析可见，可鲁克湖流域生态系统主要呈现如下五方面变化特征：

(1) 50 年来流域荒漠化呈现先迅速恶化后稳定的特点。1994 年达到最高，1994 年后，由于各项治沙造林工程实施，沙化土地开始稳定并缓慢下降，沙化土地中，戈壁占比最高，流动沙丘占比最低。

(2) 荒漠化和土地使用方式变化造成了流域严重的水土流失，可鲁克湖最重要的两条入湖河流，巴音河流域中度侵蚀面积已经占到 46%，重度侵蚀面积 21%，巴勒更河中度及以上侵蚀面积占 37%。大量泥沙携带营养物入河湖泊并淤积，对湖泊生态环境产生不良影响。

(3) 可鲁克湖流域植被总体发育较差，植被指数较低，草地占比为 53.22%，但其中以中覆盖度和低覆盖度草地为主。其次为未利用土地，占比为 38.05%。植被发育最好的覆盖类型为耕地，高覆盖度草地及灌木林等分布面积均较小。

(4) 2000～2015 年可鲁克湖流域各植被覆盖类型的植被指数基本保持稳定，但总体呈现出向好趋势，各植被类型年际变化趋势基本一致，NDVI 出现峰值的三个年份为 2005 年、2010 年和 2012 年。

(5)2000～2015 年间可鲁克湖流域各植被覆盖类型的变化幅度排序为耕地＞未利用土地＞高覆盖度草地=灌木林＞低覆盖度草地＞中覆盖度草地。对于耕地来说 71.19%为基本稳定，19.57%为稳定向好，而未利用土地 99.30%为基本稳定，0.52%为稳定向好。灌木林有 95.99%为基本稳定，3.96%为稳定向好；高覆盖度草地有 93.68%为基本稳定，有 6.14%为稳定向好；98.13%的面积为基本稳定，1.65%为稳定向好。植被改善和稳定向好区域主要分布在流域南部地区，特别是可鲁克湖周边湿地植被呈现轻微改善趋势，其他大部分地区为基本稳定。

2.2.2　流域水平衡与水资源变化及问题

湖泊作为既有收入水量也有支出水量的水体，水位、水量变化受降水、入湖径流、入湖地下径流、出湖地表径流、出湖地下径流和水面蒸发等因素共同作用。内陆湖泊在天然状态下基本能达到收支平衡，湖泊水位在一定范围内变幅，多年平均湖泊水位和面积保持在一个比较稳定的数值。比如位于高山盆地的赛里木湖、阿雅格库木库里、阿其格库里等都是如此。天然状态下，湖泊水平衡方程为：

$$P + R_s + R_g = E + Q_s + Q_g \pm \Delta V \tag{2-1}$$

式中，P 为湖面降水量(10^8 m^3)；R_s 为入湖地表径流量(10^8 m^3)；R_g 为入湖地下径流量(10^8 m^3)；E 为湖面水面蒸发量(10^8 m^3)；Q_s 为出湖地表径流量(10^8 m^3)；Q_g 为出湖地下径流量(10^8 m^3)；ΔV 为计算时段内湖水储量的变化量(10^8 m^3)。

$$P + R_s + R_g = E \tag{2-2}$$

根据内陆湖泊流域特点，式(2-1)可简化为式(2-2)，内陆封闭湖泊的水平衡是湖泊入水量(包括湖面降水量和地表地下入湖水量)与湖面蒸发量的平衡。

我国西北内陆干旱区水文环境较东部简单，以流域为单位独立循环，水资源主要来源于山区冰雪融水补给，消耗包括下游农业灌溉和蒸发耗散。可鲁克湖流域包括巴音河流域、巴勒更河流域、可鲁克湖、托素湖和尕海，是典型内陆湖泊流域，补给水源为巴音河、巴勒更河。可鲁克湖为吞吐湖，上游来水较多，水位上升，则将多余水量注入托素湖；枯水年水位下降，注入托素湖水量减少。因此，可鲁克湖面积相对稳定，托素湖为尾闾湖，上游来水量直接影响湖泊面积。

1. 湖泊面积的变化

通过对 20 世纪 50 年代、70 年代、80 年代、90 年代航拍及卫星遥感资料分析，2001 年前可鲁克湖面积总体较稳定，平均为 58.37 km^2，2002 年和 2005 年出现较大增加，分别为 69.08 km^2(较平均增加 18.34%)和 74.92 km^2(较平均增加 28.35%)(图 2-15)，而位于河流尾闾的托素湖面积则有较大变化，1973 年托素湖面积为 161.12 km^2，1988 年萎缩至 148.27 km^2，1990～2006 年，托素湖水域面积继续以 8.71 km^2/10a 的趋势缩小，2007 年 9 月为 139.96 km^2，2009 年 10 月又回升为 141.86 km^2。可鲁克湖面积与托素湖面积呈弱相关(r =0.334, P<0.1)，虽然湖面面积大致稳定，但 1990～2006 年可鲁克湖周边苇地面积减少 56.16 km^2，速率为 2.16 km^2/10a(刘晓雪等，2014；伏洋等，2008)。

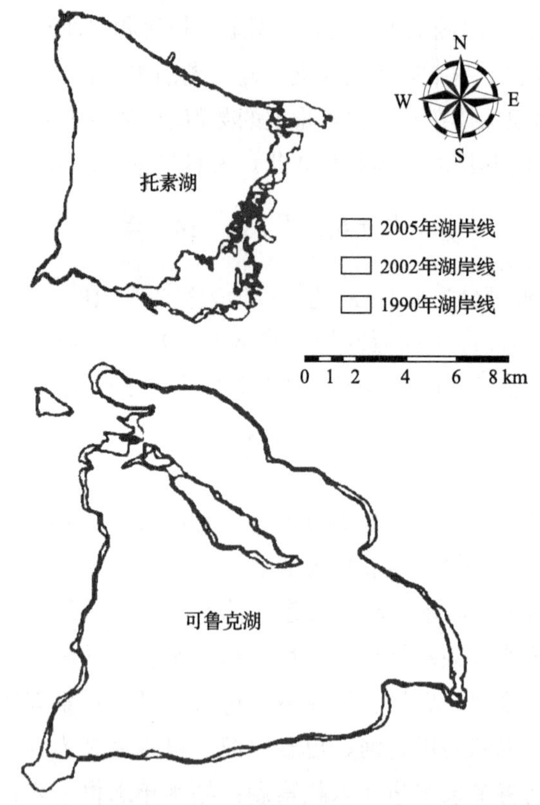

图 2-15　可鲁克湖、托素湖 1990 年、2002 年及 2005 年湖岸线动态变化(伏洋等，2008)

1958～2000 年间托素湖萎缩主要是社会经济发展大量用水所致。1949 年前，德令哈地区灌溉面积仅 48.8 hm^2；1949 年后，大规模建设了德令哈、尕海、泽令沟、戈壁、怀头他拉等万亩以上灌区 5 处，流域用水量突然增加，使可鲁克湖—托素湖面积系统中的尾闾湖托素湖持续萎缩。2000 年后，由于巴音河来水总体偏丰，径流较 1956～2000 年偏多 32%，湖泊面积才有所增加。

随着地区气候环境演变，气候因素可能会对可鲁克湖水环境造成影响，但上游水资源开发利用才是影响可鲁克湖水质和水量的主要因素。上游开发对水资源的需求增加，流域湿地和湖泊面积将逐渐减小，且逐渐形成新的平衡。由于区域水系特点，可鲁克湖面积在一定时期内变化不大，但托素湖面积可能逐步缩减。

如图 2-16 至图 2-19，结合 2000～2012 年流域 TM 影像资料，得到近年可鲁克湖面积变化结果。由图可见，十年内水域面积总体上变化不大，维持在 47 km^2 左右，尕海面积也基本上维持在 32.5 km^2。

1973年12月22日MSS遥感影像
(可鲁克湖56.65 km^2，托素湖161.12 km^2，尕海 31.70 km^2)

图 2-16　1973 年可鲁克湖流域遥感影像

1988年6月28日TM遥感影像
(可鲁克湖56.64 km^2，托素湖148.27 km^2，尕海 29.39 km^2)

图 2-17　1988 年可鲁克湖流域遥感影像

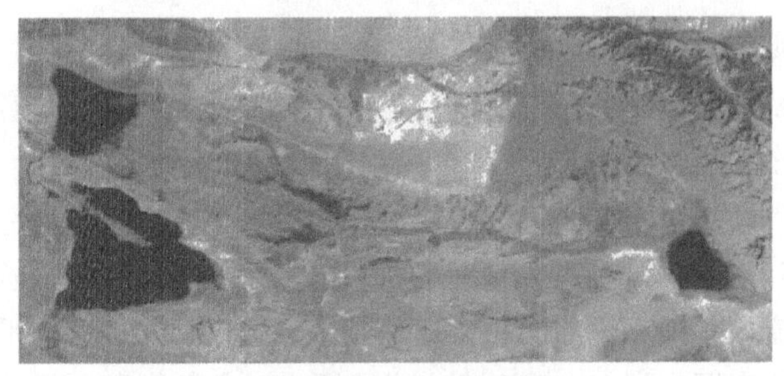

1999年9月23日ETM遥感影像
(可鲁克湖55.09 km^2，托素湖136.91 km^2，尕海 29.16 km^2)

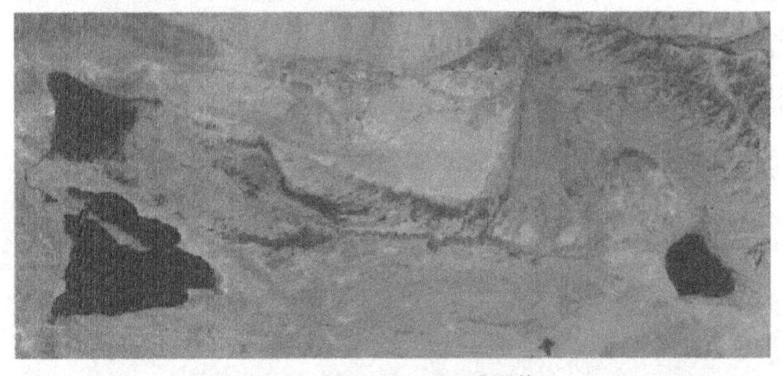

2007年9月21日TM遥感影像
(可鲁克湖56.47 km^2，托素湖139.96 km^2，尕海 32.01 km^2)

图 2-18　1999 年和 2007 年可鲁克湖流域遥感影像

2009年10月4日环境卫星(HJ-1星)遥感影像
(可鲁克湖54.25 km^2，托素湖141.86 km^2，尕海 33.14 km^2)

图 2-19　2009 年可鲁克湖流域遥感影像

2. 水资源平衡的变化

可鲁克湖流域水资源均来源于大气降水和冰川融水，从大尺度年代序列来看，该区域气候条件是限制可鲁克湖流域水资源总量的关键因素，从小尺度年际变化来看，可鲁克湖流域水资源总量可看成定值。

可鲁克湖流域地表水和地下水资源数据如表 2-8 所示，其中地表水资源总量为 $4.15\times10^8\ m^3$，地下水资源总量为 $3.70\times10^8\ m^3$，由于地表水是地下水的主要补给来源，故扣除重复量 $2.98\times10^8\ m^3$，则流域水资源总量为 $4.87\times10^8\ m^3$。

表 2-8　可鲁克湖流域水资源计算汇总　　单位：$10^8 m^3$

水资源分区	地表水资源量	地下水资源量				地表水与地下水重复	水资源总量
		山丘区	平原区	山区与平原重复	小计		
德令哈水文站以上山区	3.43	2.87			2.87	2.47	3.83
白水河	0.21	0.15			0.15	0.15	0.21
巴勒更河	0.24	0.22			0.22	0.22	0.24
北部山区	0.28	0.14			0.14	0.14	0.28
德令哈水文站以下平原区			3.57	3.25	0.32		0.32
合计	4.15	3.38	3.57	3.25	3.70	2.98	4.87

数据来源：德令哈市水利局

3. 流域水资源开发利用现状

1) 地表水

新中国成立后德令哈盆地开展了以水利设施完善为中心的农田基本建设，形成了以调蓄水库为龙头、渠系配套为框架的农灌供水系统；机井和输水管道、蓄水池相结合的农牧区人畜饮水供水系统；以地下水为主的城镇自来水及工矿企业供水系统的多元供水模式，并先后建成了一批小型水电站。截至 2006 年，建成了黑石山水库、怀头他拉水库，总库容 $4554\times10^4 m^3$；兴建了德令哈农场干渠、尕海渠、怀头他拉渠、白水河渠等农灌渠道 96 条，干支渠总长 479.78 km；泽林沟等草原灌溉渠道 29 条，总长 140 km，提灌站 3 处，机电井 101 眼。形成了黑石山水库灌区、怀头他拉水库灌区、白水河灌区三大农业灌区及泽林沟草原灌区。

2) 地下水

可鲁克湖流域地下水总资源量为 $3.57\times10^8\ m^3$，20 世纪 90 年代前浅层地下水开采主要是为满足城镇及农村生活用水，其随人口增长而缓慢增加，由 $183.7\times10^4\ m^3/a$ 增至 $204.82\times10^4\ m^3/a$，增幅在 11.49%左右。

20 世纪 90 年代中后期随改革开放逐步深入，逐渐出现了制毯、食品加工等企业，用水量增加明显，尤其到 2000 年后，随制碱企业进入，用水量激增，由 $267.94\times10^4\ m^3/a$ 增至 $2770\times10^4\ m^3/a$，10 年增幅达 9.3 倍。

可鲁克湖流域内浅层地下水和饮用水开采情况分别见图 2-20 和图 2-21。

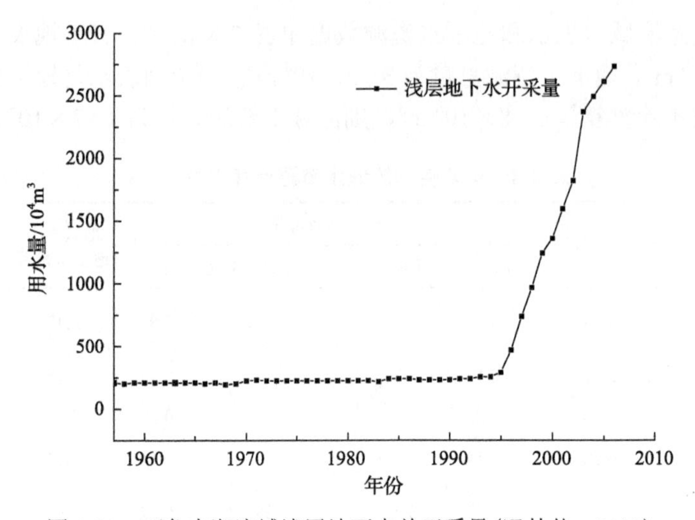

图 2-20　可鲁克湖流域浅层地下水总开采量(冯林传，2011)

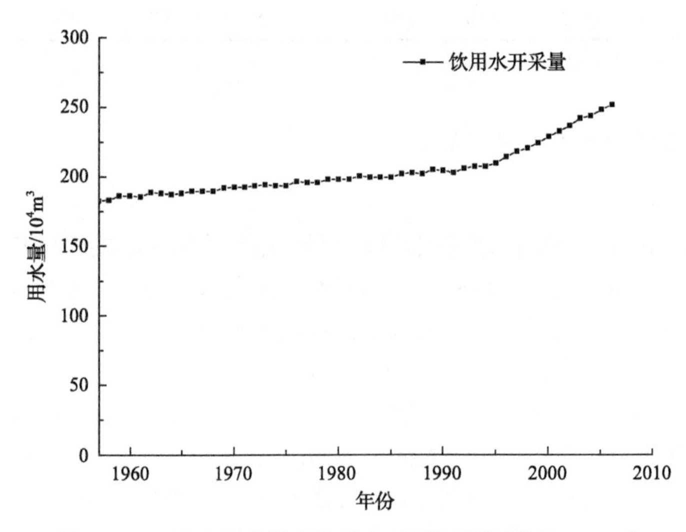

图 2-21　可鲁克湖流域内饮用水开采情况(冯林传，2011)

3)流域生态需水量

生态需水是维护生态环境不再恶化并逐渐改善所需要消耗的水资源总量。可鲁克湖流域生态需水包括山区天然植被、平原区荒漠植被、湖滨沼泽及湖泊，山区天然植被和平原区荒漠植被生态系统主要依靠天然降水维系。所以，流域生态用水量可简化为依靠巴音河等河道来水维持湿地生态需水与湖泊生态需水。河道外陆地植被生态需水量是水土保持面积乘以其蒸散发量(王菊翠等，2008)。

$$Q_{\mathrm{p}} = \sum_{i=1}^{n} A_i \times T_i \tag{2-3}$$

式中，Q_{p} 为水土保持生态需水量；A_i 为第 i 种植被水土保持面积；T_i 为第 i 种水土植被的蒸散发量。

湖泊的生态需水量采用水面蒸发公式估算：

$$Q_{\mathrm{g}} = F_{\mathrm{M}} \times \frac{(0.65E_0 - A)}{1000} \tag{2-4}$$

式中，Q_{g} 为湖泊生态需水量；F_{M} 为湖水面积；E_0 为淡水水面蒸发度；A 为多年平均降水量。

由于流域两个尾闾湖托素湖和尕海为卤水湖，本研究取其卤水蒸发度为淡水蒸发度的 77%(付建龙等，2006)。通过计算可知，可鲁克湖流域最小生态需水量约为 $3.40 \times 10^8\ \mathrm{m}^3$(表 2-9)。

表 2-9 可鲁克湖流域生态需水量汇总表

区域	面积/km^2	蒸发量/mm	降水量/mm	植被蒸散发量/mm	淡/卤蒸发比	生态需水量/$10^4\ \mathrm{m}^3$
河滨湿地	150			368		5520
湖滨湿地	40.0	2164.2	159.4			4988
可鲁克湖	59.6	2164.2	159.4			7432
托素湖	135	2164.2	159.4		0.77	12946
尕海湖	32.5	2164.2	159.4		0.77	3116
合计	417.1					34002

数据来源：李健等，2009

德令哈盆地用水主要消耗于农业灌溉用水，生活和工业耗水量只占耗水总量的 5%～10%。2003～2006 年，流域农业用水量达到高峰，“十二五”开始，流域内开始推广节水灌溉技术，2011～2014 年累计新建农田节水改造项目、设施农业节水改造项目及草地节水灌溉项目和林业节水灌溉项目等 15 项，全市滴灌比例由 12.2%上升至 27.2%，渠道水利用率由 45%提高至 54%，灌溉水利用系数由 0.36 提高到 0.46，节水量达到 $5055 \times 10^4\ \mathrm{m}^3/\mathrm{a}$(李茜等，2016)。就水平衡的变化而言，2003 年，流域农业、工业及生活用水量 $1.48 \times 10^8\ \mathrm{m}^3$，灌溉面积 $1.2 \times 10^4\ \mathrm{hm}^2$ 灌溉水量达全市供水量的 94%，水资源开发利用程度为 31.1%；如考虑最小生态需水量，区域总用水量为流域水资源总量的 100.9%(表 2-10)。

表 2-10　2003 年可鲁克湖流域用水量统计表

类别	地表水		类别	地下水		占总水资源比例/%
	用水量/10^4 m^3	占地表水资源比例/%		用水量/10^4 m^3	占地下水资源比例/%	
农灌用水	12610	30.4	城镇生活	305	0.8	
草场灌溉	—	—	农村生活	45	0.1	
林业灌溉	—	—	牲畜用水	46	0.1	31.1
城市环境及其他用水	141	3.4	工业用水	2132	5.8	
小计	12751		小计	2528	6.8	
生态需水			34002			69.8
合计			49281			100.9

注：—为数据来源中未给出

数据来源：德令哈市水利局

2006 年流域农业、工业及生活用水量进一步增加到 2.61×10^8 m^3，灌溉面积达 1.2×10^4 hm^2，农林牧业灌溉用水量为全市供水量的 89.5%，水资源开发利用程度较 2003 年上升 20%，达到 53.6%；如考虑最小生态需水量，区域总用水量为 4.93×10^8 m^3，为流域水资源总量的 123.4%(表 2-11)。

表 2-11　2006 年可鲁克湖流域用水量统计表

类别	地表水		类别	地下水		占总水资源比例/%
	用水量/10^4 m^3	占地表水资源比例/%		用水量/10^4 m^3	占地下水资源比例/%	
农灌用水	17383	41.9	城镇生活	205	0.5	
草场灌溉	2060	5.0	农村生活	50	0.1	
林业灌溉	3899	9.4	牲畜用水	94	0.3	53.6
城市环境及其他用水	13		工业用水	2406	6.5	
小计	23355	56.3	小计	2755	7.4	
生态需水			34002			69.8
合计			60112			123.4

数据来源：德令哈市水利局

2014 年，工业及生活用水量总量较 2006 年减少 8%，十二五期间，流域新增作物需水量 3033.6×10^4 m^3，灌溉总面积 1.31×10^4 hm^2，农林牧灌溉用水量达全市供水量的 87.2%，水资源开发利用程度达 50.2%；如考虑最小生态需水量，区域总用水量为流域水资源总量的 120%(表 2-12)。

表 2-12　2014 年可鲁克湖流域用水量统计表

类别	地表水		类别	地下水		占总水资源比例/%
	用水量/10^4 m^3	占地表水资源比例/%		用水量/10^4 m^3	占地下水资源比例/%	
农灌用水	14969	36.1	城镇生活	199	0.6	
草场灌溉	2060	5.0	农村生活	16	0.04	
林业灌溉	3898	9.4	牲畜用水	55	0.15	50.2
城市环境及其他用水	477	1.1	工业用水	2320	6.3	
小计	21404	51.6	小计	2590	7.1	
生态需水			34002			69.8
合计			57996			120

资料来源：德令哈市水利局

通过对可鲁克湖面积演变和流域水资源开发历程的总体分析可知，流域水资源与水平衡的主要问题是在生态环境脆弱的区域背景下，经济社会发展用水与生态需水间的矛盾较为突出，具体影响体如下：

(1) 德令哈盆地天然生态类型主要是荒漠生态系统，植被极度稀疏或无植被；巴音河下游，形成了傍河湖而生的天然绿洲生态系统。由于上游经济社会发展用水，挤占了下游生态需水，已造成托素湖水面由 1958 年的 191 km^2 萎缩至 1999 年的 136.91 km^2。

(2) 流域水资源总量为 4.87×10^8 m^3，2016 年水资源开发总量为 2.4×10^8 m^3，占水资源总量的 49.3%，如考虑生态需水量，则总用水量已超过流域水资源总量。2003 年后，流域水资源开发已经处于超载状态，下游生态需水量的保证率从 2006 年的 74.59%下降到 2016 年的 68.81%。未来水资源用量将进一步加大，生态用水将进一步被挤占，经济社会发展用水与生态需水间的矛盾将进一步加大。

(3) 流域灌溉用水比例高，用水效率低。大规模的农业开发，形成了盆地“绿洲经济，灌溉农业”的社会经济体系，灌溉用水量一直徘徊在总用水量的 90%左右，单位 GDP 用水量与全国平均的差距在逐步扩大，2003 流域单位 GDP 用水量为 1819 m^3/万元，为全国平均水平(537 m^3/万元)的 3.38 倍；2016 年流域单位 GDP 用水量为 480 m^3/万元，全国平均为 81 m^3/万元，为全国平均值的 5.92 倍。

(4) 管理部门对可鲁克湖及湿地生态需水认识不足，虽水利设施改善和节水灌溉技术等推广应用效果较好，但单位消耗量的减少也使当地政府对枸杞等新兴种植业发展规模有了过于乐观的规划，相关管理和控制措施不到位，相比单位消耗量，流域灌溉总耗水量并未明显下降，挤占下游生态需水可能长期存在甚至扩大。

(5)巴音河在进入可鲁克湖前约有 40 km^2湿地和绿洲，该区域对可鲁克湖来水扮演着“污染物过滤者”的角色，对保障可鲁克湖水质具有重要作用。在可鲁克湖和尕海水资源量基本维持稳定的情况下，下游生态用水的减少必将造成下游湿地和托素湖水量减少，导致湿地面积萎缩及生态功能与水体净化能力等下降，不利于入湖污染负荷削减。

(6)减少下游生态用水也会造成可鲁克湖进出水量减少，增加可鲁克湖换水周期，将会造成可鲁克湖稀释和自净能力下降；其次柴达木盆地这样年蒸发量极大的地区，换水周期增加将增大湖泊咸化风险。

因此，湖流域快速发展，并没有很好地重视区域水资源合理开发利用与流域生态环境保护需求间的关系，已经造成部分地段地下水位下降，湖泊面积、傍河及湖滨湿地面积缩小，局部土地沙化等环境问题。

2.3 本 章 小 结

本研究从可鲁克湖流域社会经济变化层面，阐明了人口、产业等变化及问题，分析了流域生态环境变化及问题，为综合解析可鲁克湖水质变化及生态系统退化原因提供了重要数据支撑。

近 20 年流域经济社会迅速发展对可鲁克湖生态环境有明显影响，虽流域工业废水均经管道排放至南山专用废液排放场地，不直排入巴音河；但随废液场地不断缩小，必须提前规划未来工业园的污染排放问题。经济社会发展用水日益挤占生态需水，下游生态需水保证率由 2010 年的 74.59%下降到 2016 年的 68.81%；水量减少导致湿地面积萎缩及生态功能减弱。同时，主要入湖河流巴音河水质与往年同比下降趋势明显，污染加剧也增加了可鲁克湖入湖污染负荷。

近年来德令哈市农牧业发展迅速，“十二五”期间，肉类产量提高 71%，周边大量牛羊依赖湖水生活，以散养为主的方式导致畜牧粪便等直排入湖，规范化管理和行为约束没有落实，畜牧业污染负荷较重；同期德令哈市枸杞等经济作物种植面积不断增大，整体种植面积提高了 40.36%，可鲁克湖—托素湖省级自然保护区范围内东部近湖区存在大片的枸杞田，可鲁克湖西岸及南岸也存在耕种面积不断扩大的趋势，流域农田化肥和农药施用量超过国际安全限值，农业面源污染问题日益突出，成为重要入湖污染负荷来源；水产和旅游业的不合理发展也不可忽视，可鲁克湖是德令哈市最重要水产品供应基地，2015 年水产品产量达 482 吨，12 年间上升了 8.7 倍，年均增长速度 19.75%。可鲁克湖景区接待的游客数在 2015 年出现爆发式增长，达到 17.3 万人次，同比增长 3.68 倍；流域经济社会发展变化暴露出了当前经济社会发展模式与可鲁克湖水环境保护需求间的较大矛盾。

可鲁克湖流域荒漠化土地面积占总面积 38.7%，1959～1994 年是沙化土地面积增加最迅速的时期，1994 年后面积增加幅度放缓，在治沙工程作用下小幅下降。草地面积占全市土地面积的 34.64%，其中可利用草地占 48.38%，受生态环境、鼠虫害、不合理利用及人为破坏等影响，草地退化严重，优质牧草减少甚至消失，流域有退化草地 2700 km^2，约占可利用面积的 28%，中度以上退化占比 74%以上。

此外，可鲁克湖流域总体植被指数较低，植被改善和稳定向好的区域主要分布在流域南部地区，特别是可鲁克湖周边湿地植被呈现轻微改善趋势，其他大部分地区虽然基本稳定，但仍然有进一步的提升空间。未来气候变化等影响将会对可鲁克湖水质和水量有较大影响，但上游水资源开发是影响可鲁克湖水质和水量变化的主要因素。由于上游社会经济发展用水，大量挤占了下游生态需水，已经造成托素湖水面由 1958 年的 191 km^2 萎缩至 1999 年的 136.91 km^2。

通过对可鲁克湖面积演变和流域水资源开发历程的分析，流域水资源主要问题是在区域生态环境脆弱背景下，经济社会发展用水与生态需水间矛盾较为突出；2003 年后流域水资源开发已经处于超载状态，平均超载率在 20%以上；由于对可鲁克湖及湿地生态需水认识不足，尚未实施严格的水资源管理；灌溉用水比例高，用水效率低，单位 GDP 用水量与全国平均水平差距在逐步扩大。

综上分析可见，流域经济社会发展、环境变化及区域气候变化等均对湖泊水质造成一定影响。应从全流域考虑可鲁克湖的保护和治理问题，从结构和布局等方面优化产业结构，高度重视临湖区污染控制，加强临湖泊重点区域、敏感区域的污染控制与监管；重点加强临湿地及湖滨带生态修复，强化流域生态建设，确保扭转可鲁克湖水质下降趋势；重点加强湖区一定范围内的面源污染治理，进一步加大牧场监管力度；优化配置流域水资源，优化调整湖泊生态系统；同时还应加强可鲁克湖水污染规律研究，提升保护与治理针对性。

第 3 章　可鲁克湖水环境变化特征及驱动因素

湖泊流域生态环境变化往往是多因素综合作用的结果，就水质下降而言，其核心是入湖污染负荷超过水环境容量，具体影响因素既有人类活动直接影响作用，如污染物排放、流域荒漠化、水资源与水平衡改变及渔业发展与外来种入侵及生态退化等，也有自然因素的间接作用，如气候变化与气象灾害等。流域社会经济发展对河流湖泊水环境最直接的影响是废污水排放量增加(刘家宏等，2010)；城市污水和工业废水等排放既大量输入污染负荷，成为河流湖泊水质恶化主要驱动因素，同时，废污水排放也改变了水循环过程，减少河流湖泊天然径流补给，明显影响流域水文过程。农田影响河湖水质主要是由于含有大量未被作物吸收利用农药和化肥的农田退水及径流排放，而集约化种植进一步增加了流失强度及入湖污染负荷。与农田不同的是，湖滨湿地、林地和草地等则具有涵养水源、净化水质等功能，其面积和结构等变化对湖滨区缓冲能力、抗侵蚀能力、水文过程和水质净化等作用均会产生明显影响(Brown，1983；Hayakawa et al.，2006)。

2003 年以后，可鲁克湖水质出现了变化，部分重要水质指标如 COD_{Cr}、氨氮和 pH 等增加明显，特别是 COD_{Cr} 浓度超过Ⅱ类水体标准。为了揭示可鲁克湖水质下降原因及驱动力机制，本研究基于可鲁克湖水质、水生态及流域环境等数据，分析可鲁克湖水质、水生态变化特征及驱动因素，总结可鲁克湖水质下降及流域变化原因，为可建立满足可鲁克湖保护目标的流域发展模式提供参考。

3.1　可鲁克湖水质下降及驱动因素分析

系统梳理和分析水质变化特征及其驱动因素对湖泊保护治理具有针对性指导作用，本研究利用 2003～2016 年间的青海省监测站数据及 2016～2017 年间的现场调查数据，研究可鲁克湖水质变化特征，利用光谱学技术进一步揭示可鲁克湖溶解性有机物(DOM)组成结构特征及对水体污染物来源的指示作用，试图探讨可鲁克湖水质变化的驱动因素，可为制定可鲁克湖水环境保护治理方案提供支撑。

3.1.1　可鲁克湖水质下降特征

1. 水质年际变化趋势

考虑到可鲁克湖已有水质监测次数较少，且不连续，本研究采用了 2003～

2016 年收集到的青海省环境监测中心站及青海省水环境监测中心等单位的可鲁克湖水质监测数据。由图 3-1 可见，可鲁克湖水质 pH 和 COD_{Mn} 指标升高趋势明显，其中 pH 变化在 8.0～8.6 之间，平均值为 8.4，2003 年以后呈持续升高趋势；DO 变化在 4.6～6.4 mg/L 之间，最低值出现 2013 年，低于Ⅲ类标准，平均值为 5.9 mg/L，Ⅱ类达标率 66.67%，Ⅲ类达标率 83.33%，2014 年后一直保持Ⅱ类水平；COD_{Mn} 变化在 0.6～3.54 mg/L 之间，最高值为 2013 年，平均值为 2.7 mg/L，2003～2013 年出现较大幅度上升后，2014～2016 总体呈平缓下降趋势，Ⅱ类达标率 100%；五日生化需氧量(BOD_5)变化在 0.4～2.0 mg/L 之间，最高值出现在 2012 年，平均值为 1.1 mg/L，Ⅱ类达标率 100%。

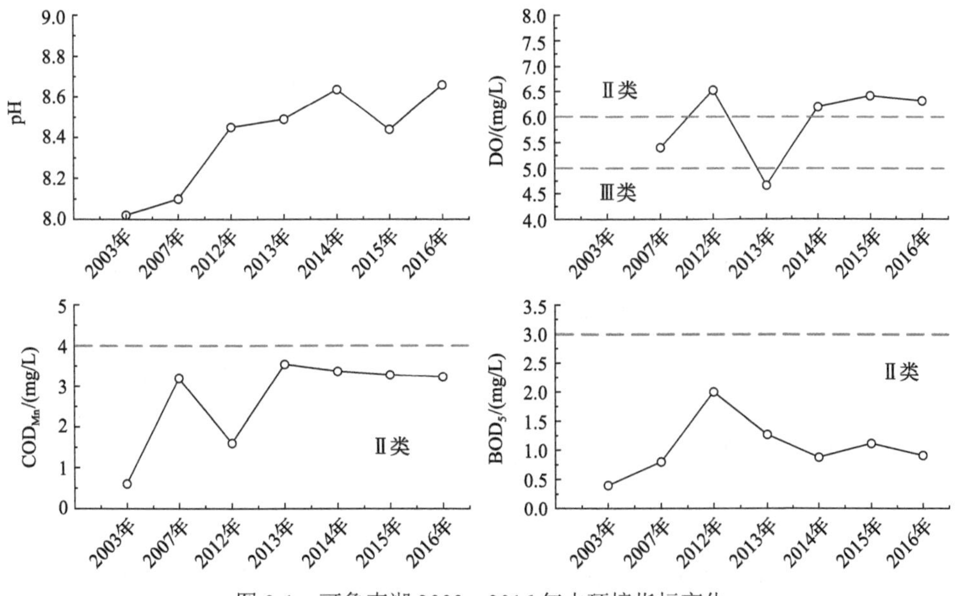

图 3-1　可鲁克湖 2003～2016 年水环境指标变化

2012 年以来，可鲁克湖水体 TN、氨氮和 COD_{Cr} 浓度升高趋势明显(图 3-2)，其中 TN 浓度变化在 0.27～2.08 mg/L 之间，2015 年最高，平均为 0.89 mg/L，2012～2015 年大幅上升，增幅超过 6 倍，Ⅱ类达标率仅 16.67%，Ⅲ类达标率 50%；氨氮浓度变化在 0.04～0.62 mg/L 之间，平均为 0.271 mg/L，最高值出现在 2015 年，整体呈上升趋势，Ⅱ类达标率 83.3%，Ⅲ类达标率 100%；TP 浓度变化在 0.01～0.06 mg/L 之间，平均为 0.026 mg/L，最高值出现在 2014 年，2012～2014 年大幅上升至超Ⅲ类标准后，又大幅下降恢复到Ⅱ类水平，Ⅱ类达标率 66.67%，Ⅲ类达标率 83.3%；化学需氧量 COD_{Cr} 变化在 9.25～23.50 mg/L，平均为 18.99 mg/L，2012～2013 年上升 2 倍后小幅波动，总体呈上升趋势，Ⅱ类达标率仅 16.67%，Ⅲ类达标率仅 50%。

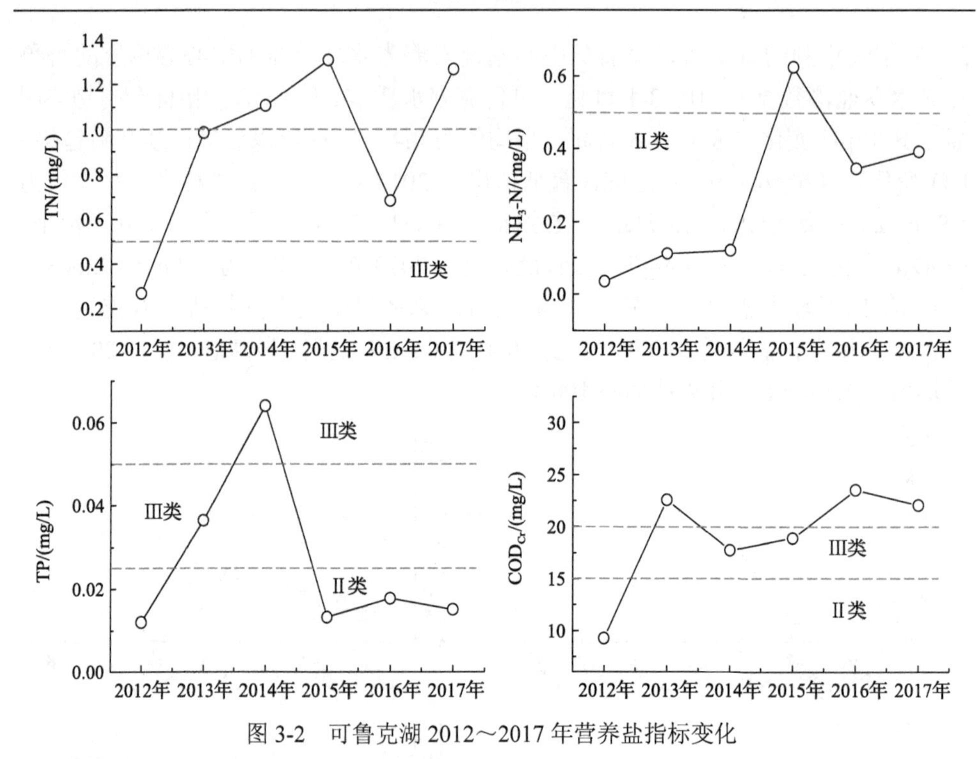

图 3-2　可鲁克湖 2012～2017 年营养盐指标变化

综上分析可见，2013 年前可鲁克湖水质总体保持Ⅱ类，2013 年由于氮、磷及 COD_{Cr} 浓度明显上升，水质下降为Ⅲ类；2012 年以来水质呈现下降趋势，2013 年后水质在Ⅱ类和Ⅲ类间波动，主要超标指标为 TN 和 COD_{Cr}。

2. 水质季节变化趋势

可鲁克湖 2015 年水指标季节性变化见图 3-3。可鲁克湖 pH 变化在 8.3～8.8 之间，平均为 8.5；DO 浓度变化在 5.5～7.5 mg/L 之间，平均为 6.4 mg/L，悬浮物浓度变化在 7.0～13.3 mg/L 之间，平均为 9.5 mg/L，透明度变化在 1.1～1.7 m 之间，平均为 1.5 m。

就季节变化趋势来讲，可鲁克湖水体 pH 和悬浮物以夏、秋季高于春季和冬季，而 DO 和透明度则以春季和冬季高于夏季和秋季。

2015～2017 年可鲁克湖水质指标季节性及年际变化由图 3-4 可见，2015～2017 年水体 TN 浓度变化在 0.68～2.0 mg/L 间，平均为 1.35 mg/L；氨氮浓度变化在 0.2～1.3 mg/L 之间，平均为 0.8 mg/L；TP 浓度变化在 0.01～0.016 mg/L 之间，平均为 0.012 mg/L；化学需氧量 COD_{Cr} 在 15.9～23.5 mg/L，平均为 18.7 mg/L。TN 浓度表现为春季＞冬季＞秋季＞夏季；TP 表现为冬季＞秋季＞夏季＞春季；氨氮表现为冬季＞秋季＞春季＞夏季；COD_{Cr} 表现为冬季＞秋季＞夏季＞春季。

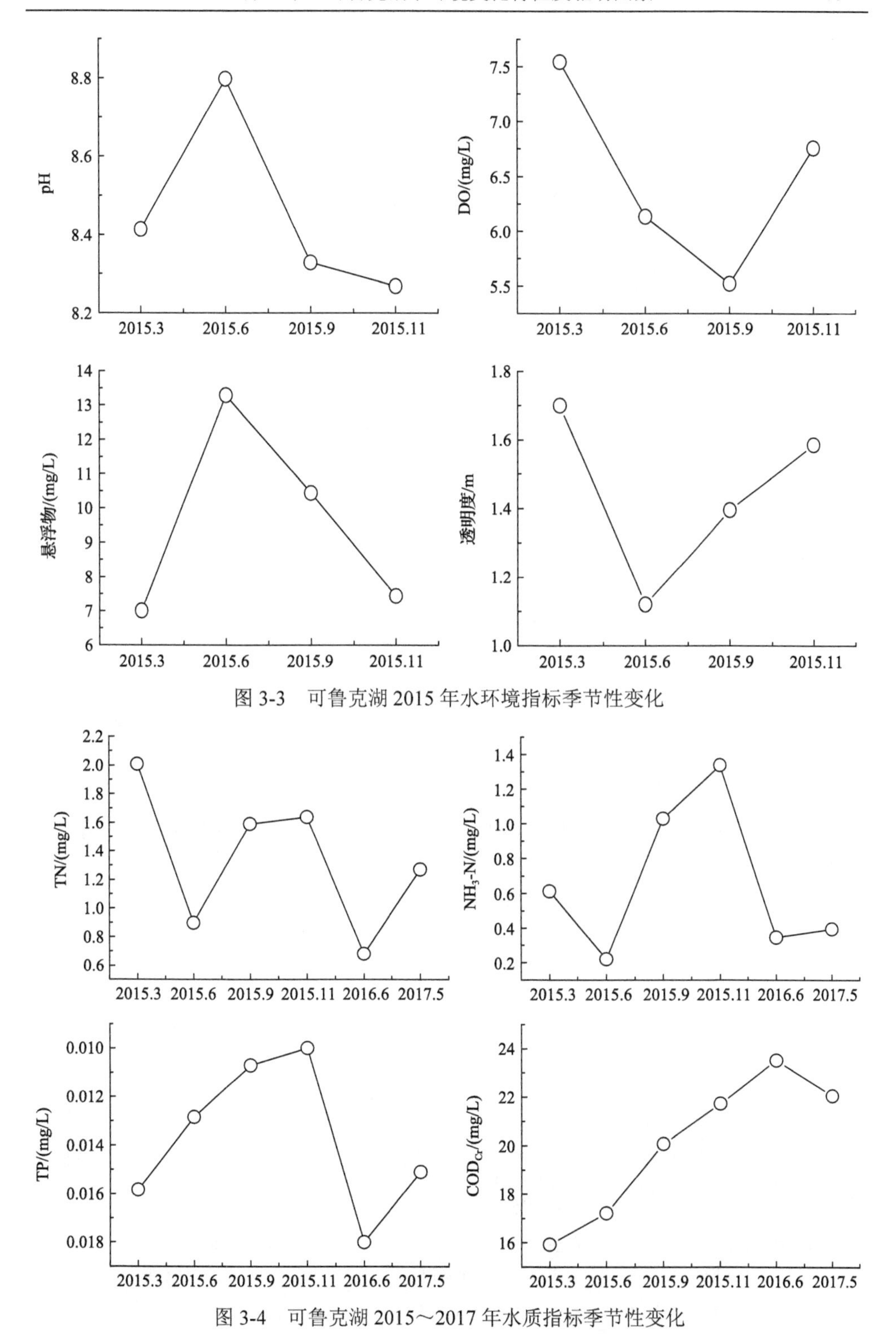

图 3-3　可鲁克湖 2015 年水环境指标季节性变化

图 3-4　可鲁克湖 2015～2017 年水质指标季节性变化

3. 水质空间分布

利用 ArcGIS 软件，用克里金插值法分析 2013～2016 年丰水期、平水期和枯水期可鲁克湖水质空间分布特征，结果如图 3-5 至图 3-9。

可鲁克湖 COD_{Mn} 和 COD_{Cr} 时空分布规律较相似，丰水期和平水期湖东北部的巴音河口和北部湖区浓度较高，而枯水期则是南部较高；氨氮、TP、TN 浓度时空分布规律也较相似，丰、平、枯水期分布规律较明显，其中氨氮和 TP 主要

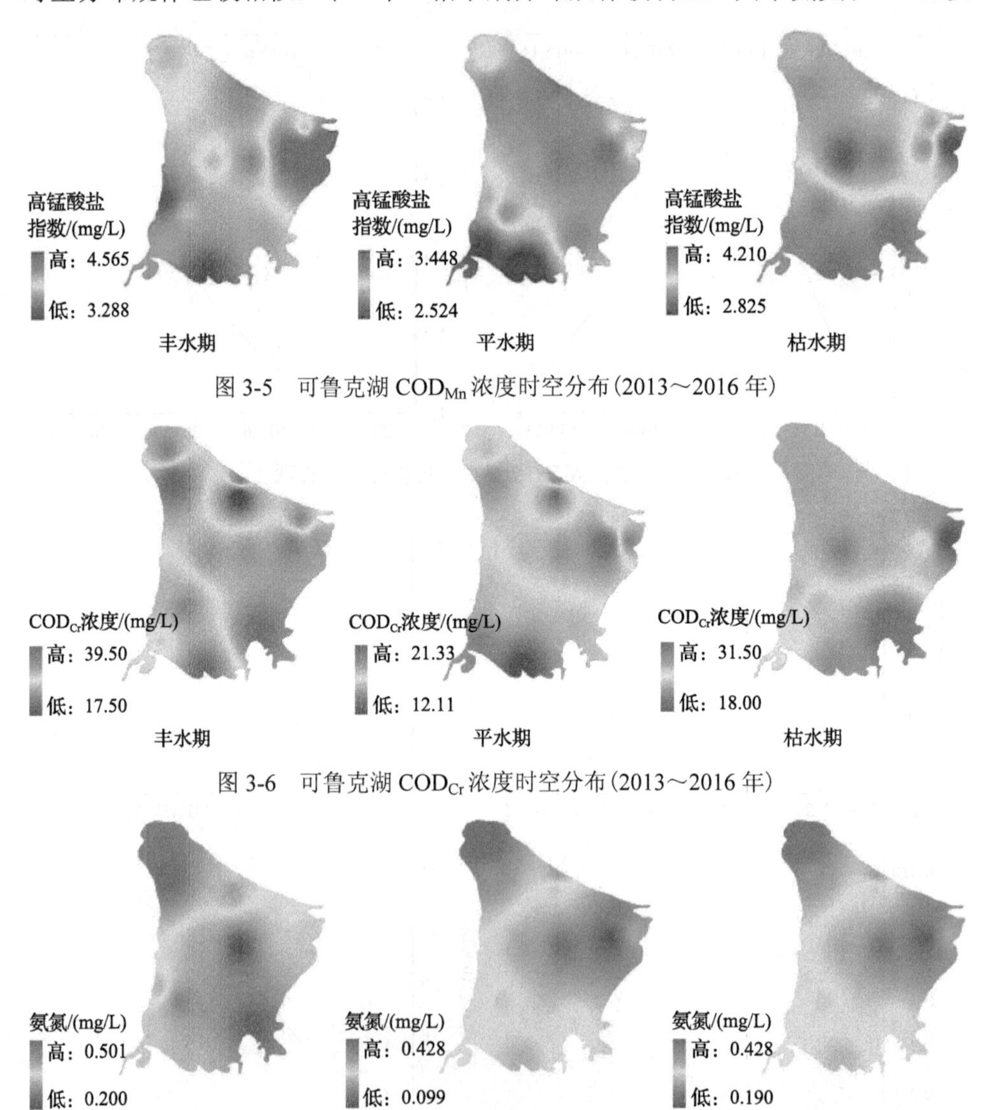

图 3-5　可鲁克湖 COD_{Mn} 浓度时空分布（2013～2016 年）

图 3-6　可鲁克湖 COD_{Cr} 浓度时空分布（2013～2016 年）

图 3-7　可鲁克湖氨氮浓度时空分布（2013～2016 年）

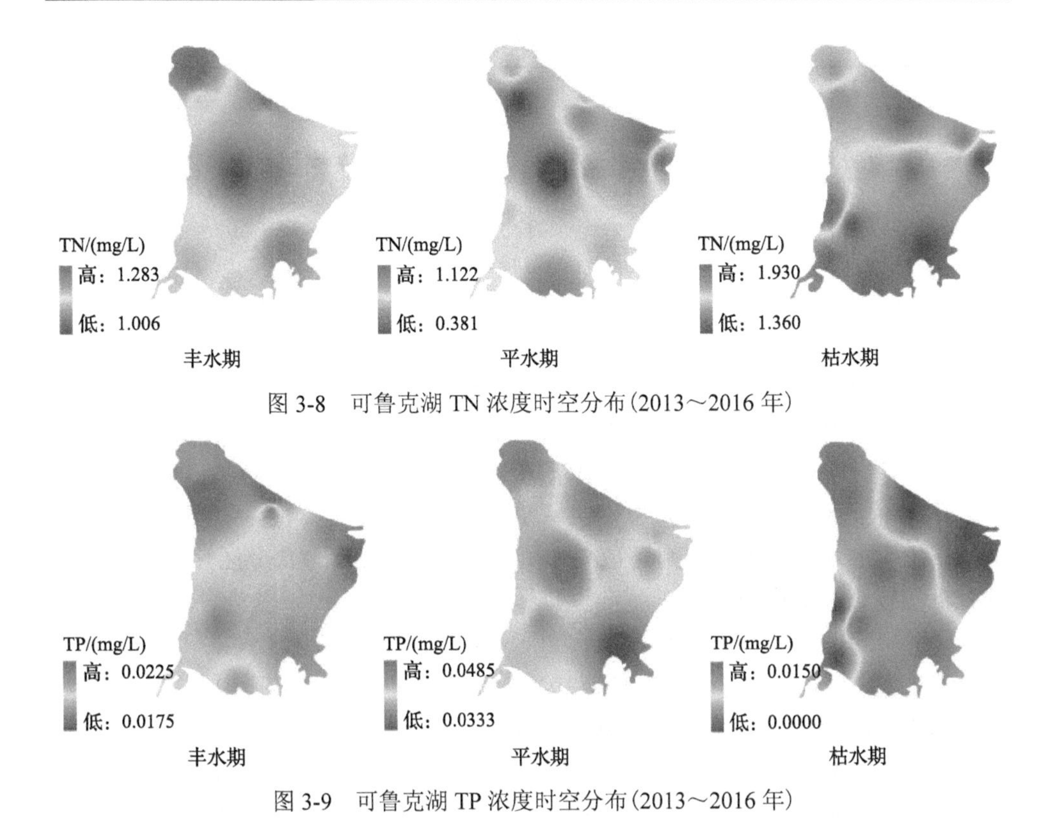

图 3-8　可鲁克湖 TN 浓度时空分布(2013～2016 年)

图 3-9　可鲁克湖 TP 浓度时空分布(2013～2016 年)

输入地区为湖泊西北部，浓度由西北自东南部逐渐降低；巴音河硝酸盐大量输入，TN 东北部河口水域浓度较高。北部是污染物集中汇入区，污染物主要来自巴音河、怀头他拉镇汇水、西北部放牧区域、北部牧场和旅游景区等区域。

4. 可鲁克湖水质下降影响因素分析

本研究为了全面系统分析研究可鲁克水质问题，选取收集到的 2003～2016 年可鲁克湖水质数据(指标包括 pH、DO、COD_{Cr}、COD_{Mn}、氨氮、TN、TP 和 BOD_5)，使用主成分分析法对可鲁克湖水质进行综合评价，以期为可鲁克湖水环境保护和治理提供数据支撑。

首先进行数据预处理与标准化，利用各年度各点位为对象求取各指标年均值，得到 8×8 的水质指标原始矩阵，对指标原始矩阵进行数据标准化。因为 DO 随数据值增大，表示水质较好，呈正相关关系；而其他因子则是随数据值的增大，表示水质越差，呈负相关；先将其进行倒数变换，然后标准化，形成相关系数矩阵 $\boldsymbol{R}$(结果见表 3-1)。

表 3-1 可鲁克湖主要水质指标相关系数

	TN	氨氮	TP	COD_{Cr}	pH	DO	COD_{Mn}	BOD_5
TN	1.00	0.58	0.38	0.55	0.03	0.21	0.83	–0.72
氨氮	0.58	1.00	–0.46	0.39	–0.12	–0.32	0.39	–0.45
TP	0.38	–0.46	1.00	0.29	0.55	0.41	0.53	–0.51
COD_{Cr}	0.55	0.39	0.29	1.00	0.46	0.48	0.90	–0.81
pH	0.03	–0.12	0.55	0.46	1.00	–0.14	0.40	–0.69
DO	0.21	–0.32	0.41	0.48	–0.14	1.00	0.46	–0.06
COD_{Mn}	0.83	0.39	0.53	0.90	0.40	0.46	1.00	–0.89
BOD_5	–0.72	–0.45	–0.51	–0.81	–0.69	–0.06	–0.89	1.00

相关分析结果表明，可鲁克湖水质 COD_{Cr} 与 TN、氨氮及 COD_{Mn} 均呈现显著正相关关系，表明 COD_{Cr} 与氨氮、BOD_5 及 COD_{Mn} 变化趋势一致，但与 TP 的变化趋势并不一致。DO、BOD_5 与 COD_{Cr} 和 COD_{Mn} 呈显著负相关关系，表明水体有机污染物的增加对 DO 有显著消耗作用，且可鲁克湖水体部分能够被化学氧化的有机物较难被生物利用。

利用 SPSS 22.0 软件计算相关系数矩阵特征值与主成分贡献率及累积贡献率。由表 3-2 可见，主成分 1，2 和 3 特征值分别为 4.18、1.86 和 1.32 均大于 1，贡献率分别为 52.20%、23.26%和 16.44%，其累积贡献率达到了 91.90%，表明三维主成分几乎综合了所有 8 项水质指标，即对应 3 个主成分已能反映原始指标所提供的绝大部分信息，其能够综合评价可鲁克湖水环境质量。因此，提取前 3 个主成分进行分析。

表 3-2 可鲁克湖水质特征值及主成分贡献率

主成分	特征值	贡献率/%	累积贡献率/%
1	4.18	52.20	44.72
2	1.86	23.26	70.38
3	1.32	16.44	91.90
4	0.65	8.10	100.00

表 3-3 初始因子载荷矩阵

指标	主成分		
	1	2	3
COD_{Mn}	0.99	–0.04	0.16
BOD_5	–0.95	0.01	0.30
COD_{Cr}	0.89	–0.06	0.11
TN	0.79	–0.33	0.25
氨氮	0.37	–0.93	–0.02
TP	0.58	0.71	–0.08
DO	0.36	0.49	0.76
pH	0.54	0.36	–0.73

取特征值对应单位特征向量作线性表达式系数，构造主成分 Z_1、Z_2 和 Z_3：

$$Z_1=0.986COD_{Mn}-0.949BOD_5+0.888COD_{Cr}+0.789TN+0.366NH_3\text{-}N+0.580TP+0.361DO+0.540pH$$

$$Z_2=-0.036COD_{Mn}+0.103BOD_5-0.055COD_{Cr}-0.331TN-0.93NH_3\text{-}N+0.710TP+0.487DO+0.361pH$$

$$Z_3=0.16COD_{Mn}+0.299BOD_5+0.114COD_{Cr}+0.25TN-0.015NH_3\text{-}N-0.8TP+0.762DO-0.733pH$$

主成分 1 反映可鲁克湖营养状况，对该指标起主要作用的是 COD_{Mn}、COD_{Cr}、TN，其值分别为 0.99、0.89、0.79，在主成分 1 的正方向起作用。COD_{Mn} 是反映水体有机污染的指标，COD_{Mn} 与主成分 1 相关系数最高，说明主成分 1 中 COD_{Mn} 的贡献最高，即可鲁克湖属于有机污染；TN 和 TP 是反映水体营养状况的主要指标，其值越大，水体营养程度越高，表明可鲁克湖主要水污染物是有机污染物和 TN。

主成分 2 和 3 从另一方面反映可鲁克湖营养状况，其中主成分 2 中 TP 系数值为 0.71，说明 TP 对主成分 2 的贡献最高；主成分 3 中 DO 的系数值最高，为 0.762，但水体 DO 的倒数越高，表明水体水质越差，与主成分 1 中 COD_{Cr} 对主成分 1 贡献最高相对应，同样反映了可鲁克湖水体耗氧有机物污染较严重，其次是氮磷污染(图 3-10)。

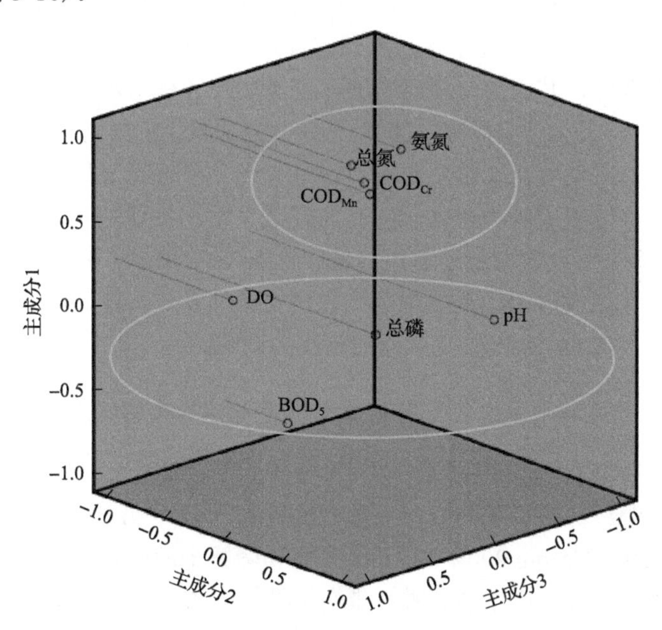

图 3-10　可鲁克湖水质主成分分析因子图

综合考虑水质下降特征、水质时空分布结果及水质主成分分析结果等可见，可鲁克湖水质变化总体特征可概括为如下方面。

1）水质下降趋势明显

湖泊主要水质指标2003年后呈总体上升趋势，即湖泊水质下降趋势明显；其中2012～2013年及2013～2014年连续发生剧烈变化，氨氮在2014～2015年升高5.16倍，COD在2012～2013年升高2.44倍，2014年后各水质指标波动变化，2014～2017年有小幅下降，趋势缓慢；近5年监测点位平均Ⅱ类水达标率45.82%，Ⅲ类水达标率70.82%，且COD_{Cr}、氨氮和pH等指标增加趋势明显。

2）污染物输入空间差异较大

通过分析入湖污染物时空分布结果可知，磷氮主要由湖西北区域通过农田退水，分散养殖牲畜粪便及降雨引起的地表径流等途径进入可鲁克湖，而COD_{Cr}、COD_{Mn}则主要由巴音河输入。

3）有机物污染和营养型污染并重

通过主因子分析载荷大小可知，可鲁克湖污染物主要为COD_{Cr}和COD_{Mn}所代表的有机物污染及TN和TP为代表的营养型污染。

3.1.2 可鲁克湖水体溶解性有机质来源及指示意义

可鲁克湖水体受有机污染较重，其中大部分是溶解性有机质；具体来讲，溶解性有机质（DOM）是指存在于各种天然水体，可以通过0.45 μm或0.7 μm滤膜的天然有机质混合体，其组分包括腐殖酸、富里酸及各种亲水性有机酸、羧酸、氨基酸、碳水化合物等（吴丰昌等，2008）。水生态系统DOM不仅对污染物行为有显著影响，还对水质变化有重要影响。三维荧光及紫外光谱是表征水体溶解性有机质来源、结构及组成等物理化学特性的有效手段，特别是三维荧光光谱可揭示DOM性质及含量变化，并描述其组成特征（Coble，1996）。本研究通过分析可鲁克湖流域主要入湖水体DOM三维荧光光谱及紫外参数特征，结合流域变化等信息，揭示入湖水体DOM组成及对湖泊水质的影响。

1. 可鲁克湖流域水体溶解性有机质三维荧光特征及环境意义

天然水体DOM荧光峰主要有4类：A峰（$\lambda_{Ex}/\lambda_{Em}$=270～275 nm/295～305 nm）属生物降解来源色氨酸形成的类蛋白荧光峰，与DOM芳环氨基酸结构有关；B峰（$\lambda_{Ex}/\lambda_{Em}$=220～245 nm/290～375 nm）是生物降解来源酪氨酸形成的类蛋白荧光峰，代表与微生物降解产生的芳香性蛋白类结构有关的荧光基团；C峰为紫外区类富里酸荧光峰（$\lambda_{Ex}/\lambda_{Em}$=235～260 nm/355～455 nm），而D峰为可见光区的类富里酸荧光峰（$\lambda_{Ex}/\lambda_{Em}$=295～330 nm/360～450 nm）。其中C峰和D峰均属类富里酸荧光峰，一般由外源输入腐殖酸和富里酸形成，与类富里酸荧光和腐殖质结构中的羟基及羧基等有关，尽管不同来源水体都具有四类荧光峰，但不同来源水体 DOM 荧光峰位置及强度均有差异(Chen et al.，2003；席北斗等，2008；张运林和秦伯强，2007；王曼霖等，2012)。

可鲁克湖主要入湖河流巴音河水体三维荧光谱图见图 3-11 至图 3-15，其上游(巴音河 1#～3#)水体紫外与可见光区类富里酸峰(C 峰和 D 峰)均不明显，说明此处巴音河 DOM 是以结构较简单的蛋白类物质为主，而腐殖酸类物质含量较少，与上游受人为排污干扰较少有关，DOM 多来源于微生物等降解。巴音河自一棵树(巴音河 4#)处入湖滨湿地和牧场区域，周边有大面积枸杞林，该区域河流水体 DOM 组成发生了较大变化，原有蛋白质峰(A 峰和 B 峰)所代表类富里酸的 C 峰强度明显增加，说明该水域外源污染明显增加(巴音河 5#)。

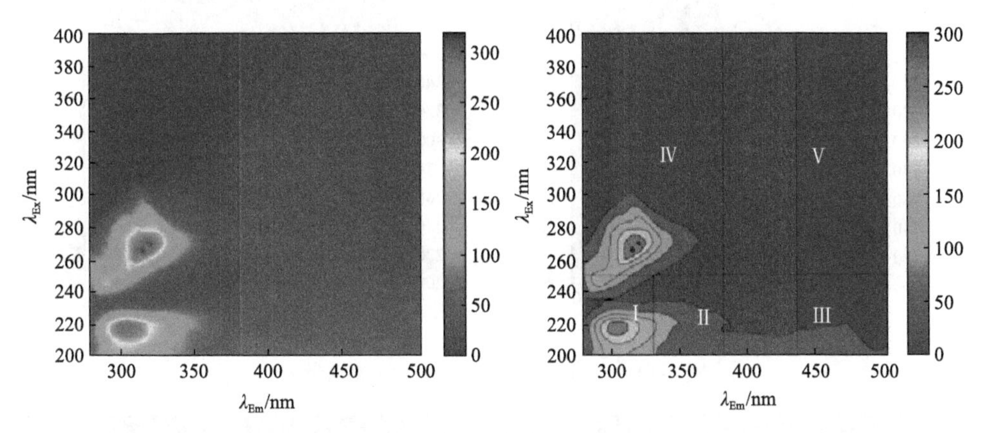

图 3-11　巴音河 1#点位水样三维荧光光谱

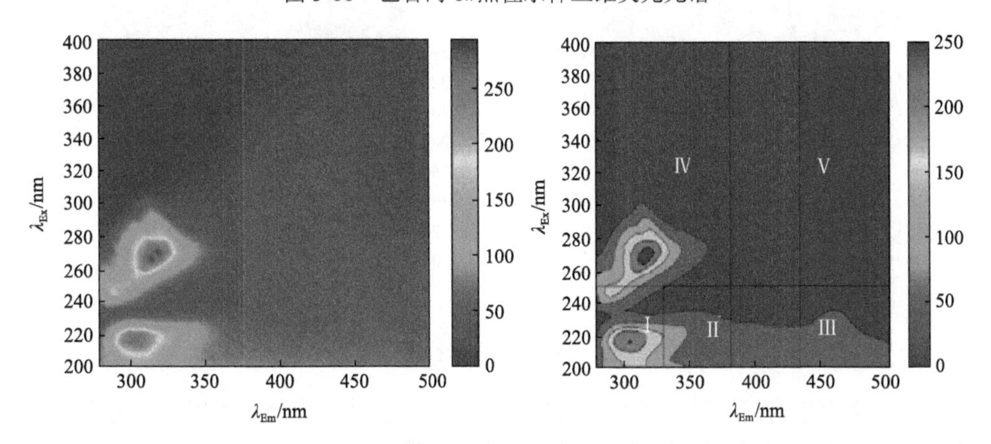

图 3-12　巴音河 2#点位水样三维荧光光谱

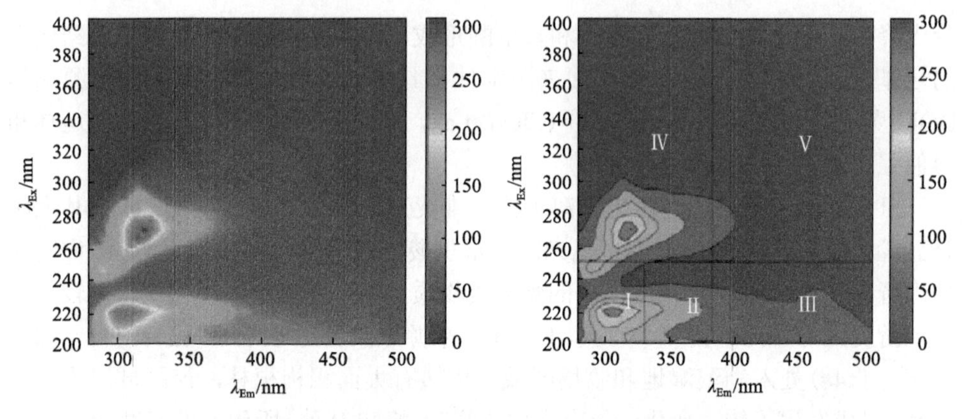

图 3-13　巴音河 3#点位水样三维荧光光谱

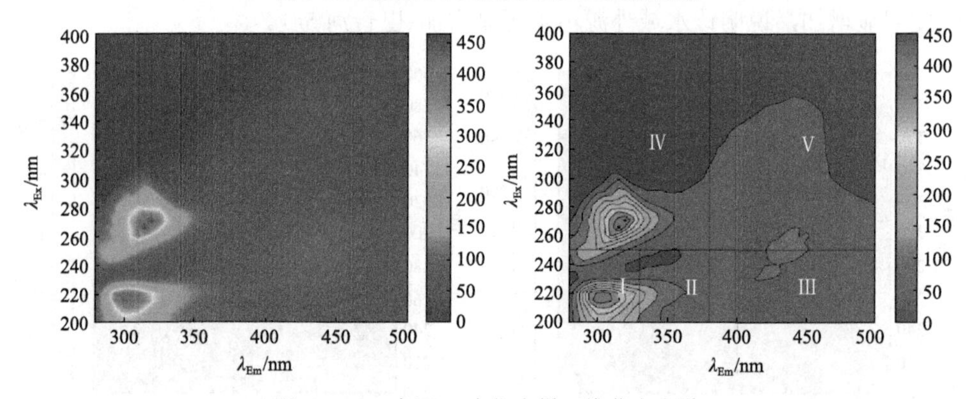

图 3-14　巴音河 4#点位水样三维荧光光谱

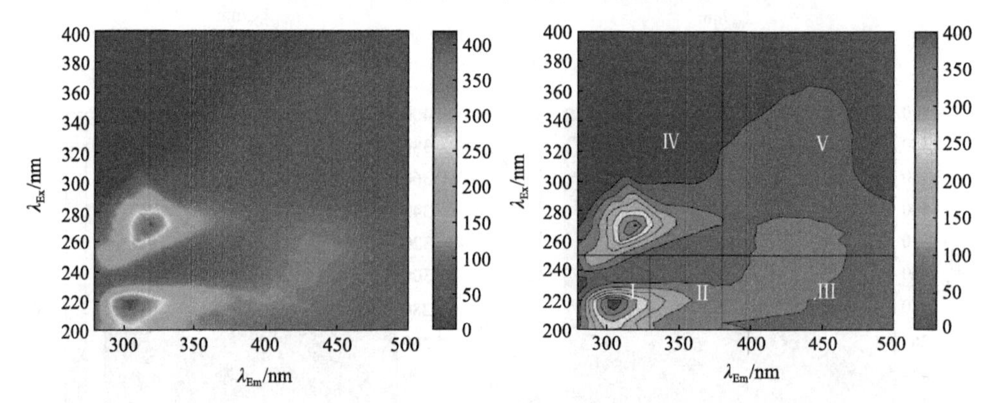

图 3-15　巴音河 5#点位水样三维荧光光谱

通过调查巴音河两岸土地利用及植被情况,发现枸杞地退水渠和巴音河湿地水体三维荧光图谱(图 3-16)和巴音河下游水体 DOM 特征类似。枸杞地退水最终流向巴音河，其荧光特征峰未见类蛋白质峰(A 峰和 B 峰)，而紫外区类富里酸荧光峰(C 峰)较明显，强度达到了 398.3，表明退水渠水体具有典型陆源性污染物输入特征。因此，枸杞地退水渠大量类富里酸物质为巴音河主要 DOM 来源，并被输入可鲁克湖。

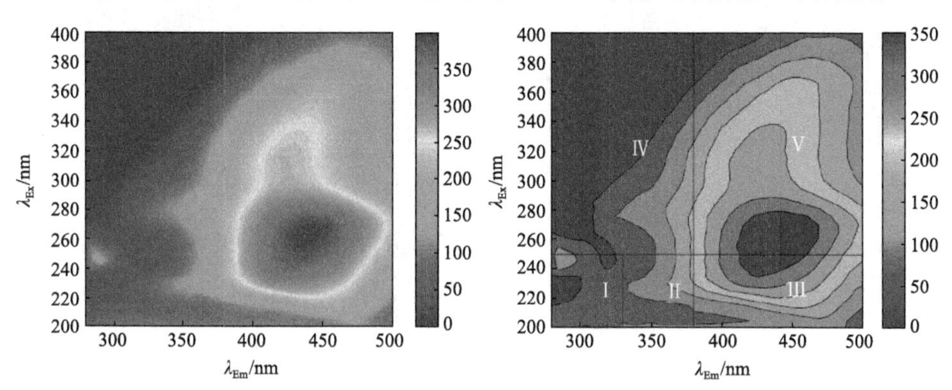

图 3-16　枸杞地退水渠点位水样三维荧光光谱

可鲁克湖水体有机质来源及特征研究共采集了 19 个水样，采样点位如图 1-9，三维荧光结果表明可鲁克湖水体 DOM 主要组成(表 3-4)，揭示了其受外源污染情况。可鲁克湖水体污染物仍然以类腐殖酸、富里酸为主，其中较典型的 11#、14#、15#、18# 4 个点位出现了强烈紫外区富里酸荧光峰(C 峰)(图 3-17 至图 3-20)，4 个点位均处在湖东北和西北，与外源输入特征一致。

表 3-4　可鲁克湖水体 DOM 三维荧光峰强度特征

编号	A 峰/nm	强度	B 峰/nm	强度	C 峰/nm	强度	D 峰/nm	强度	r(C,D)	$f_{450/500}$
1	320 / 270	282.00	305 / 215	297.20	435 / 250	137.90	420 / 305	92.49	1.491	1.51
2	320 / 270	232.20	305 / 215	260.30	440 / 255	117.80	405 / 295	83.58	1.409	1.55
3	320 / 270	264.10	305 / 215	313.00	420 / 235	129.50	410 / 295	92.2	1.405	1.51
4	315 / 265	556.20	305 / 215	635.20	420 / 235	133.20	400 / 295	94.37	1.411	1.56
5	320 / 270	211.00	305 / 215	241.40	425 / 250	113.60	405 / 295	80.09	1.418	1.54
6	320 / 270	236.50	305 / 215	296.70	410 / 250	123.80	415 / 295	85.94	1.441	1.524
7	320 / 270	251.90	305 / 215	306.30	435 / 250	119.10	415 / 295	81.77	1.457	1.492
8	320 / 270	275.40	305 / 215	327.20	425 / 235	150.60	410 / 295	106.3	1.417	1.514
9	320 / 270	468.80	305 / 215	556.40	435 / 245	116.50	410 / 295	81.22	1.434	1.565
10	320 / 270	722.20	305 / 215	805.10	410 / 235	115.20	405 / 295	82.71	1.393	1.529
11	320 / 270	237.50	305 / 215	267.10	425 / 235	128.30	415 / 295	87.98	1.458	1.529
12	320 / 270	210.60	305 / 215	204.90	435 / 255	210.30	420 / 305	148.9	1.412	1.460
13	320 / 270	225.50	305 / 215	269.40	410 / 230	121.90	410 / 295	81.75	1.491	1.536
14	320 / 270	337.70	305 / 215	376.50	415 / 235	124.30	415 / 295	83.18	1.494	1.547
15	290 / 245	117.30	325 / 200	167.30	400 / 225	149.10	435 / 255	127.3	1.171	1.542
16	320 / 270	243.20	305 / 215	301.70	400 / 225	122.10	415 / 295	77.78	1.570	1.538
17	320 / 270	479.10	305 / 215	534.30	415 / 230	126.20	415 / 295	81.78	1.543	1.716
18	320 / 270	203.50	305 / 215	219.40	430 / 245	143.00	420 / 305	98.59	1.450	1.445
19	320 / 270	227.60	305 / 215	268.80	430 / 250	206.90	415 / 305	147.4	1.404	1.461

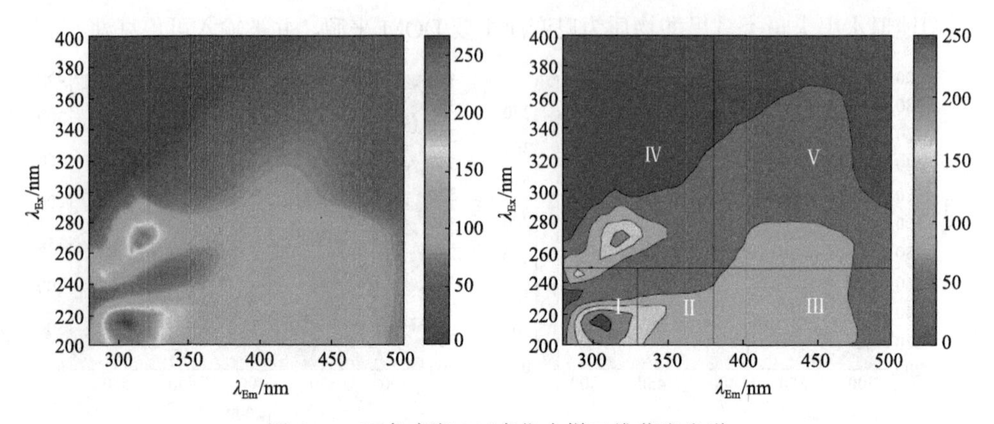

图 3-17　可鲁克湖 11#点位水样三维荧光光谱

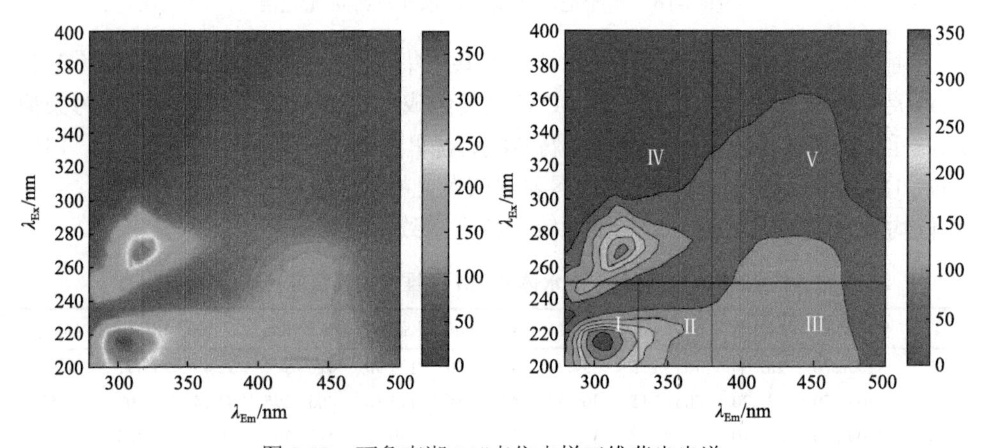

图 3-18　可鲁克湖 14#点位水样三维荧光光谱

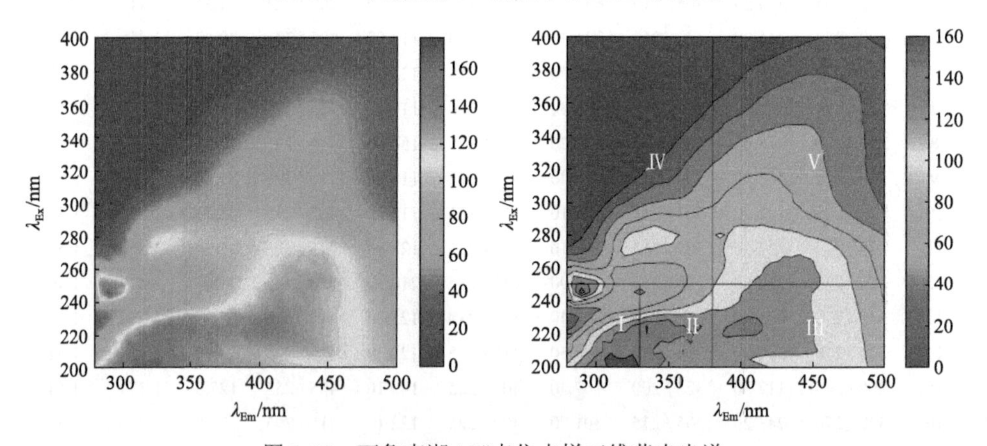

图 3-19　可鲁克湖 15#点位水样三维荧光光谱

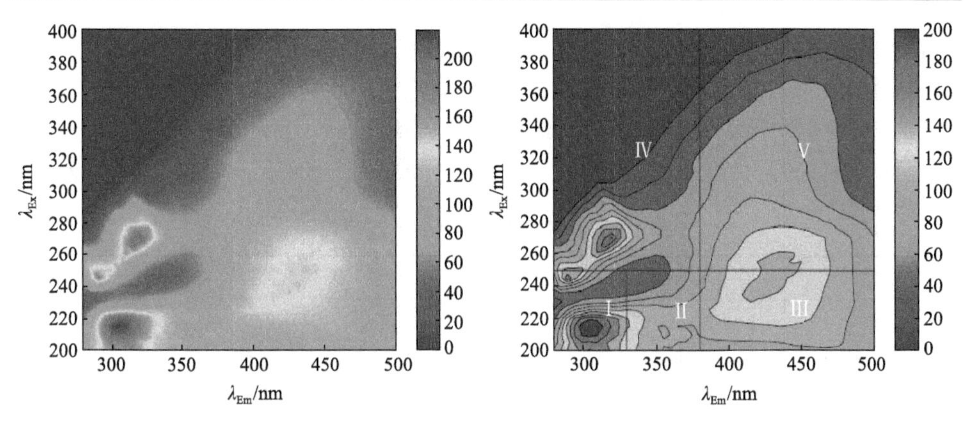

图 3-20　可鲁克湖 18#点位水样三维荧光光谱

采集湖岸边及湖滨牧场土壤，冷冻干燥后，以水为溶剂提取水溶性 DOM。图 3-21 分别为湖滨土壤和牧场土壤水溶性 DOM 三维荧光光谱，其荧光特征峰中未见类蛋白质峰(A 峰和 B 峰)，而紫外区类富里酸荧光峰(C 峰)极为明显，强度达到了 1000 以上，与可鲁克湖各点位水样荧光特征峰位置一致，结果表明湖滨区土壤和牧场地土壤中大量类富里酸物质是可鲁克湖水体 DOM 的主要来源之一。

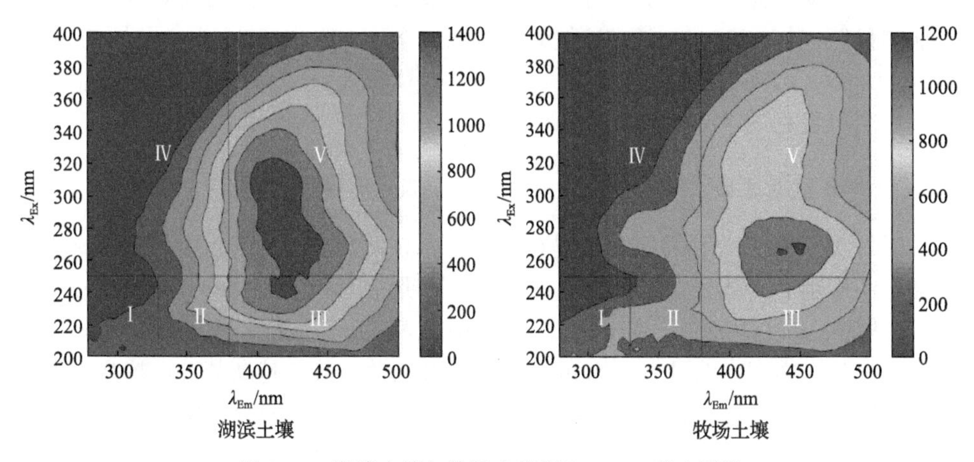

图 3-21　湖滨土壤与牧场土壤提取 DOM 荧光图谱

荧光指数 $f_{450/500}$ 是激发光波长 370 nm 时，荧光发射光谱强度在 450 nm 与 500 nm 处的比值，可指示 DOM 的来源(Huguet et al.，2009；Zhang et al.，2010)。陆源和生物源 DOM 的 $f_{450/500}$ 值分别为 1.4 和 1.9，$f_{450/500}$ 值变化与芳香性相关，且受水体 pH 影响较小。由表 3-4 可见，除 17#点位以外，其他点位的 $f_{450/500}$ 均指示其 DOM 来源为陆源的特征。紫外区类富里酸荧光强度与可见光区类富里酸荧光强度比值 r(C,D) 是与有机质结构和成熟度有关的指标，与有机质分子大小、溶液 pH 等有关。当 r(C,D) 值为定值，其 DOM 只含有一类富里酸荧光基团；当 r(C,D)

值在一定范围变化，表明其DOM中至少含有两类富里酸荧光基团(Baker，2002；Cory et al.，2010)。根据可鲁克湖19个监测点位所在位置，将其分为北区(1#、13#)、东北区(10#、11#、12#)、西北区(3#、4#、14#、15#、16#)，西区(5#)，中心区(2#、9#、17#)，南区(7#、19#、8#、6#)6组比较，结果如表3-5所示。

表3-5　不同湖区DOM三维荧光特征

区域	$f_{450/500}$	r(C,D)
北	1.498	1.450～1.491 (0.041)
东北	1.506	1.393～1.458 (0.065)
西北	1.539	1.171～1.57 (0.399)
西	1.538	1.418
中心	1.611	1.409～1.543 (0.134)
南	1.498	1.404～1.441 (0.037)

由表3-5可见，可鲁克湖水体DOM来源和组成均较单一，其中北部湖区与南部湖区采样点r(C，D)变化范围均小于0.1，表明该区域DOM富里酸荧光基团结构简单，受外源影响较小，与荧光谱图结果相符。而西北部湖区受多种外源输入影响显著，其DOM的r(C，D)值分布范围最宽(1.171～1.57)；中心区域的r(C，D)值(1.409～1.543)分布范围其次，但中心区域水体的平均荧光指数$f_{450/500}$值最高，表明可鲁克湖中心水域DOM组成同时受到陆源和内源影响。

2. 可鲁克湖流域水体DOM紫外光谱特征及环境意义

紫外-可见吸收光谱特征参数是检测天然水体溶解有机碳含量的可靠指标，已经被广泛应用于水体和土壤可溶性有机物表征研究(Kalbitz，2000；Spencer et al.，2007；Wang et al.，2009)。$UVA_{254\ nm}$常被用于表征腐殖质样品的芳香性结构，包括芳香族化合物在内的具有不饱和碳-碳键的化合物，其值越高芳香性越强，此类化合物较难分解(Tremblay and Benner，2006)。酚类、苯胺衍生物、安息香酸、多烯等物质在270～280 nm发生π-π*电子迁移；因此280 nm波长的吸光度值可提供可溶性有机质芳香性程度、腐殖化程度和分子量等重要信息，且该值与DOM的芳香性、平均分子量均显著相关(Chin et al.，1994)。除$A_{254\ nm}$和$A_{280\ nm}$两处固定波长，某些特定波长的UV-Vis吸光值比也可指示水溶性有机物组成、团聚化程度和分子量。Wang等(2009)和Jaffé等(2004)认为250 nm和365 nm处紫外吸收值之比也可较好反映水溶性有机质分子状况，即$A_{250\ nm}/A_{365\ nm}$越小，则水溶性有机物分子质量越大，可作为湖沼腐殖化指标，通常腐殖酸相对于富里酸具有高的280 nm吸收和较低的$A_{250\ nm}/A_{365\ nm}$。Fukushima等(2001)选择300 nm和400 nm处的紫外吸收值之比($A_{300\ nm}/A_{400\ nm}$)作为指标，认为$A_{300\ nm}/A_{400\ nm}<3.5$时水溶性有

机物以腐殖酸为主，而 $A_{300\ nm}/A_{400\ nm}$>3.5 时则主要是富里酸。

此外，DOM 在 253 nm 与 203 nm 紫外吸光度的比值($A_{253\ nm}/A_{203\ nm}$)可反映芳环取代程度及取代基种类：当芳环取代基以脂肪链为主时，$A_{253\ nm}/A_{203\ nm}$比值一般较低；而当芳取代基结构复杂，且其羰基、羧基、羟基、酯类含量较高时，$A_{253\ nm}/A_{203\ nm}$值一般较高(Pifer and Fairey，2012)。因此，本研究采用紫外-可见吸收光谱分析可鲁克湖 DOM 组成特征(表 3-6)。

表 3-6　可鲁克湖流域水体 DOM 紫外可见光谱吸收特征

样品	$A_{254\ nm}$	$A_{280\ nm}$	$A_{253\ nm}/A_{203\ nm}$	$A_{250\ nm}/A_{365\ nm}$	$A_{300\ nm}/A_{400\ nm}$	TOC/(mg/L)
1	0.047	0.033	0.089	6.00	4.20	13.095
2	0.043	0.029	0.105	7.50	4.25	10.175
3	0.049	0.033	0.128	5.56	6.67	12.095
4	0.05	0.034	0.111	5.10	2.00	19.825
5	0.075	0.053	0.199	7.80	6.20	9.330
6	0.043	0.028	0.108	11.25	5.33	10.470
7	0.045	0.029	0.124	9.20	4.25	10.020
8	0.059	0.04	0.144	7.63	6.00	12.345
9	0.056	0.039	0.120	4.46	2.00	16.270
10	0.055	0.038	0.113	4.07	1.41	25.830
11	0.043	0.028	0.101	7.50	5.67	12.055
12	0.062	0.045	0.086	6.40	6.20	9.770
13	0.045	0.03	0.105	6.57	4.75	10.495
14	2.929	0.886	0.909	8.20	8.60	17.060
15	0.045	0.03	0.102	9.40	6.00	11.320
16	0.041	0.027	0.104	6.14	5.33	10.305
17	0.043	0.028	0.099	5.00	2.00	14.790
18	0.042	0.03	0.066	5.38	5.00	10.020
19	0.087	0.06	0.185	6.43	4.75	10.455

可鲁克湖水样紫外-可见光谱吸收特征表明，波长为 254 nm 和 280 nm 时，各采样点水样的 $UVA_{254\ nm}$和 $UVA_{280\ nm}$值依次为 14#>19#>5#>12#>8#>9#>10#>4#>3#>1#>7#>13#>15#>2#>6#>11#>17#>18#>16#，水样整体 DOM 芳香性和平均分子量较高，表明可鲁克湖的陆源污染特征。根据 $A_{250\ nm}/A_{365\ nm}$值可见，各点位 DOM 腐殖酸比例及 DOM 平均分子量依次为 10#>9#>17#>4#>18#>3#>1#>16#>12#>19#>13#>2#>11#>8#>5#>14#>7#>15#>6#，与 UVA 结果基本一致，越靠近岸边点位富里酸含量越高。$A_{253\ nm}/A_{203\ nm}$比值大小顺序为 14#>5#>19#>8#>3#>7#>9#>10#>4#>6#>13#>2#>16#>15#>11#>17#>1#>12#>18#，靠近岸边点位 DOM 芳环取代基结构较复杂。

9#、17#、4#、10#点位 $A_{300\ nm}/A_{400\ nm}$值小于 3.5，说明蓝移程度较小，分子

量大、苯环多，DOM 结构相对复杂，以腐殖酸为主，其他点位样品 $A_{300\ nm}/A_{400\ nm}$ 值为 4.20～8.60，说明腐殖化程度较低，DOM 以富里酸为主，腐殖酸含量较少，表明可鲁克湖外源 DOM 主要是富里酸。

可鲁克湖不同湖区 DOM 紫外-可见光谱吸收特征结果见表 3-7，西北部水域可溶性有机质芳香性、腐殖化程度和分子量均远高于其他湖区，且芳环取代基结构复杂，其羰基、羧基、羟基、酯类含量较高；西部和南部水域腐殖酸含量高于东北部和北部；中心水域水溶性有机物分子量大，且蓝移程度较小，腐殖酸占比较高，与长年水生植物生长、腐败等过程有关(谢理等，2013；洪志强等，2016)。

表 3-7　可鲁克湖不同湖区 DOM 紫外-可见光谱吸收特征

区域	$A_{254\ nm}$	$A_{280\ nm}$	$A_{253\ nm}/A_{203\ nm}$	$A_{250\ nm}/A_{365\ nm}$	$A_{300\ nm}/A_{400\ nm}$	TOC/(mg/L)
北	0.045	0.031	0.087	5.98	4.65	11.2
东北	0.053	0.037	0.10	5.99	4.43	15.89
西北	0.6228	0.202	0.27	6.88	5.72	13.57
西	0.075	0.053	0.20	7.80	6.20	19.83
中心	0.047	0.032	0.11	5.65	2.75	13.74
南	0.059	0.039	0.14	8.63	5.08	10.82

综上所述，可鲁克湖及巴音河流域水体光谱学分析结果表明，可鲁克湖流域上游水体有机物主要来自微生物内源分解，经德令哈市后在巴音河下游出现了含富里酸和腐殖酸特征的外源污染，湖滨水域也表现出了较明显的陆源污染特征。由此可见，可鲁克湖 DOM 主要来源为湖滨及牧场土壤溶出和枸杞地退水渠退水。紫外光谱对可鲁克湖有机质结构和芳香性等信息表征表明，西北部湖区可溶性有机质腐殖酸占比最高，取代基种类多，主要因为西北地区水草茂密，所以结构复杂。而湖东北部和北部水域有机物结构与西部不同，主要是由于受巴音河输入等影响，既有牧场污染，也有农业污染等输入，类富里酸物质占比高，分子量小，结构相对简单，属于产生时间较短的“较新鲜”有机物。

3.1.3　可鲁克湖水质下降原因及驱动因素

1. 自然气候的变化

气候变化对湖泊水质影响一般为间接过程(Catalan et al.，2002)，主要是通过改变流域过程(包括土壤和植被发育、流域侵蚀等)对湖泊产生影响。可鲁克湖流域河流径流年内分配不均匀，是依靠融雪补给内陆湖泊的显著特点。河流春汛始日取决于春季天气变化，春汛一般在 4 月开始，其径流量年内变化与降水、气温变化关系密切，洪水期 5～8 月或 6～9 月径流量，一般占全年总量的 50%～70%。春汛期 4 月起至 10 月径流量占全年总量的 52.7%～98.9%(伏洋等，2008)。柴达木盆地气候近 50 年发生了较大变化，从暖干向暖湿转型，可鲁克湖流域属显著转型区，地表平均气温升高，区降雨量逐年增加，增加速率为 12.3～14.9 mm/10a，年降水日数较 50 年前增加了 20 d/a(图 3-22)(李林等，2015)。

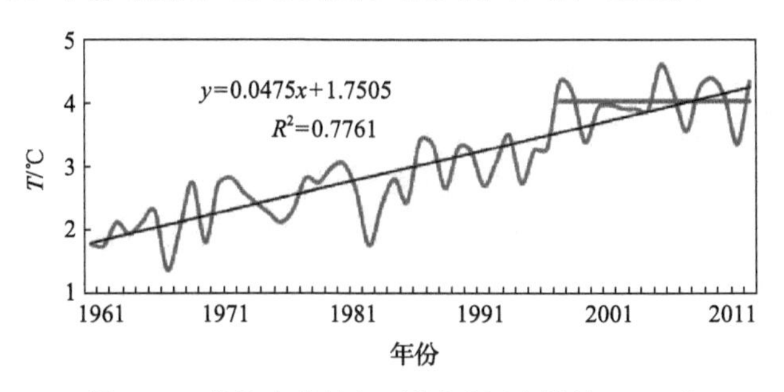

图 3-22　柴达木盆地年平均气温(李林等，2015)

伴随降雨量加，巴音河年径流量总体上升。近 30 年来，流域降水量年内平均变异系数 CV=1.37，最大降雨量与最小降雨量相对变幅为 0.62，分布趋于均匀，而巴音河径流量年内平均变异系数为 0.55，但相对变幅为 5.47，年内分布不均匀。降雨和径流量的增加和年内分配不均对可鲁克湖水质造成两方面影响，其一是气象灾害风险增加，其二是巴音河两岸土壤侵蚀，使进入可鲁克湖的有机物物总量增加。2012 年 8 月、2013 年 8 月流域连续两次发生了 50 年一遇特大洪水，可鲁克湖北岸较低的植被覆盖率和地表较差的水源涵养能力在暴雨冲刷下使上游牧区常年累积的面源污染物、有机腐殖质等随洪水入湖，导致水质快速下降。同时在洪水冲刷等作用下，带入污染及底泥扰动释放营养物质、悬浮物等造成水体透明度下降，进而引起沉水植物大面积退化。

2. 人类活动的加强

人类活动作为外在因素往往与气候变化叠加影响，对湖泊水环境变化产生正反馈作用，加速其变化。德令哈市人口增长较快，尤其是城镇人口增加迅速，城镇化水平“十二五”末达到 70%。同时，社会经济也得以快速增长；特别是快速发展的工业产业势必大幅增加需水量和污水排放量。同时，湖泊水产养殖业和旅游业作为新兴产业，其产量与产值也大幅上升，发展势头不容小觑，给可鲁克湖流域生态环境保护带来了新的机遇和挑战。通过对可鲁克湖流域水质下降可能影响因素的分析研究，其水质下降驱动因子主要包括如下五方面。

1)人口增长、快速城镇化及粗放的产业发展

湖泊水污染与富营养化问题不仅是一个科学问题，更是一个社会问题，生产

生活方式、保护理念和措施等对湖泊生态系统有着至关重要的影响。与中、东部湖泊相比，可鲁克湖流域开发晚，经济社会发展水平也相对较低，但过去 30 年间，流域社会经济和人口经历了由低速到高速的发展阶段，流域 GDP 上升 90 倍，人口增加了 60%，城镇化率上升至 70.15%，进入工业化初级阶段，可鲁克湖水质开始受到粗放式资源型工业结构、农牧业发展模式和城镇化等影响。

此外，可鲁克湖流域地处生态环境脆弱区，环境容量十分有限，环境治理和修复成本更高，流域污染物排放量与污染治理投入必须保持相对平衡才能确保湖泊水环境健康，不同流域选择模式不同，伴随发展水平的提高，平衡的保持难度也会迅速增加，湖泊治理所需要投入也会成倍增加。因此，目前可鲁克湖流域亟须转变发展模式，优化发展速度，调整产业结构，实施更为有针对性的河、湖污染负荷控制措施，以降低可鲁克湖水质进一步下降风险，兼顾经济效益和生态环境效应。

2)流域不合理农牧业发展造成较严重污染问题

近年来，随德令哈市枸杞等经济作物种植面积不断增大，农田面源污染问题越来越突出；其中可鲁克湖—托素湖省级自然保护区东部近湖区种植了大片枸杞，湖西岸及南岸枸杞种植地也有面积不断扩大的趋势，近 5 年种植面积提高 40.36%，流域农田化肥施用量达到 50 kg/亩，过量施用的化肥和农药随地表径流、农田退水和地下水等最终汇入可湖泊，成为可鲁克湖入湖重要污染负荷，严重影响水质(图 3-23)，可鲁克湖水体 TN 和 COD_{Cr} 浓度随流域种植面积的增加显著提高。

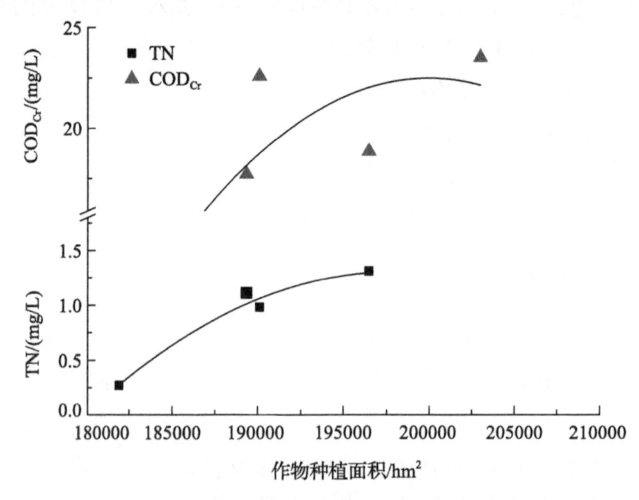

图 3-23 可鲁克湖流域种植面积与湖水 COD_{Cr}、TN 浓度

近年来德令哈市畜牧业发展迅速，肉类产量提高了 71%，周边区域畜牧密度最大，夏短冬长，每年大量牛羊超过半年时间依赖湖泊生活，粪便等直接被排入湖泊或堆积在湖岸，随后通过风力、降雨冲刷等途径进入湖泊。针对畜牧业发展，规范化管理措施和养殖污染治理并没有很好落实，畜牧业污染负荷也呈增加趋势。

3）旅游业迅猛发展

近年来，可鲁克湖旅游服务迅速发展，“十二五”期间德令哈市旅游收入年均增长 26%，2015 年达到 9.6 亿元；景区接待游客达到 17.3 万人次，旅游人数的增长给可鲁克湖带来更多污染负荷。

4）极端天气导致污染负荷集中入湖诱发湖泊水质快速下降

刘斌涛等（2013）利用全国 590 个气象站 1960～2009 年逐日降雨量资料，估算了我国降雨侵蚀力，得到年均降雨侵蚀力趋势系数空间分布。青海中部、西藏中北部、新疆北部和新疆东北部形成集中分布的降雨侵蚀力明显增加区域，年降雨侵蚀力趋势大于 0.03，其中青海诺木洪—都兰—曲麻莱—伍道梁一带年降雨侵蚀力趋势系数达到 0.127，其上升中心为诺木洪气象站，年降雨侵蚀力趋势系数高达 0.2892。

而可鲁克湖流域正处在青海诺木洪—都兰—曲麻莱—伍道梁地区，区域 20 世纪 60 年代年降雨侵蚀力平均为 54.1 $MJ \cdot mm/(hm^2 \cdot h \cdot a)$，到 80 年代年平均降雨侵蚀力上升为 96.0 $MJ \cdot mm/(hm^2 \cdot h \cdot a)$，到 2000 年后年降雨侵蚀力平均已经达到 144.3 $MJ \cdot mm/(hm^2 \cdot h \cdot a)$，是 60 年代的 2.7 倍。充分说明青藏高原中东部地区近 50 年降雨侵蚀力增加趋势非常明显。降雨是土壤侵蚀和流失主要动力因素之一，除降雨强度外，下垫面坡度与植被覆盖度等因素对土壤侵蚀和流失具有重要影响。由于柴达木盆地气候干燥，蒸发量大，近 40 年的年均降雨量只增加了不到 100 mm，降雨量增加不是侵蚀力增大的主要原因，而其主要原因来自人类各种活动对地表植被的破坏和消耗等导致的下垫面变化。地处柴达木盆地的可鲁克湖流域生态环境脆弱，植被一旦破坏很难再恢复。目前巴音河流域水土流失较严重，中度以上侵蚀面积占比达 67%，大量泥沙携带营养物质汇入可鲁克湖，加剧了湖泊水污染和富营养化，降低湖泊 DO 及透明度等指标，不仅导致水质下降，对湖泊水生植被等主要生物类群也造成了较大破坏，湖泊生态系统也部分受损。

5）湖泊生态系统脆弱，受损严重，自我维持能力弱

伴随上游德令哈工业规模逐步扩展，可鲁克湖上游用水量大幅增加，国民经济发展用水挤占流域生态需水，导致下游生态需水量保证率从 2010 年的 74.59% 下降到 2016 年的 68.81%，水量减少导致湿地面积萎缩及生态功能和水体净化能力减弱。同时，主要入湖河流巴音河水质与往年同比，受污染程度也呈加重趋势，增加了入湖污染负荷。

可鲁克湖水生植物种类相对贫乏，近年来，水生植被面积和生物量均大幅下降，退化趋势明显；从 1973 年开始的渔业开发至 2015 年水产品产量已经达到了 482 吨，渔业发展对浮游动物及大型沉水植物消耗也是可鲁克湖水生态退化的重要原因。自 2013 年以来可鲁克湖发生了大面积生态退化，并未见恢复迹象，且入湖水量减少和入湖污染负荷增加及水生生态系统退化等使可鲁克湖生态系统自

我维持面临巨大压力。

总体来看，可鲁克湖水质虽然总体仍较好(相比于我国污染严重湖泊)，但进入21世纪后，水质呈下降趋势，水质变化主要受上游来水和周边区域污染负荷增加等共同影响，近十年来流域内污染负荷排放明显增加，尤其是TN和COD的排放，这种情况与流域近年不断增长的农业面源、畜牧养殖等污染和农村生活、水产养殖、旅游发展等污染及处理设施效率较低等直接相关；通过对可鲁克湖水质变化特征及可能原因的分析，将可鲁克湖水质下降主要原因概括如下：

流域人口增加，人类活动加剧，产业结构变化，农牧业产值迅速增加等带来污染负荷加大及挤占生态需水背景下，用地方式改变和水资源减少导致流域荒漠化与水土流失加剧，入湖泥沙量增加；流域受自然条件制约，植被覆盖率偏低，生态系统脆弱，恢复能力弱。同时，由于气候变化等因素，特殊气象灾害发生频率增加，大量氮磷及有机质等随地表径流入湖，消耗湖泊DO，降低透明度，导致水生生态系统发生明显退化，湖泊自净机能受损，生态服务功能降低。因此，可鲁克湖在自然因素和人类活动共同作用下，发生了超出正常范围的水质变化。

总之，流域发展是可鲁克湖近年来水质变化的基础，且环境保护基础薄弱，多年来环境保护相关投入严重不足，极端气候变化(极端气象灾害)等导致的洪水是诱因，共同引发了水质变化(图3-24)。

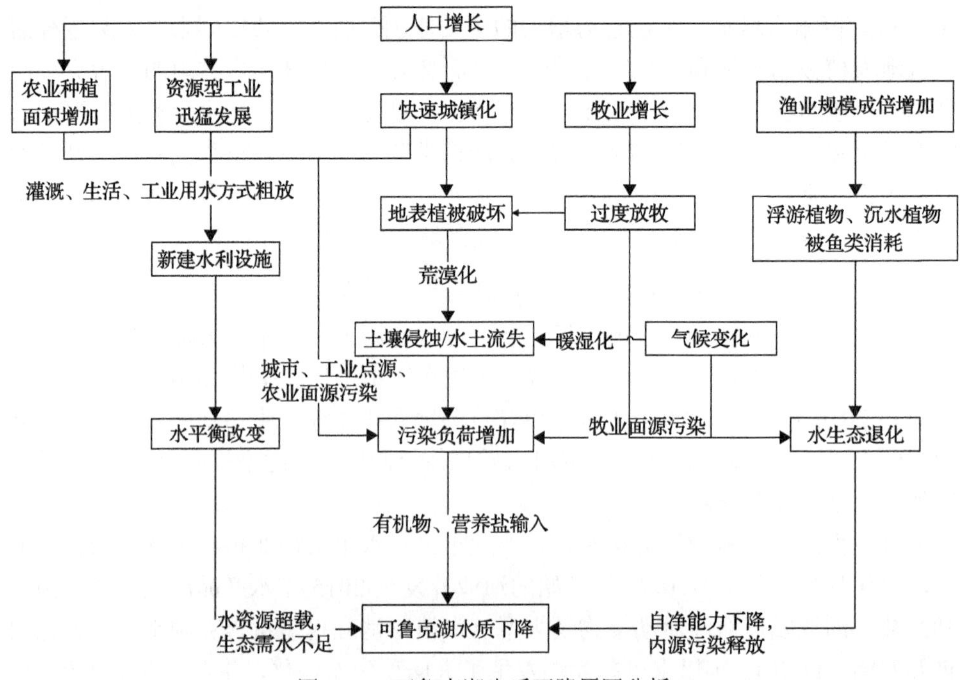

图3-24　可鲁克湖水质下降原因分析

3.2　可鲁克湖水生态变化与驱动因素

健康的生态系统能够保持其结构的完整性和功能的稳定性，具有抵抗干扰和恢复自身结构及功能的能力，并且能够提供自然界和人类需求的生态服务。引发湖泊水生态退化及水华暴发的因素包括流域污染、过渡捕捞、围湖造田、水资源过度利用、江湖阻隔、外来物种入侵等。例如太湖流域由于城市化率高、人类活动干扰强度大、农业生产历史悠久等，流域水污染严重，富营养化状况严重，渔业资源枯竭，水生植被破坏，蓝藻频发及“湖泛”严重，生物多样性和生态稳定性下降等水生态问题突出。巢湖在流域经济社会发展及负荷增加、围垦造田、人工提防、过度捕捞、外种入侵等外部压力驱动下，陷入蓝藻水华、沉水植物消亡、鱼类小型化、湖滨湿地退化等水生态功能退化的恶性循环。本研究通过总结分析已有可鲁克湖水生态调查结果，研究可鲁克湖水生态变化特征，并讨论可鲁克湖水生态变化的驱动因素，为研究制定可鲁克湖水生态保护治理方案提供支撑。

3.2.1　可鲁克湖水生态变化特征

水生动植物不仅是湖泊渔业的天然饵料，也是湖泊生态系统演化和生态平衡的重要调控者。水生生物群落结构、密度等与水质，水量等水环境因素密切相关。有关可鲁克湖水生生物记载最早出现在 Charles Vaurie 的著作中，1893 年 10 月至 1894 年 4 月，B. Й. 罗波洛夫斯基和 Л. K. 科兹洛夫在湖边建立基地，采集了巴音河鱼类，记载在中亚科学考察报告鱼类部分(赵利华等，1990)。我国对可鲁克湖生物资源调查始于 20 世纪 70 年代，1973 年青海等地农牧局开始鲤、鲫鱼引种实验。为了充分进行渔业开发，1977 年、1980 年和 1990 年中国科学院西北高原生物研究所对湖泊水生生物进行了 3 次调查(王基琳等，1982；秦建光等，1983；赵利华等，1990)。1990 年后关于可鲁克湖水生生物的研究较缺乏，直到 2012 年由青海省环境科学研究设计院编制《青海省可鲁克湖流域生态环境基线调查报告》时，才有了较为系统的水生态调查，但 3 次水生态调查的结果也表明，主要水生生物类群呈现明显退化趋势，本研究基于已有调查成果，意在阐明可鲁克湖主要水生生物变化及问题，总体来看，可鲁克湖水生生物类群的退化主要表现在五方面。

1. *浮游植物密度与生物量大幅度下降*

1977 年和 1981 年的两次可鲁克湖水生生物调查，共发现浮游植物 65 个种属，其中绿藻门 23 种属，硅藻门 20 种属，蓝藻门 12 种属，甲藻门 3 属，隐藻门 2

种属，金藻门 2 属，裸藻门 2 属，黄藻门 1 属，其中，蓝藻门在数量上居首位，平均 123.5×10^5 ind/L，占总量的 67.52%，优势种为小型蓝球藻和粉状微囊藻，达到 121.4×10^5 ind/L，其他常见种有铜绿微囊藻、蓝纤维藻、平裂藻等。绿藻门由于个体较大，在生物量上占有很大比例，平均 0.946 mg/L，主要种类有多棘鼓藻、鼓藻、小球藻、卵囊藻、衣藻和纤维藻等。各样点浮游植物平均数量为 191.2×10^5 ind/L，生物量在 0.896～2.351 mg/L 之间，平均为 1.554 mg/L（图 3-25）。

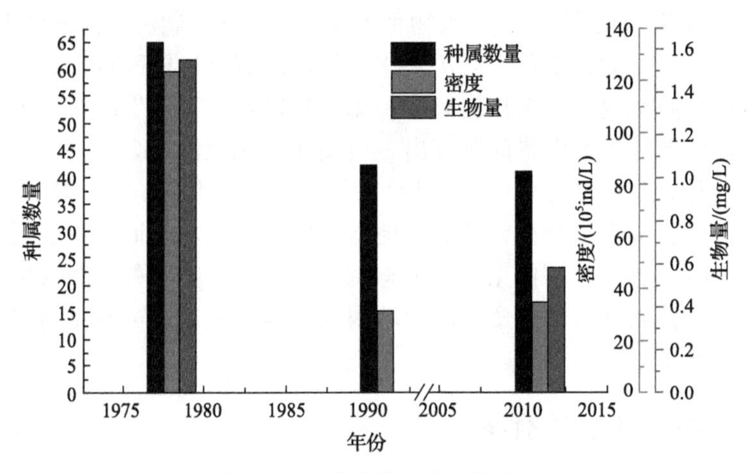

图 3-25　可鲁克湖浮游植物变化

1990 年调查共发现浮游植物 5 门 42 属，其中硅藻 16 属、绿藻 14 属、蓝藻 8 属、甲藻 2 属、裸藻 2 属。各采样点浮游植物数量在 2.8×10^5～71.2×10^5 ind/L 之间，平均为 31.9×10^5 ind/L。2012 年调查共鉴定出浮游植物 7 门 41 属，其中硅藻门 12 属，绿藻 10 属；蓝藻门 9 属和甲藻门 4 属；金藻门 3 属、隐藻门 2 属、定鞭藻门 1 属。各样点浮游植物密度在 27.7×10^5～43.6×10^5 ind/L 之间，蓝藻和绿藻的密度所占的比例较大。蓝藻密度较大的原因是有群体细胞的蓝藻存在，比如微囊藻、平裂藻、颤藻、假鱼腥藻等。绿藻的密度在 8.7×10^5～15.9×10^5 ind/L 之间变动，其中常见的绿藻有栅藻、衣藻、小球藻、四角藻和纤维藻。各样点浮游植物生物量在 0.49～0.70 mg/L 之间变动，平均生物量 0.584 mg/L。调查结果显示，各样点蓝藻密度虽然较高，但生物量并不高，然而硅藻密度不高，但生物量占比较大，种类也最为丰富。

三次调查结果对比来看，可鲁克湖浮游植物的变化主要为生物多样性和生物量均下降；首先是种类减少，种群结构变化较大，种类由 20 世纪 80 年代的 65 种属降为 41 种属，种属数下降 36.92%，其中绿藻门下降幅度最大，由 23 种属降为 10 属，种类数下降了 56.5%，硅藻门虽然也下降了 40%，但成为优势种，甲藻门、金藻门种属数均上升了 1 种。其次是密度和生物量均大幅下降，密度由

191.2×10^5 ind/L 下降至 34.6×10^5 ind/L，幅度达到 80%，生物量由 1.554 mg/L 下降至 0.584 mg/L，幅度为 62.4%。浮游植物数量与生物量变化与不断加强的渔业活动关系密切。2012 年后可鲁克湖渔业扩张是生物量继续下降的主要原因。

2. 浮游动物小型化、种群结构简单化及生物量锐减

浮游动物作为淡水生态系统的重要组成部分，对水生态系统结构和功能发挥着重要作用。不同水环境具有不同浮游动物类群，同时浮游动物群落又会对水环境产生影响。近年来，随可鲁克湖水污染加剧，浮游动物群落由于其在水生态系统的重要地位及对环境较灵敏受到重视，对有机污染相对敏感的种群，如枝角类、桡足类、软体动物和某些水生昆虫，其种数和比例普遍下降。而摇蚊幼虫、寡毛类及轮虫等对水质变化适应性强的物种则种类和比例变化有所不一(代梨梨，2013)。

1977 年 7 月和 1981 年 9 月两次调查结果共发现枝角类 5 种、桡足类 7 种，1990 年调查发现枝角类 6 种，桡足类 4 种，2012 调查共发现 5 种大型浮游动物，其中枝角类 3 种，桡足类 2 种，大型浮游动物的密度在 0.35～1.65 ind/L，生物量在 0.0012～0.0053 mg/L，平均生物量为 0.0036 mg/L。2012 年调查结果相比于历史数据，发现的种类变少，相同种类仅圆形盘肠溞和剑水蚤。就生物量来看，2012 年平均生物量为 0.0036 mg/L，而 1981 年 9 月的仅桡足类的生物量就达 0.412 mg/L，大型浮游动物总生物量为 0.757 mg/L。与 20 世纪 90 年代相比可鲁克湖大型浮游动物种类和生物量都在减少，2012 年平均生物量仅为 1981 年的 0.4%。

3. 大型底栖动物向耐污种类演化

底栖动物可稳定地反映水质变化(高世荣等，2006)。1977 年 7 月和 1981 年 9 月两次调查共发现软体动物 3 种，节肢动物幼虫 12 种，寡毛类和钩虾各一种，以摇蚊幼虫和钩虾占优势。平均密度和生物量分别为 535.4 ind/m^2 和 6.442 g/m^2。2012 年调查共发现 4 种底栖动物，其中环节动物门 1 种、节肢动物门 1 种、软体动物门 2 种，以羽摇蚊占优势；平均密度和生物量分别为 133.3 ind/m^2 和 0.85 g/m^2，分别为 1981 年的 24.9%和 13.58%(图 3-26)。

4. 水生植物退化明显

大型水生植物(水生维管束植物)是淡水生态系统主要初级生产者，是湖泊生态系统重要生物组分，其常被视为湖泊环境变化的指示生物，在维持湖泊生态系统结构和功能方面起到十分重要的作用(余国营和刘永定，2000；何俊等，2008)。与我国长江中下游湖泊相比，可鲁克湖水生植物相对贫乏，可能与所处区域特殊的环境条件有关。青藏高原生态环境条件相对恶劣，难以适应更多植物分布；该

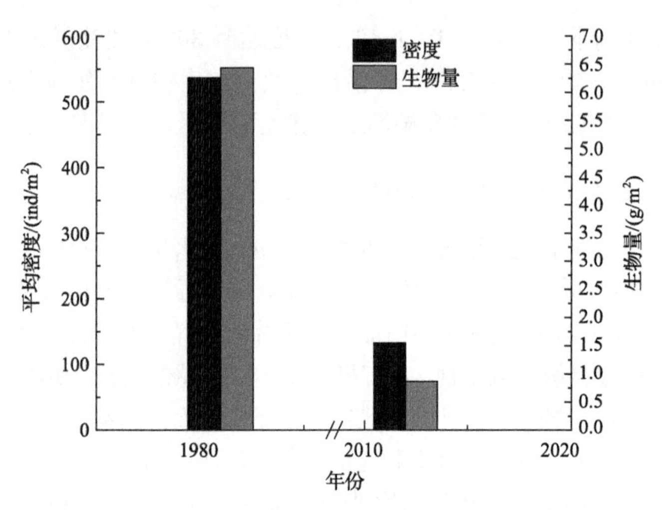

图 3-26　可鲁克湖大型底栖动物变化

区域水生植物种类组成缺乏古老原始类型，单型属和寡型属较多，特有类型较少，表明该区域水生植物区系较年轻，水生植物区系中世界分布属占绝对优势，但北温带及变型也占较高比例，即该区域水生植物区系北温带特性明显。

1981 年调查采集到大型藻类 1 种，水生维管束植物 5 种，其中绒毛轮藻为绝对优势种，占总生物量的 81%。大型水生植物盖度占全湖面积 90%，平均生物量为 2.93 kg/m^2(鲜重)。1990 年调查采集到大型藻类 1 种，水生维管束植物 4 种，平均生物量 1.92 kg/m^2。2012 年调查采集到水生植物 13 科 14 属 21 种，可鲁克湖沉水植物主要为轮藻科植物，其余水生植物群落镶嵌分布，沉水植物盖度约占全湖面积的 80%，沉水植物平均生物量约为 6.91 kg/m^2。2016 年 9 月、2017 年 5 月调查并没有在可鲁克湖发现大面积沉水植物。2012 年之后，可鲁克湖水生植物，尤其是沉水植物种群发生了大面积急速退化，目前面积不足 20%。

5. 人工养殖鱼类种类及规模急剧增加

根据青海省生物多样性调查报告，可鲁克湖流域原生鱼类主要有鲤形目鳅科高原鳅属的东方高原鳅和隆头高原鳅，目前可鲁克湖现有鱼类 17 种，4 科 16 属。原生鱼类仅有 6 种，由单一的中亚山区鱼类复合体构成，即鲤科裂腹鱼亚科的裸裂尻鱼属、裸鲤属和条鳅亚科的高原鳅属鱼类组成；11 种其他鱼类均为外来引入种。1973 年首次引进鲤鱼和鲫鱼，1976 年引进青鱼、草鱼、白鲢和鳙鱼，1979 年引进团头鲂，1981 年引进鳊鱼，1989 年又引进池沼公鱼。外来引种同时，也带入一些其他小杂鱼种；比较重要的鱼类资源厚尾高原鳅、短尾高原鳅、黄河裸裂尻鱼(小嘴湟鱼)和青海湖裸鲤(青海湖湟鱼)。可鲁克湖具有饵料生物资源潜力大、鱼类生长迅速、能自然繁殖、移植特种水产品基地等特点的渔业生产条件，是青海高原唯一成功人工放养家鱼的中型湖泊。鲤鲫鱼已能繁殖后代，并形成捕捞群体。可鲁克湖是德令哈市最重要水产品供应地，每年可供应大量河蟹、鲤鱼、鲫鱼、草鱼及沼池公鱼等水产品。2003 年，水产品总产量为 54.4 吨，到 2015 年，水产品产量已经上升到 482 吨。

3.2.2　可鲁克湖水生态退化驱动力

对比可鲁克湖自渔业快速开发以来的水生生物类群变化特征可见，浮游植物、浮游动物、底栖动物和大型水生植物等均出现了严重退化，水生态平衡正在被打破，种类减少，生物量大幅下降，下降幅度均超过 60%，其中浮游动物生物量仅为 1981 年的 0.4%；同时，可鲁克湖渔业及水产品规模快速发展，鱼类种类增加 11 种，2003～2015 年，水产品产量增加 7.86 倍。现场调查和资料分析表明，可鲁克湖水生态退化主要驱动因子见图 3-27 所示，可概括为自然因素和人为因素两方面。

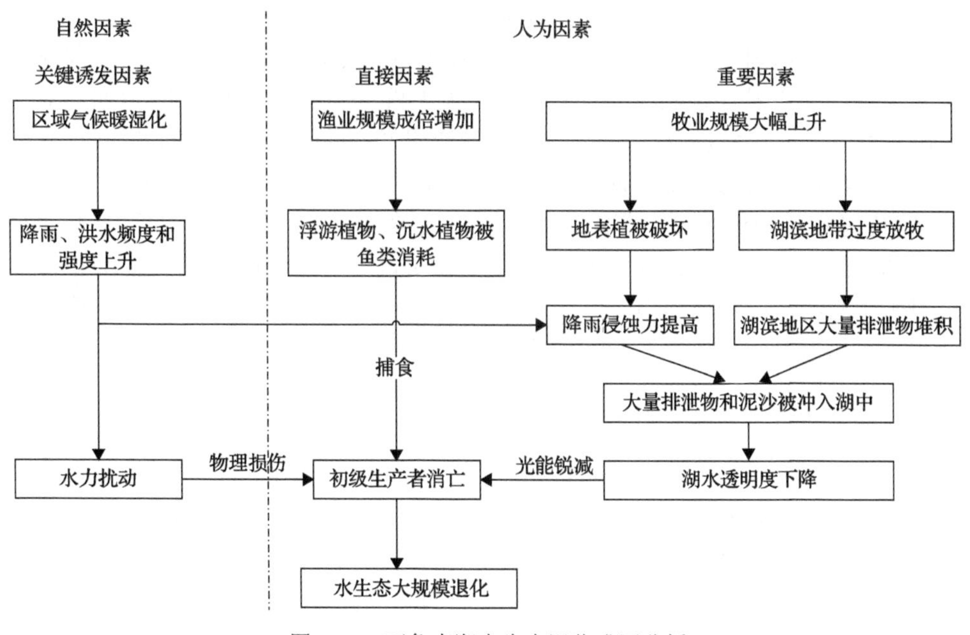

图 3-27　可鲁克湖水生态退化成因分析

1. 流域污染负荷累积及入湖污染负荷持续增加是导致可鲁克湖水生态退化的直接原因

湖泊沉水植物发展的主要限制因子包括光照强度、营养盐浓度、底质及水文条件等(Chambers and Kalff，1987；Chambers，1987；王斌和李伟，2002；王珺等，2005；叶春等，2007；马剑敏等，2007；简敏菲等，2015)。本研究 2003～2007 年，可鲁克湖水体 TP 和 TN 浓度为 0.01～0.06 mg/L 和 0.27～2.08 mg/L，虽上升幅度较大，但并不足以直接导致水生态退化(谢贻发，2008)；而水体重金属及 pH(平均 pH 由 8.2 上升至 8.6，幅度为 5%)等指标总体保持在 I 类水平，即水体营养盐、底质状况、重金属含量、温度、pH 等均不是可鲁克湖近年来水生态快速退化的主因。

光照强度和水文条件变化是影响可鲁克湖沉水植物退化的主要环境压力和限制因子。水生植物生长主要受真光层深度限制(Krik，1994)，而真光层深度主要受制于悬浮物浓度。目前太湖水生植物分布格局基本上与悬浮物浓度、透明度、真光层深度相一致(Zhang et al.，2007；张运林等，2006)，而悬浮物浓度很大程度上受水动力控制。可鲁克湖是流域最重要的水源地，流域牲畜每年超过半年集中在湖边，湖边草场放牧密度是流域其他草场的数倍。湖滨区草场退化严重，地表植被覆盖率降低成为降雨侵蚀力及水土流失量增加的主要原因，牲畜常年在湖边饮水，留下了大量排泄物。极端天气带来的暴雨和洪水冲刷，湖岸和巴音河上游牧区累积的面源污染物、有机腐殖质等被冲入湖泊，并在湖内发生聚集。由于温度、气候等原因，汇入湖泊的有机物缓慢分解，导致湖泊水体有机悬浮物颗粒大量增加，有机悬浮物颗粒的沉降速度仅为无机悬浮物的 18%～40%(向军等，2008)，缓慢的沉降过程长时间地影响水体透明度，并影响沉水植物光补偿点。

同时，水力扰动导致底泥再悬浮也对浅水湖泊透明度有很大影响。严重水力扰动(波切应力＞0.1 N/m^2)情况下，太湖水下光合有效辐射(PAR)的衰减系数比平静时期下降 80%，真光层深度降低 42.2%(刘笑菡等，2012)。此外，水力冲击也会对水生植物造成物理损伤，引发水体 DO、透明度和水质指标等快速下降，导致水生态加速退化。

2. 极端天气导致的短时间集中洪水是诱因

近年来，流域气候暖湿化突变带来了更多、更频繁的降水，伴随降雨量的增加，巴音河年径流量逐年上升。可鲁克湖流域在 2012 年 8 月、2013 年 8 月连续发生两次 50 年一遇特大洪水灾害，成为可鲁克湖水生态系统快速退化的关键诱因。通过对水生态退化驱动因素分析可见，可鲁克湖水生态系统十分脆弱，仅两次大洪水和暴雨就使其水生态发生了快速退化；其既有区域特殊地理环境和气候变化等原因，湖泊不断增加的渔业和牧业规模也是重要原因。如果不对其规模和发展模式进行调控，可鲁克湖水生态系统面临进一步退化的危险较大；而且，由于特殊的气候和区域生态环境，可鲁克湖水生态恢复将是一个缓慢的过程。

3. 渔业养殖加速了可鲁克湖水生态退化

1981 年调查估算了可鲁克湖浮游动植物及水生维管束植物在 90%转化为饲料情况下，能够支撑的合理渔业产量为 18.23 $t/(km^2 \cdot a)$(王基琳等，1982)。按照可鲁克湖适合渔业发展面积为 80%计算，合计 845.87 t/a，这是全湖被用于渔业的负荷；其次 1981 年估算的主要目的是发展渔业，虽然考虑了水生植物恢复问题，但根本的出发点是为了持续获得渔业饲料资源，而未考虑水生态系统健康和退化风险。

从生态学角度来讲，90%的饲料转化率显然是不能满足水生态系统维持自身运转和系统健康。因此，可鲁克湖水生系统能够满足的渔业产量必然小于 845.87 t/a，不会超过 510 t/a(满负荷的 60%)。长江中下游湖泊，如洪湖水生态退化就是渔业过度发展的结果。20 世纪 80 年代初，因水浅草茂，洪湖面临沼泽化危险。此时，利用围网养殖将洪湖部分水草转化成草食性鱼类的食物，不仅控制了沼泽化进程，而且增加了渔民收入。受利益驱动，洪湖围网不断扩大，大湖围网养殖面积从 1989 年的 8.7 km^2 逐年增加至 2003 年的 200 km^2，已占整个湖面面积的 58.1%。洪湖草食性鱼类喜食的微齿眼子菜和黑藻的自然生长能力仅能满足 27 km^2 以内围网养殖的需求。过度围养的直接后果导致洪湖水草覆盖率由过去的 98.6%衰减到只有零星水域生长水草，不足 5%(胡学玉等，2006)。

2015 年可鲁克湖水产品产量已达到 482 吨，与 510 t/a 的估算产量上限仅相差不到 30 吨。2016 年与 2017 年调查发现的水生植物大规模退化结果也证明了目前可鲁克湖渔业模式及规模均需要调控。因此，渔业发展对浮游动植物及大型沉水植物的影响可能加速了湖泊水生态退化。

3.3 可鲁克湖流域生态环境变化驱动因素

所处流域环境是影响湖泊水质状态的基本因素之一，不但通过调节气候等作用影响湖泊水温、光照和降水等要素，也决定着湖泊的物质和能量交换方式和频率，即营养物质的输入和输出。分析流域环境变化原因，驱动力主要有自然因素、人为因素及两种因素共同作用，通过改变流域过程(包括土壤和植被、流域侵蚀等)对湖泊产生影响。本研究通过分析可鲁克湖流域主要生态环境特征变化，讨论流域生态环境变化驱动特征，为可鲁克湖流域生态保护治理提供支撑。

3.3.1 可鲁克湖流域荒漠化与水土流失变化

青海省是我国荒漠大省，荒漠化土地主要分布在柴达木盆地、共和盆地、环湖地区和黄河源头地区，2014 年底，总面积达 19.03×10^4 km^2，占青海省总面积的 27.3%，是青海省总耕地面积的 32 倍，另外，沙化土地 12.46×10^4 km^2，占全国沙化土地总面积的 7.24%。荒漠化土地面积是新中国成立初期 5.33×10^4 km^2 的 3.57 倍(国家林业局，2015)。由于可鲁克湖流域长周期荒漠化统计资料缺乏，本研究通过柴达木盆地整体荒漠化特征和成因来间接研究可鲁克湖流域荒漠化。

柴达木盆地是全国八大沙漠之一，是全国沙化分布海拔最高、青海省沙化面积最广、治理难度最大、保护任务最难的地区，海西州沙漠化土地总面积 1.42 亿亩，占青海沙漠化土地总面积的 75.6%。海西沙漠化土地中，流沙地 2004 万亩，占 14.1%；半固定沙地 1533 万亩，占 10.8%；固定沙地 1089 万亩，占 7.6%；戈壁 6164 万亩，占 43.3%；风蚀残丘 2542 万亩，占 17.8%；潜在沙漠化土地 910.5 万亩，占 6.4%(海西州地方志编纂委员会，2016)。

较长时间尺度来看，近 50 年来柴达木盆地荒漠化经历了 3 个时期，其中 1959～1994 年为急速荒漠化时期，沙化土地面积增加了 79.4%，速度为同期全国平均值的 10.92 倍；1994～2004 年为荒漠化稳定期，沙化土地面积稳定在 1100 km^2 左右；2004～2014 年，在政府一系列生态恢复措施努力下，沙化土地总量有所下降，2014 年沙化面积 947.1 km^2，较最高的 1994 年下降了 15%(图 3-28)。

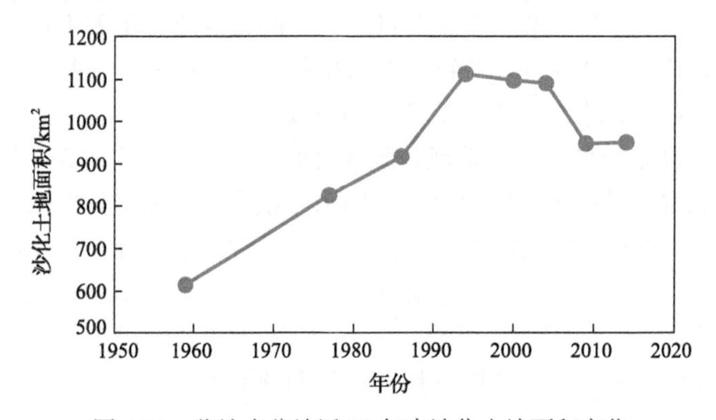

图 3-28　柴达木盆地近 50 年来沙化土地面积变化

3.3.2　可鲁克湖流域荒漠化与水土流失的驱动因素

从变化因素来看，柴达木盆地土地荒漠化是在自然因素脆弱、生态系统不稳定的基础上，人类大规模、不合理的生产活动触发和加速了这一过程。自然地质、地貌因素直接创造了沙物质，人为因素又间接导致干旱多风气候侵蚀力提高，两者叠加加速了这一负面作用(图 3-29)。

1. 自然因素

荒漠化与气候因素有着不可分割的联系。荒漠是干旱的结果，干旱气候是荒漠化形成的基础。第三季晚期青藏高原持续隆起，造成了西北地区处于干旱环境，促进土地荒漠化发展。到末次盛冰期(距今 1.4～2.2 万年)，进一步导致了内陆地区干旱化。柴达木盆地为形成于侏罗纪山间断陷盆地和周围高山地貌格局为盆地的沙质沉积提供了发育条件，盆地与周围山地高差达到 1000 米以上，不仅阻挡了

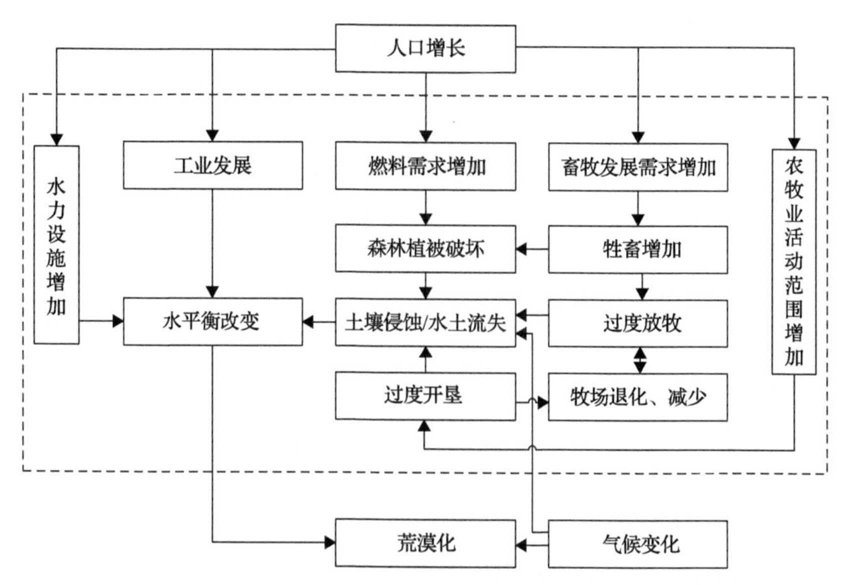

图 3-29　可鲁克湖流域荒漠化成因分析

湿润西南季风，而且是冷空气堆积，使盆地形成了干燥、半干燥的荒漠气候环境。盆地绝大部分为厚层第三纪和第四纪堆积物所覆盖，分布着不同坚硬程度或胶结程度的岩土体，盆地内太阳辐射强，照射时间长，日较差大，岩石易热胀冷缩，发生物理风化作用强，导致了原生地表的脆弱性，有利于风蚀荒漠的形成。柴达木盆地属于我国年均风蚀强度最高地区之一(钟德才，1986；Yang and Lu，2016)，常年西风导致地方性环流盛行，气候干旱，蒸发量是降水量的 50 多倍，空气干燥，挟沙气流使地表土壤失墒加剧，正常成土过程被迫中断，成土母质缺乏植物正常生长发育条件，植被稀疏矮小，向荒漠型发展，形成沙漠化正向加速反馈(常庆瑞等，2003)。

青藏高原作为全球气候变化驱动机和放大器，气候变化引起了植被空间分布明显的区域差异，柴达木盆地所在的高原西北区域作为高原气候变化的敏感区，气候变暖十分明显，气温增幅显著高于青藏高原和全国平均。近 30 年来植被趋于退化(刘振元等，2017)，根据推测，未来 50 年柴达木盆地温度可能将继续提高 1～3℃，相应潜在蒸发散量将提高 75～255 mm/a，更加不利于土壤水分保存和植被发育。

综上所述，受气候变暖、多大风、蒸发作用强烈及流域土地植被覆盖率较低(不到 30%)等因素影响，流域生态系统脆弱及土地荒漠化趋势增加是导致可鲁克湖湖泊水质下降的重要原因。

2. 人类活动影响

在干旱、半干旱地区的土地荒漠化过程中，人类活动往往是主导因素。《西北地区土地荒漠化与水体资源利用研究综合报告》将过度放牧、过度开垦、过度樵采等列为该区域荒漠化的前三大人为成因，共占到了荒漠化成因的89.7%(表 3-8)。

表 3-8　中国北方荒漠化的人为成因类型

成因类型	风力作用下沙质荒漠化土地的百分比/%
过度放牧	30.1
过度开垦	26.9
过度樵采	32.7
水资源不合理利用	9.6
矿业不合理开发	0.7

数据来源：中国工程院重大咨询项目《西北地区土地荒漠化与水土资源利用研究综合报告》

在可鲁克湖流域所处的柴达木盆地，荒漠化面积达到了 9.46×10^4 km^2，荒漠化的人为驱动因素主要可以概括为如下五个方面。

1) 超载放牧

20 世纪 50 年代后期至今，柴达木盆地草场一直处于超载状态，平均超载率在 20%以上。草地面积由 1994 年的 4.62×10^6 hm^2 退缩到 2000 年的 4.17×10^6 hm^2，同 80 年代相比，单位面积产草量下降 10%～40%，每公顷草地只能满足 5.25 个羊单位需要。而 2009 年以来，流域畜牧业仍然呈快速增加态势，可鲁克湖流域 2010～2015 年肉类产量增加了 71%，而草场面积反而减少了 141 hm^2，肉类产量和草场面积对比说明流域超载严重。

2) 农业开垦

20 世纪 50 年代以来，柴达木盆地大面的森林和草地被开垦为农田，1954～1958 年开荒 8.4×10^4 hm^2，1959～1960 年又开荒了 1.01×10^4 hm^2，到 2000 年左右只保留下 4.5×10^4 hm^2，弃耕面积 4.67×10^4 hm^2，占开荒面积的 49.6%。同期，可鲁克湖流域 1.8×10^4 hm^2 草地被垦为农田，占整个盆地开垦量的 21.4%，后因缺水灌溉 6600 hm^2 以上弃耕撂荒，占开荒面积的 36%，弃耕土地相当部分已盐碱化，大多处于绿洲边缘的农牧交错区，广种薄收的经营方式不仅单产低，且加剧水土流失和土地沙化。

3) 滥采

1954 年前，柴达木盆地东部和南部有大量沙生植被，面积达到 150×10^4 hm^2 以上，种类为怪柳(*Tamarix* spp)、白刺(*Nitraria tangutica*)、梭梭(*Haloxylon ammodendron*)、麻黄(*Eqhedra przewalskii*)等荒漠灌丛草地，具有防风固沙，防止土壤侵蚀和沙化的重要功能。1954 年起，随盆地大开发，人口大量增加，生活燃料几乎全部来自沙生灌木，导致70%以上乔木遭到破坏(魏振铎，1991)目前盆地内仅剩 48×10^4 hm^2 沙生植物。另一方面，为了经济利益，盆地农户搂发菜、挖药材，开挖固定沙丘，以上行为也加速了土地沙化。

4)草原生态保护投入不足

首先，可鲁克湖流域德令哈市兴建的草原水利设施，设施老化，配套不全，造成人畜饮水困难或无法发挥灌溉作用。据德令哈市牧业部门统计，蓄集乡、尕海镇、怀头他拉镇三个牧业大乡，无水或缺水草地面积占可利用草地面积的1/3。部分草地建设项目验收后，产权不明确，管护责任不落实，极大缩短了效益期限。

其次，长期以来由于草地建设在国家宏观政策中始终处于弱势地位，德令哈地区种粮有良种、农机具、种粮补贴，退耕还林补贴粮食8年，而人工草地、退耕还草却享受不到同等的优惠政策，使以退耕还草、农田种草为主的人工草地建设发展缓慢，甚至萎缩。

最后，荒漠化工程资金投入不足，德令哈市城镇化程度逐年上升，2015年达到70.15%，荒漠化土地主要分布在农牧交错带，乡镇人口密度小，生活条件恶劣。发展生态条件差，农牧业生产发展不稳定。处于荒漠化土地周边的农牧民有造林种草治理生态环境的积极性, 但苦于资金的缺乏而无能为力, 直接影响治理的速度。

5)生态建设效益尚未充分发挥

柴达木盆地可鲁克湖流域土壤限制因素多，尤其是干旱和盐碱危害，2003年调整建设规划前，先后从宁夏、陕西及青海海东引进了沙棘(*Hippophae rhamnoides* Linn.)和宁夏枸杞(*Lycium barbarum* Linn.)等，其在荒漠地区有一定适应性，但抗逆性不足，特别是耐盐碱性不足，盐渍化土使种子发芽困难，发芽率下降80%以上(郑建宗等，2005)。

流域寒冷干燥，年降雨量呈单峰分布，每年5、6两月降雨有效率高，是植被建植的最好季节。而德令哈市项目建设时间安排上往往错后，特别是种草项目多在6月中下旬以后实施，导致牧草生长时间短，根系发育不良，常常在冬季因风多干旱而死亡，返青率极低。另外，德令哈市不同区域间地力条件等差异性大，但在建设中几乎采取了同一混合品种和穴窝播种的模式，不当的播种方式常常导致效果不理想。

综上分析可见，可鲁克湖流域荒漠化和草场退化是人为因素和自然因素共同作用所致。尽管干燥、多风、少雨和土壤发育不足等是造成流域土地荒漠化的重要驱动因素，但对土地的不合理开发利用与农牧业粗放发展等才是决定性因素。区域人类活动强度较低情况下，天然降雨和靠冰川融雪补充的地表水和地下水可以维持半荒漠生态系统的草地和耐旱灌木生长，在植被作用下，即使有风侵等作用，土地荒漠化演变也较缓慢。如果对草原和绿洲实施无序，甚至不采取保护措施的开垦、超载放牧和滥采滥伐等行为，必然引起土地荒漠化迅速发展。

3.4 本章小结

可鲁克湖主要水质指标2003年后呈总体上升趋势，2012～2013年及2013～2014年发生剧烈变化，氨氮在2014～2015年升高5.16倍，COD在2012～2013年升高2.44倍，2014～2017年有小幅下降。近5年可鲁克湖Ⅱ类达标率45.82%，Ⅲ类达标率70.82%，且COD_{Cr}、氨氮和pH等指标增加明显。可鲁克湖主要为COD_{Cr}污染和TN和TP污染，磷氮主要由湖西北通过农田退水、牲畜饮水、粪便、降雨引起的地表径流等途径入湖。

可鲁克湖流域水体有机物在上游主要来自微生物内源分解，经过德令哈市后在巴音河下游出现了具有富里酸和腐殖酸特征的外源污染，靠近湖滨水域表现出较明显的陆源污染特征。湖区西北部可溶性有机质腐殖酸高，取代基种类多，主要因为西北地区既有畜牧污染，也有怀头他拉和柯鲁柯镇的生活污水输入；而湖东北部和北部水体有机物结构与西部不同，由于受巴音河输入影响，类富里酸物质占比高，分子量小，结构相对简单；可鲁克湖水体DOM主要有两个来源，一为湖滨和牧场土壤溶出，二为枸杞田退水，经巴音河入可鲁克湖。

流域陆地生态系统变化主要表现在土地荒漠化，可鲁克湖流域荒漠化和草场退化是人类活动和自然因素共同作用所致。干燥、多风、少雨和土壤发育不足等是造成流域土地荒漠化的重要因素，土地的不合理开发，农牧业粗放发展更是决定性因素。区域内天然降雨和靠冰川融雪补充的地表水和地下水本可维持半荒漠生态系统的草地和耐旱灌木生长，即使有风蚀，土地荒漠化演变也较缓慢。但人类活动强度增加，才引起了土地荒漠化的迅速发展。

此外，可鲁克湖水生态系统十分脆弱，两次极端天气就使其发生了快速退化，既有区域特殊的地理环境和气候变化方面的原因，也与流域不断增加的牧业和渔业规模等有关，如果不对其规模和发展模式进行调控，可鲁克湖水生态系统进一步退化风险将增加，且由于特殊的生态环境条件，可鲁克湖水生态恢复难度较大。

可鲁克湖水质下降原因可概括为流域人口增加，人类活动强度加剧，产业结构变化，农牧业不合理发展带来污染负荷加大，挤占生态需水背景下，用地方式改变和水资源减少导致流域荒漠化加剧，水土流失加重，入湖污染负荷增加。流域受自然条件制约，植被覆盖率偏低，生态系统脆弱，恢复能力差。同时，由于气候变化等因素，特殊极端灾害发生频率增加，伴随洪水发生，大量有机质随地表径流入湖，消耗水体 DO，并降低透明度，最终导致水生生态系统发生大范围退化。因此，可鲁克湖在自然因素和人类活动影响共同作用下发生了超正常范围的水质变化。流域发展是可鲁克湖近年来水质变化的基础，加上环境保护基础薄弱，多年来投入严重不足，极端气候变化(极端气象灾害)引发的洪水是诱因，加重了水质变化，致使近年来可鲁克湖水质大幅下降。

第 4 章　可鲁克湖保护治理需求与水质提升方案设计

湖泊是流域和区域经济社会发展重要的基础性与战略性资源，流域水污染防治可为湖泊水环境保护和水资源有序利用提供重要保障(宋国云等，2010)。可鲁克湖不仅是流域经济社会发展的重要支点，更为重要的是区域的重要生态屏障，具有不可替代的自然资产价值。自 2012 年被财政部、环境保护部正式列入良好湖泊生态环境保护试点，按照《青海省可鲁克湖生态环境保护项目总体实施方案》，从生态安全调查与评价、饮用水水源地保护、污染源防治、生态保护与修复和环境监管能力建设等五方面实施了生态环境保护项目，逐步建立和完善了可鲁克湖保护机构、相关法规规章制度及监测和评估等工作。但近年来可鲁克湖却出现了水质下降问题，如何尽快恢复和提升可鲁克湖水质就成了当务之急。急需从社会经济优化、水土资源调控、污染源防治及生态保育和修复等方面入手，有效保障可鲁克湖水质。

为了有效保护可鲁克湖水环境，本研究首先通过系统梳理和回顾已实施的保护治理工程措施、制度建设和管理等方面工作，综合可鲁克湖及流域生态环境和社会经济发展等特征，总结可鲁克湖水环境保护治理需要解决的主要问题，分析保护治理需要，再结合国内湖泊保护治理案例，为可鲁克湖水环境保护治理提供支撑。

4.1　可鲁克湖保护治理回顾

就保护治理而言，一直以来可鲁克湖水质较好，且区域经济发展水平较低，以往可鲁克湖保护是以监管为主，而工程层面的治理措施较少。德令哈市在生态环境保护方面的力量非常薄弱，一方面表现在机构和人员配置上，德令哈市环境保护局大部分工作人员均为非环保专业人员。另一方面，由于人力和资金的缺乏，可鲁克湖流域还没有建立完整的环境监测体系，入河排污口、污染源的监测基本是空白，水质监测站点仅有德令哈水文站一处，监测站点稀少，设备少且陈旧，手段落后，很难满足水源污染事故应急处理的要求。没有流动监测车和现场测定的仪器、自动监测设备，应急反应能力很弱。2012 年可鲁克湖被财政部、环境保护部正式列入湖泊生态环境保护试点范围后，推进了可鲁克湖的保护治理工作，其成效正在逐渐发挥。

4.1.1　可鲁克湖保护与治理历程

可鲁克湖及周边湿地对维系柴达木盆地东部生态安全具有极其重要的作用，

是柴达木盆地生物多样性最丰富的区域。政府十分重视可鲁克湖生态环境保护，执行严格项目环境准入和水资源准入，严禁工业废水直排，以保证湖泊水质和湿地生态需水。但由于流域生态环境脆弱、上游人口增长、产业发展及特殊气象条件影响等原因，加之环境保护投入严重不足，可鲁克湖保护治理面临较大困难。

为加强可鲁克湖生态环境保护，青海省财政厅会同环境保护厅等各相关部门积极争取，由青海省海西蒙古族藏族自治州德令哈市政府向财政部、环境保护部申报了良好湖泊生态环境保护专项——可鲁克湖生态环境保护项目，并于2012年被财政部、环境保护部正式列入湖泊生态环境保护试点范围，编制完成《青海省可鲁克湖生态环境保护项目总体实施方案》(以下简称《总体实施方案》)，2012年青海省人民政府下达了关于《总体实施方案》的批复(青政函〔2012〕151号)，《总体实施方案》从生态安全调查与评价、饮用水水源地保护、污染源防治、生态保护与修复和环境监管能力建设五方面提出了20个生态环境保护项目，总投资为43553.14万元。2013年12月可鲁克湖通过财政部、环境保护部组织的2013年江河湖泊生态环境保护工作竞争，被纳入国家重点支持范围；自此，可鲁克湖的保护治理进入工程投入阶段。

《总体实施方案》实施以来，大多数建设项目均取得了良好的实施效果。水源地保护类项目，使德令哈市集中水源地和市辖的4个乡镇的9个饮用水源地得到了规范化建设和保护，消除了德令哈市及下辖乡镇饮用水的安全隐患，完成了《总体实施方案》规划的建设目标。《总体实施方案》中的建设项目可分为以下三大类：

1. 污染源治理类项目

污染源治理类项目提高流域生活源、工业源治污减排能力和流域中水回用率；通过“可鲁克湖湖区环境综合整治工程”项目在湖区铺设了完善的污水收集管网，建立了污水处理系统(化粪池2座)，湖区配备了垃圾收集转运设施；通过“湖泊上游污水收集管网建设工程”对德令哈市污水收集管网进行了补充；“青海昆仑碱业有限公司节水减排系统改造工程”提高了流域工业废水的回用率；“德令哈市再生水回用工程”铺设管道22.5 km，引水实施绿化灌溉，年可节约水量近5×10^6 m^3；“湖泊上游尕海镇工业废渣清理与污染场地植被修复工程”共清理掉尕海镇老工业区原硫化碱厂、火电厂、炼钢厂等废弃企业遗留废渣；“工业固体废物处置场建设项目”为德令哈市建设了一座库容为1×10^7 m^3的工业固体废弃物处置场；“东山垃圾填埋场建设维修及环卫设施项目”将原有的东山垃圾填埋场进行维修，规范化建设垃圾填埋场；“巴音河上游生活垃圾卫生填埋场及环卫设施建设项目”建设了一座总库容为4.73×10^4 m^3垃圾填埋场。

2. 生态修复与保护类项目

生态修复与保护类项目是为了提高流域沙漠化防治能力、水源涵养能力和生态流量保证能力。可鲁克湖湿地保护和荒漠化治理工程项目一期至四期，共计建设网围栏 142 km，人工种草 349.32 hm^2，建设草方格沙障 273.02 hm^2，恢复湿地 333.33 hm^2；巴音河河道生态治理工程和可鲁克湖生态水系控导工程和巴音河河道生态治理工程主要通过生态河堤建设，潜坝建设、河道蓄洪坝建设、河滨带绿地建设等项目实施内容，提高入湖河流生态功能；可鲁克湖生态水系控导工程可在一定程度上缓解可鲁克湖水位下降问题。

3. 环境监管能力建设项目

环境监管能力建设项目包括巴音河流域综合环境功能区划项目、可鲁克湖流域环境质量及湖泊富营养化自动监测体系建设项目、可鲁克湖流域生态环境自动监测站点建设项目、德令哈市地下水自动监测系统建设、可鲁克湖生态环境保护培训工程和宣传教育项目和应急监测设备购置项目等，以上项目的实施在一定程度上整体提高了德令哈市环境监测监察能力、信息化管理能力和应急能力等。

4.1.2 可鲁克湖主要保护与治理工程的实施进展

2012 年，针对可鲁克湖流域生态环境脆弱、生态退化现象严重、入湖水量减小风险加剧、流域污染源治理能力低下、环境监管能力薄弱等生态环境问题，海西州人民政府、青海省环境保护厅、德令哈市人民政府、德令哈市环境保护等单位集中力量申报良好湖泊生态环境保护试点项目，委托青海省环境科学研究设计院作为技术支撑单位，编制了《青海省可鲁克湖生态环境保护总体实施方案(2012—2015 年)》，合计规划设计建设项目 20 项，2012～2015 年项目实施情况见表 4-1。

表 4-1　可鲁克湖生态环境保护项目实施年度统计表

序号	项目名称	2012 年	2013 年	2014 年	2015 年
1	德令哈市水源地保护工程			√	
2	可鲁克湖周边乡镇饮用水源地保护项目			√	
3	可鲁克湖湿地保护和荒漠化治理工程				
	一期	√			
	二期		√		
	三期			√	
	四期				√

续表

序号	项目名称	2012 年	2013 年	2014 年	2015 年
4	巴音河河道生态治理工程		√		
5	可鲁克湖生态水系控导工程		√		
6	可鲁克湖湖区环境综合整治工程	√			
7	湖泊上游污水收集管网建设工程	√			
8	青海昆仑碱业有限公司节水减排系统改造工程	√			
9	德令哈市再生水回用工程		√		
10	湖泊上游尕海镇工业废渣清理与污染场地植被修复工程	√			
11	工业固体废物处置场建设项目			√	
12	东山垃圾填埋场建设维修及环卫设施项目		√		
13	巴音河上游生活垃圾卫生填埋场及环卫设施建设项目		√		
14	巴音河流域综合环境功能区划项目		√		
15	可鲁克湖流域环境质量及湖泊富营养化自动监测体系建设项目				
	可鲁克湖流域生态环境自动监测站点建设项目	√			
	可鲁克湖流域环境质量及湖泊富营养化自动监测体系建设项目(二期)		√		
16	德令哈市地下水自动监测系统建设			√	
17	可鲁克湖生态环境保护培训工程和宣传教育项目	√			
18	应急监测设备购置项目			√	
19	可鲁克湖生态环境保护基线调查项目	√			
20	可鲁克湖生态环境保护工程项目实施效果调查				
		8	8	6	1

注：“√”表示已经实施

资料来源：《可鲁克湖项目实施年度方案》，青海省德令哈市人民政府，德令哈市环境保护局，2012—2015

4.1.3 可鲁克湖保护相关规划制度建设

为了全面实现建立可鲁克湖保护长效机制的目标，青海省人民政府及各联动单位协同海西州政府、德令哈市政府及环保局等单位，逐步完善了地方法规建设制度，力求可鲁克湖生态环境保护工作全面协调可持续发展。截至 2015 年，地方已印发法律法规包括《青海省湿地保护条例》(2013 年 5 月 30 日印发)、《青海可鲁克湖—托素湖实地自然保护区总体规划(2008)青海省绿化条例》(2001 年 6 月 1 日印发)、《青海省盐湖资源开发与保护条例》(2010 年 5 月 27 日修正)、《青海省农业环境保护办法》(青海省人民政府令 25 号)、《青海省地质环境保护办法》、《海西州沙区植物保护条例》(1997 年 1 月 1 日)、《可鲁克湖生态环境保护管理办法》(德政办〔2012〕52 号)、巴音河流域水资源综合开发利用规划、《可鲁克湖生态环境保护长效运行管理方案》(德政办〔2012〕114 号)等，以上规划及制度等建立为可鲁克湖保护治理提供了重要保障。

4.2 可鲁克湖保护与治理需求分析

不同湖泊所处地理位置不同，其形成的地学因素决定了自身特点。因此，开发与保护手段也应从实际出发，因地制宜地分析湖泊保护与治理需求，才能够保障湖泊治理的科学性和有效性。本研究从可鲁克湖区域特征出发，分析保护治理需要解决的主要问题和需求，意在支撑可鲁克湖保护总体目标及思路等的确定。

4.2.1 可鲁克湖及流域区域特征

1. 可鲁克湖及流域区域地学特征

可鲁克湖所处的德令哈盆地是柴达木盆地北缘块缎带的一个亚一级构造单元(甘贵元等，2006，2007；张西营等，2007；高正海等，2013；李皎等，2015)，为中生代坳陷盆地，北界为宗务隆山断裂带，南界为柴北缘断裂带，西界与阿尔金断裂带相交，东缘在鄂拉山断裂(杨明慧，1999；高正海等，2013)，区域性断裂围限形成了德令哈坳陷，其又可划分为北部山前斜坡带、德令哈坳陷带、欧龙布鲁克构造带、欧南坳陷带和埃姆尼克凸起 5 个二级构造单元，构成了德令哈地区“三隆二凹”的构造格局(姚生海等，2016)。

可鲁克湖和托素湖及周边湿地是德令哈盆地汇水中心和沉积中心，原称莲湖，处于南祁连早古生代裂陷槽、青海晚古生代—中生代复合裂陷槽和柴达木坳陷 3 个构造单元的交汇部位，其形成演化与德令哈盆地的演化具有一致性，经历了伸展、褶皱抬升、伸展断陷、挤压坳陷、弱挤压反转、弱断陷、坳陷、强挤压翻转等多个构造演化阶段。

德令哈区域周边存在 4 条较大的区域性断裂，分别为宗务隆山断裂、巴音河断裂、柴北缘断裂带、大柴旦—托素湖断裂带，德令哈盆地被这 4 条断裂带分割形成了隆坳。根据姚生海等(2016)的研究，托素湖—可鲁克湖的形成过程最早可追溯至石炭纪后侏罗纪前，整个盆地在上升被剥蚀，其东段受强烈逆冲构造活动影响产生了一系列褶皱；其后，早-中侏罗世，盆地处在伸展环境；白垩纪，盆地受到燕山晚期旋回影响，炽热岩浆从地幔上升，重新激活逆冲断裂，随岩浆上升、堆积及青藏高原升高，欧龙布鲁克山等山系有了微小程度的抬升；新近系以来，受喜马拉雅运动的影响，随大柴旦—托素湖断裂带下伏岩浆的侵入，沿断裂带第三纪地层发生明显的隆起，形成穹窿构造，逆冲推覆构造剧烈运动、挤压盆地，欧龙布鲁克山等山系隆升幅度加大，直至莲湖一分为二，形成托素湖和可鲁克湖两个姊妹湖。可鲁克湖形成于戈壁草原之间，发源于德令哈北部柏树山中的巴音郭勒，流过 200 多千米后汇流形成湖泊。

2. 可鲁克湖及流域生态环境特征

可鲁克湖流域是一个完整的内陆河水系，流域大气降水→地下水→再生河水→湖泊水循环，形成了流域独特自然绿洲生态系统、草地生态系统(包括沼泽化草甸和盐生草甸等)、农业生态系统、林地生态系统和湖泊生态系统，可鲁克湖流域具有如下生态环境特征。

可鲁克湖流域地处青藏高原腹地，西部干旱区、东部季风区及青藏高原区三大区域的过渡地带，生态环境十分敏感和脆弱；特别是可鲁克湖流域植被种类稀少，生物量较低，水分是主要限制因子。植被 NDVI 指数处于–0.05～0.15 值域区间；除少数植被呈增长趋势外，大部分植被及其东南部植被呈减弱趋势，流域陆地植被生态系统保持着一种非常脆弱的稳定状态；水源涵养能力差，水土流失严重。

可鲁克湖属过水性湖泊，水文过程和水质受流域上游来水显著影响。随流域人类活动加强，水生态环境近年来发生较大变化，且受气候变化影响较大。柴达木盆地气候自 1987 年发生气候突变，从暖干向暖湿转型，降雨量逐年增加，由于特殊的地形构造和气象条件的变化，在 2012 年 8 月、2013 年 8 月流域内连续 2 次发生 50 年一遇特大洪水灾害，可鲁克湖北岸较低植被覆盖和地表较差的水源涵养能力在暴雨冲刷下使上游牧区常年累积面源污染物、有机腐殖质等随着洪水入湖，并在湖泊发生聚集，引起湖泊水质短时间内快速下降。

综上分析可见，可鲁克湖流域生态环境的显著特点是敏感和脆弱，抗干扰能力较低；生态系统退化趋势明显，受气候变化影响较大，极端气候条件易导致湖泊生态环境发生较大变化。

3. 可鲁克湖流域社会经济特征

可鲁克湖流域社会经济发展历程可大致等同于德令哈市的发展历程，可分为三个阶段。第一阶段从 1959 年德令哈建镇到 1988 年建市，为孕育期；第二阶段从 1989 年到 2002 年，为生长期；第三阶段从 2003 年开始，为快速发展期。纵观三个阶段，德令哈市经历了改革开放、体制变革、西部大开发，从青海省海西州农牧业为主的城市成长为一个三产结构完整的城市，建设周期不到 20 年，主要得益于工业的不断崛起和城市建设的逐步加快(张高社，2008)，可鲁克湖流域社会经济主要特征为流域人口密度虽然不高，但分布集中，城市化发展迅速，城市人口增加导致入湖污染物增加；“十二五”期间生活污水排放量有较大幅度增加，污染物排放总量也大幅增加。第二产业得以快速发展，可鲁克湖上游德令哈工业园区建成和扩展导致上游用水需求大幅增加，湖泊补水减少，导致可鲁克湖水体稀释和自净能力下降。其次，水产养殖管理较粗放，产业扩张迅猛。可鲁克湖水产养殖规模不断扩大，2003～2015 年水产品产量上升了 8.7 倍。经济作物种植比重不断攀升。德令哈市在近 5 年来农牧业发展以牧业和经济作物为核心，5 年内种植面积提高 40.36%，尤其是近湖区的巴音河沿岸种植区域迅速扩大。最后，旅游服务迅速发展。2015 年，景区接待游客 17.3 万人次，旅游人数的增长，加大了水上交通以及旅游产生污染物入湖的可能性。

对可鲁克湖形成演变、地学、生态环境及经济社会特征的分析表明，可鲁克湖流域处于三大构造单元交汇部位，被四条较大的区域性断裂分割成“三隆二凹”的格局，活动构造强烈，褶皱和断裂的分布决定了北部高山地貌，巴音河及支流组成的河谷地貌及可鲁克湖所在的冲积平原地貌，即流域水土流失等导致污染物汇的作用明显；受气候和地理因素影响，流域植被覆盖率低，生态环境敏感且脆弱。同时，流域人类活动不断加强，工业化和城市化加速，湖泊水环境压力较大。

4.2.2 可鲁克湖保护治理需求解决的主要问题

保护和治理可鲁克湖必须抓住引起水质变化的主因和面临的重点问题，通过对可鲁克湖流域经济社会发展和生态环境变化等方面的总结和分析，流域生态环境存在的主要问题可概括为如下方面。

1. 流域生态系统脆弱，植被覆盖率低

可鲁克湖流域生态系统脆弱，虽然近年来流域呈现降雨量增加、沙尘天气减少等有利于生态系统恢复的良好态势，但流域陆地植被并没有朝着良性方向变化。流域植被覆盖度和生态系统净初级生产力较低，虽然流域陆地植被生态系统保持着比较持续的平衡状态，但这种平衡状态是一种非常脆弱的平衡状态。近十年来巴音河上游部分植被呈减弱趋势，下游部分植被呈增长趋势；可鲁克湖除少数植被呈增长趋势外，大部分植被及东南部植被呈减弱趋势；流域只有托素湖附近植被有明显增强趋势，其余大部分地区植被整体变化不大。陆地生态系统保持稳定，但非常脆弱，容易受土地利用改变等影响而发生较大变化。

2. 产业粗放发展模式导致污染负荷增加

德令哈工业园是重要纯碱产业、绿色产业和新能源产业聚集区，主导产业包括盐碱化工、新材料、新能源、特色生物深加工等。其中纯碱行业占了较大比重。

目前所有工业废水均经管道排放至南山专用废液排放场地，不排入巴音河流域地表环境；但随废液场地的不断缩小，必须提前规划未来工业园污染排放问题，以防其可能的环境风险。

德令哈市在近年来农牧业发展迅速，可鲁克湖周边有大量牛羊依赖湖水生活，通过日常的饮水等活动，粪便等经常直接被排入湖中。针对畜牧业发展，规范化管理措施没有落实，畜牧业污染负荷较重。

随德令哈市枸杞等经济作物种植面积不断增大，农田面源污染问题日益突出，可鲁克湖—托素湖省级自然保护区东部近湖区存在大片的枸杞地，西岸及南岸也存在耕种面积不断扩大的趋势。农田化肥和农药施用量远超国际安全限值，过量的化肥和农药输入成为重要污染源，严重影响可鲁克湖水环境。

3. 用地方式导致流域土壤侵蚀严重，加大入湖污染负荷

可鲁克湖地处高原腹地，流域生态环境脆弱，植被一旦破坏就很难再恢复。受用地方式和放牧活动等影响，目前巴音河流域水土流失严重，中度以上侵蚀面积占比达67%，大量泥沙携带营养物质入可鲁克湖，可加剧湖泊水污染，对湖泊生态环境具有明显不利影响。

4. 生态用水不足，湖泊生态系统退化趋势明显，自净能力下降

可鲁克湖上游德令哈工业规模逐步扩展，上游用水需求大幅增加，越来越多地挤占了流域生态用水资源，下游生态用水量保证率从2010年的74.59%下降到2016年的68.81%。水量减少导致湿地面积萎缩与生态功能及水体净化能力退化，主要入湖河流巴音河水质与往年同比受污染程度加剧，又增加了可鲁克湖入湖污染负荷。湖泊水生植物种类相对贫乏，且2013年后发生大面积退化，水量减少，污染负荷的加剧，水生生态系统退化趋势明显，使湖泊生态系统面临巨大压力。

5. 旅游业快速发展的环境影响不可忽视

目前旅游业仍未对可鲁克湖水质造成明显影响，但流域内旅游服务迅速发展。2015年，十二五期间德令哈市旅游收入年均增长26%，2015年达到9.6亿元。景区接待游客17.3万人次，旅游人数的增长，给可鲁克湖带来更多的污染负荷，加大了水上交通以及旅游产生污染物入湖的可能性，一些游客不文明的行为可能直接对水环境造成破坏。

6. 环境保护基础设施薄弱，需要增加投入，提高监管能力

经济发展相对落后，可鲁克湖流域环境保护基础设施较薄弱，环境保护投入不足，保护和管理措施没能及时跟上环境质量下降速度。

4.2.3 可鲁克湖治理需求分析

可鲁克湖、太湖和滇池经济发展与湖泊水质关系对比可知，与东部、云贵高原湖区湖泊的不同之处在于，地处青藏高原的可鲁克湖流域生态环境脆弱区，环境容量有限，退化湖泊生态修复难度大，成本高。因此，可鲁克湖流域亟须转变发展模式，优化调整产业结构，实施更为有针对性的河、湖污染负荷控制措施，以降低可鲁克湖水质进一步下降风险。根据对可鲁克湖流域水环境特征、生态环境问题的研究认识及对可鲁克湖水质保护需求分析等，提出以下可鲁克湖保护治理需求。

以农业和畜牧业等为重点，优化和调整产业结构，控制入湖污染负荷。通过规范农业生产，优化种植业结构，采用先进的节水措施、测土配方等有效措施，合理施肥，降低水肥用量；采取科学畜牧养殖方法有效减少畜牧业生产废弃物入湖量；规范湖泊水产养殖，优化水生态系统结构和功能；降低农畜牧业和水产养殖业等对可鲁克湖保护的压力。

综合利用节水、增加入湖水量等措施，有效增加可鲁克湖生态用水，加大水体交换，提升湖泊水体自净能力。修复临湖区湖滨湿地，根据湿地发育、演替规律；修复受洪水破坏河岸湿地环境前提下，湖泊湿地生态保育区恢复湖滨带湿地生态系统，增加河岸植被覆盖，提升水源涵养和湖泊水体自净能力，逐步优化湖泊生态系统结构及功能等。

增加河岸植被覆盖度，提高水源涵养能力，增强抵御自然灾害的能力。完善流域生态功能，充分利用自然环境和地形等条件，建设污染物降解单元，通过水体的自然降解完成对污染负荷的削减。提高监管能力，完善可鲁克湖水质监管机制，严格执行《中华人民共和国自然保护区条例》相关规定，根据划定保护区范围，实行严格监管，对可鲁克湖—托素湖国家重要湿地生态系统及生物多样性予以特殊的保护和管理。

4.3 我国湖泊保护治理案例对可鲁克湖保护的启示

我国湖泊保护与治理从“九五”算起已历经30多年，治理措施由单一的污染控制转变为集污染控制、生态修复与综合管理为一体的保护和治理体系；治理范围由单纯的水域转为流域。“十一五”至今，我国湖泊治理取得了一定成果，发展了湖泊安全评估技术与绿色流域建设成套技术等技术方法。但未来一段时间，全国人口和经济总量将继续增加，资源和能源消耗将持续增长，由此造成的湖泊环境保护压力将更大(王圣瑞和李贵宝，2017)。我国湖泊水污染防治和富营养化治理案例可为可鲁克湖的保护和富营养化防控提供借鉴和启示。

4.3.1　案例一：青海湖水污染防治

青海湖是我国面积最大的内陆咸水湖泊，地处青藏高原东北部，以其巨大的水体与天然草场和林地共同构成了阻挡西部荒漠风沙向东蔓延的生态屏障；其独特的自然生态环境和生物多样性，在西部大开发和生态建设中具有重要的意义。近几十年来，自然环境条件变化和人为活动综合影响等原因，流域生态环境不断恶化。湖区周边沙漠化趋势严重，草场植被退化，湖水水位下降，青海湖特有的珍稀鱼类裸鲤也由于过度捕捞数量锐减，鸟类栖息地日益恶化(冯宗炜和冯兆忠，2004)。

1. 青海湖水污染防治总体思路

充分利用自我修复能力，运用生物、工程、行政、法律等综合手段，采用保护、恢复、治理、建设相结合的措施，以改善青海湖流域生态环境为根本，使青海湖流域草地(湿地)生态系统，森林生态系统和鱼鸟共生的水生态系统良性循环；生态保护和综合治理的同时，大力改善农牧民生产生活条件，引导农牧民调整和优化产业结构，加快脱贫致富奔小康的步伐，逐步实现生态、经济与社会效益协调统一，促进青海湖流域生态环境和经济社会和谐发展(青海省科技厅，2006)。

(1)加强对降水量、蒸发量、径流量、气温等自然因素和各种经济活动的观测分析以及对未来变化趋势预测，深入研究生态环境恶化原因。在此基础上，遵循自然规律，在充分依靠自然自我修复功能前提下，因地制宜采取综合防治措施。

(2)合理限定、规范和优化人为活动。调整产业结构和生产生活方式，大力发展高效生态畜牧业，缓解天然草地的草畜矛盾。加强自然保护区建设，保护好当地野生动植物群落。加强退牧还草、退耕还林还草、水土保持、渔业资源恢复与管理等措施。

(3)坚持生态、经济与社会效益相统一的原则，改善农牧民生产生活条件，提高素质，确定生态移民规模和方式，建立长效机制。

(4)加强污染防治措施，尤其要从源头加强水面源点源污染防治，加强垃圾、污水的收集与处理，改善青海湖及流域人生活、生产环境。

(5)进一步研究人工影响天气措施，增加降水量，缓解植被干旱缺水和湖水储量减少问题，减轻人为和自然因素对生态环境的影响。

(6)在实施工程措施的同时，要进一步加强法律行政措施，加大管理体制和运行机制等改革，在技术和行政方面要落实责任追究制。

2. 青海湖水污染防治方案定位与目标

利用 10 年左右时间，最大限度地保护和恢复流域林草植被，维持青海湖流域湿地、森林、草原、野生动物构成的高寒生态系统，特别是青海湖生态系统的稳定。增加水土保持、水源涵养功能，遏制或缓解湖水下降趋势。改善野生动物栖息繁衍地环境，恢复和发展珍稀物种资源。引导和帮助民群众合理利用自然资源，优化产业结构，转变生产经营方式。促进流域自然生态系统良性循环和经济社会可持续发展，实现生态功能恢复、生活水平提高及人与自然和谐相处的目标。

3. 青海湖水污染防治主要内容和总体设计

青海湖流域生态环境恶化主要表现在三个方面：其一湿地萎缩，水资源入不敷出；其二土地退化严重，特别是草地退化和土地沙漠化，逐步丧失生态屏障功能；其三生物多样性面临严重威胁，特别是青海湖裸鲤的资源枯竭，将不可避免地影响到鸟类的食物链，甚至导致青海湖鱼、鸟共生的生态系统的崩溃。

青海湖流域社会环境存在的问题主要是：其一是人口的增长加大了对自然资源的索取强度，草原等自然资源不堪重负，可持续发展受到严重威胁。其二是农牧民生产生活条件较差，农牧业基础设施建设滞后，贫困面较大，距全面实现小康社会尚有较大差距。

通过对青海湖流域生态环境问题及成因分析，青海湖生态环境保护与综合治理工程的重点是缓解水位持续下降；对退化土地进行保护、恢复和治理；改善居民生产生活条件。依据上述需要解决重点问题，规划不同治理措施。青海湖流域生态环境保护与综合整理工程重点是对沿湖县及牧场农场实施湿地保护、退化草地治理、沙漠化土地治理、生态林建设、河道整治及生态监测体系建设等项目。

4. 青海湖水污染防治实施效果

启动实施青海湖流域生态环境保护与综合治理工程，刚察县、海晏县、天峻县、共和县及三角城种羊场、青海湖农场、铁卜加草改站、湖东种羊场 4 场站，实施了湿地保护、退化草地治理、沙漠化土地治理、生态林建设、河道整治、生态监测体系建设等工程，建设总面积 2.96 万 km^2。截止到 2012 年，已完成投资 9.03 亿元，占建设总投资 15.68 亿元的 58.02%。项目区局部地区草原生态环境趋于改善，生态服务功能初步显现，局部地区生态退化趋势缓解。据青海湖流域生态监测综合技术组《2011 年度生态监测报告》监测结果显示(青海湖流域生态监测综合技术组，2011)，工程区建设效果明显。

(1)沙化草地治理区草地植被盖度达到 48%，比对照区提高 11%，植被高度平均达到 4.51 cm，比对照区提高 0.23 cm，草地平均亩产可食鲜草 127.73 kg，比对照区增加 4.96%。

⑵ 黑土型退化草地治理区草层平均高度达到 11.71 cm，植被覆盖度达到 60%，亩产可食鲜草 231.14 kg，与对照区比较，草层高度增加 4.21 cm，植被覆盖度提高 38%，可食牧草增长 9.53%。

⑶ 草地毒杂草得到有效控制。治理区与对照区比较，草层高度和覆盖度分别增长 3.09 cm 和 20%，优良牧草增长率 19.92%，草地毒草占比下降了 19.31%，草地毒草蔓延的趋势得到了有效遏制。

⑷ 草地鼠虫害成效显著。防治区与对照区比较，草地虫害防治区草地总产草量和可食牧草产量分别增长 26.25%、72.09%，鼠害防治区草地总产草量和可食牧草产量分别增长 40.33%、60.47%。

⑸ 退牧还草禁牧和补播工程区较对照区草地植被高度增长 4.29 cm，覆盖度增加 29%，产草量与可食牧草量分别增加 76.48%和 74.50%。

⑹ 项目实施后，增加林地面积 30.93 万亩，灌木林盖度平均增长 2.50%，高度平均增长 10.20 cm，人工营造的灌木林逐步成林，封山育林地在围栏封护和专人的管护下，植被得到自然恢复，林地涵养水源、保持水土的生态效益在逐渐发挥。

⑺ 沙化土地和湿地被封育保护，区内植被有了一定的恢复，植被盖度增加，通过草方格工程固沙种草措施的实施，使地表风沙流得到一定的阻挡，局部工程固沙种草已显现出成效，植被盖度增加 30%以上。通过湿地保护项目的实施，416.91 万亩草原植被得到有效保护恢复，植被盖度明显增加。同时在工程围栏建设中，充分考虑了普氏原羚通道，有效保护了青藏高原特有珍稀动物。

⑻ 河道治理效果明显。布哈河、沙柳河等河道的有效整治，疏通了裸鲤洄游通道，同时通过防洪堤建设，有效提高了流域防洪能力。

⑼ 生态环境建设和保护意识有所提高，通过各项工程的实施及环境保护宣传工作的开展，极大地提高了广大农牧民群众对生态环境建设和保护的意识，有力推动了青海湖流域生态环境建设进程。

4.3.2　案例二：抚仙湖生态保护与水污染防治

抚仙湖是我国著名的高原湖泊，也是我国最大的深水型淡水湖泊，占全国淡水湖泊水资源量的 9.16%，占云南九大高原湖泊蓄水量的 72.8%，最重要的是，抚仙湖是我国目前为数不多的 I 类水质湖泊，是贫营养型湖泊的典型代表。抚仙湖水质历史上长期保持在 I 类，但近年来，随着城乡建设、矿业、环湖旅游产业的快速发展，入湖负荷不断上升，整体水质有向 II 类下滑的趋势，尤其是北部和南部、西岸沿岸带水域水质明显下降。水质下降使水生生物种群发生变化，藻类由清水性种类向喜营养性种类演替，且生物量明显增加，浮游动物生物量上升，且清水种减少，耐污种增加。抚仙湖水生态功能明显下降，水生态系统发生改变和结构受损。抚仙湖是半封闭型湖泊，汇水面积有限，径流调节能力差，理论换水周期超过 200 年，在流域内营养盐输入强度增加时，抚仙湖易发生水体富营养化。同时，由于湖泊流域连通性差，自身生态修复能力脆弱，遭受破坏后恢复和治理几乎为“不可能完成的任务”。(赵晓飞，2016；王晓学等，2017；牛远等，2019)。

1. 抚仙湖保护总体思路

结合抚仙湖流域生态环境保护目标，以流域空间格局优化和管控为前提，坚持“修山扩林、调田节水、生境修复、控污治河、保湖管理”并重，实施水源涵养与矿山修复、田地整治与节水减排、生态保护与修复、污染源治理与入湖河流清水修复、湖泊保育与综合管理调控等措施，全面修复抚仙湖流域生态功能，有力提升流域生态环境承载力，保障水体洁净和流域生态安全(图 4-1)。

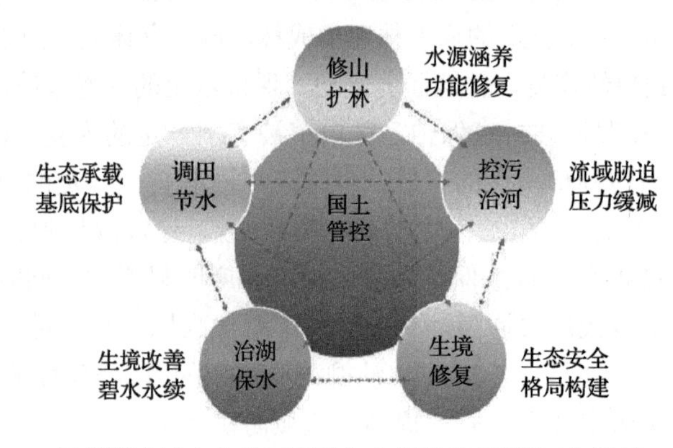

图 4-1 抚仙湖流域山水林田湖草生态保护修复思路(牛远等，2019)

2. 抚仙湖保护方案定位与目标

以抚仙湖 I 类优质水资源保护为总体目标，针对流域突出的生态环境问题，推进流域生态格局优化与空间管控，加大退化土地整治，创建我国西南生态脆弱地区高效的生态保护与修复体系，使抚仙湖流域突出生态环境问题基本得到解决，流域生态环境得到显著改善，生态环境承载能力明显提升，有力保护抚仙湖 I 类水质，为我国优质湖泊水质、水资源的保护提供可复制的经验，同时也为我国生态脆弱地区的生态环境保护提供示范和技术支撑。

3. 抚仙湖生态保护修复方案主要内容和总体设计

根据抚仙湖流域生态环境状况与人为活动压力的空间差异，并基于流域空间分异的自然地理属性、水生态功能分区状况及污染物分布特征，兼顾流域汇水区的自然属性和各行政区的相对独立性，将抚仙湖流域划分为水源涵养区、绿色发展区和湖体保护区三大分区。这三大分区又可细分为水源涵养及水土保持区、矿山修复区、水污染重点防治区、湖滨生态修复区和湖体保育区五个功能区。不同功能区的划分见图 4-2。每个功能区根据其地理特点和在“山水林田湖草”系统中的作用和功能制定了相应的保护策略，其中，在矿山修复区多措并举，加强小流域矿山环境综合治理和生态建设，进一步控制磷矿污染及迹地生态修复，防治水

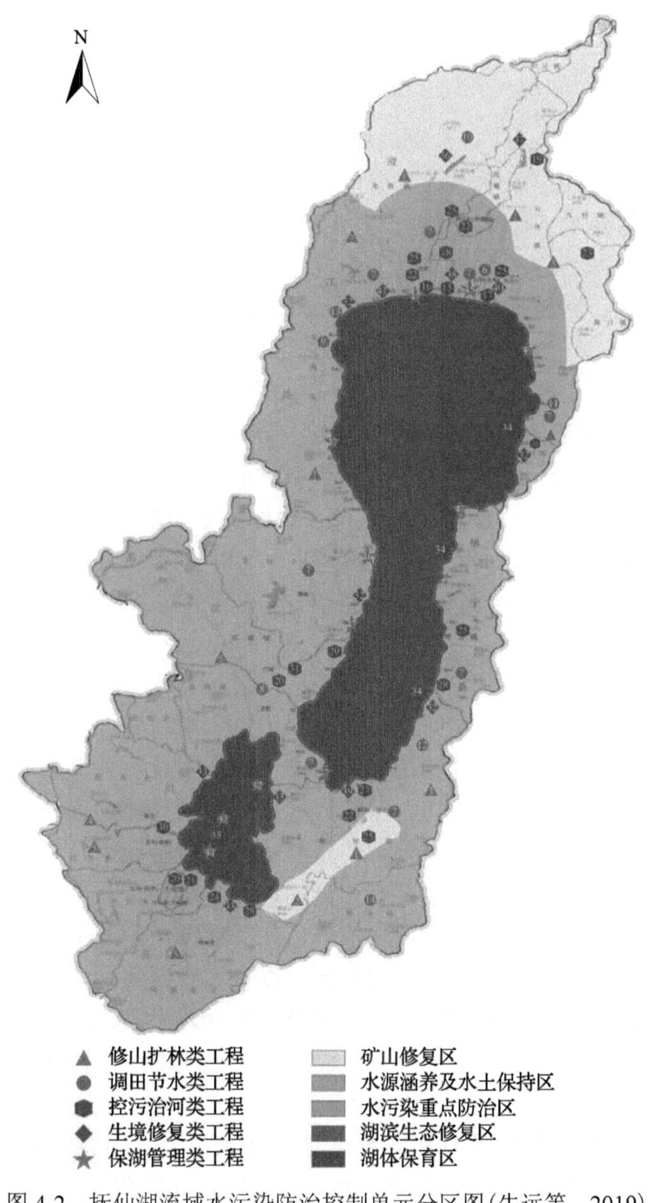

图 4-2　抚仙湖流域水污染防治控制单元分区图(牛远等，2019)

土流失，降低水土流失敏感性，提高矿区植被覆盖率；在水源涵养及水土保持区通过加强退耕还林、封山育林等进一步提高水源涵养与水土保持能力；在水污染重点防治区严格控制城镇发展规模及布局，加强截污治污体系构建，加强城镇生活污染和农村环境综合整治，严格控制农田化肥流失、旅游污染；在湖滨生态修复区，逐步修复河滨缓冲带生态系统并设置限制开发区，在限制开发区内适当发展旅游业，整治改造沿岸村庄，发展绿色农业，因地制宜地建设生态净化系统；在湖体保育区内禁止一切开发活动，保护与修复水体。

4. 实施效果

经过坚持不懈的努力，抚仙湖流域“山水林田湖草”系统工程保护修复效果凸显，抚仙湖“生态圈”逐渐形成，据统计，抚仙湖累计开展水环境保护和山水林田湖草试点项目建设 54 个，目前已完工 5 个；已完成植被恢复 3.08 万亩；开展径流区西部和北部 9 个矿山修复治理；抚仙湖径流区内的耕地调整优化一产，制定实施休耕轮作、种植标准、产业规划布局、田园综合体“四规合一”方案，采取“生态+种植标准+龙头企业+基地+农民专业合作社+农户”的模式，着力发展绿色生态农业。通过科学精准推进径流区重度污染区休耕轮作，轮作区化肥、农药施用量同比分别减少 3750 吨和 39.7 吨。同时，抚仙湖流域全部划定为禁止养殖区，1090 个养殖场全部关停，131 万头畜禽退出。此外，从镇村两污得到全面整治，环湖截污治污能力进一步提升。在玉溪市政府坚持标本兼治、综合治理的系列措施下，抚仙湖水质稳定保持 I 类，在全国 81 个水质良好湖泊保护绩效考评和云南省政府“十二五”水污染防治目标任务考核中均名列第一(董金柱，2020)。

4.3.3 对可鲁克湖保护的启示

尽管青藏高原湖泊水污染问题出现时间较短，水污染程度相比第二和第三阶梯湖泊较轻，但鉴于其所处区域特殊的生态屏障作用及至关重要的水源功能，该区域湖泊保护和治理应更加迫切，保护目标应更高。具体到青海湖、抚仙湖保护治理措施与经验对可鲁克湖保护具有的重要示范和借鉴作用，从保护总体思路来说，对湖泊治理和保护的长期性要有充分的认识和准备，从人与湖泊和谐共存的角度出发，制定分阶段的计划，分段治理，如抚仙湖，明确主要控制分区和主要污染治理措施思路，以污染源控制为基础，以水承载力为治理依据，多种技术及管理手段并用，同时还要考虑经济、法律及必要行政手段，对湖滨和流域用地规划可以借鉴抚仙湖的思路，引导不利于湖泊生态环境的产业搬迁转移或提高准入标准，降低对生态环境的污染和干扰。

不过从可鲁克湖保护手段和方案具体设计来说，青海湖水污染防治方案更具有借鉴意义，两湖共处青藏高原高寒干旱地区，相距仅 400 km，流域气候背景、经济发展水平和产业结构相似，也面临共同的生态环境保护问题，如经济和产业粗放发展，环境基础设施建设薄弱，生态脆弱，草场退化，荒漠化，水土流失严重，生态需水量不足等。因此，可鲁克湖保护也可实施退化草地和湿地综合整治、水源涵养林建设、水土保持、高效生态畜牧业建设等措施，并应因地制宜适当调整。

4.4　可鲁克湖水环境保护治理定位与总体思路

可鲁克湖水质总体较好，且地处高寒干旱区域，流域生态环境脆弱，此类湖泊的保护和治理既应区别于严重富营养化湖泊，也应不同于富营养化初期湖泊。基于对可鲁克湖水环境问题的诊断，本研究提出目前可鲁克湖的水污染的防治重点应是以防为重点，构建污染阻拦工程体系和流域生态监管体系；建立适合可鲁克湖发展的产业结构，形成适合高寒地区的生态修复工程技术体系，建立健全适合可鲁克湖的水污染防控需求的监管和保障体系。通过主要污染物入湖控制，强力推进流域生态修复以达到改善可鲁克湖水质的目标，支撑流域经济社会可持续发展和可鲁克湖保护相协调的流域经济社会发展模式。

4.4.1　可鲁克湖水环境保护治理定位与目标

可鲁克湖及周边湿地对维系柴达木盆地东部生态安全具有极其重要的作用，近年来由于湖泊上游人口增长、产业发展以及渔业养殖等，可鲁克湖水质出现下降趋势，湖区周边生态退化，湖泊水域受到威胁。由于可鲁克湖地处青藏高原柴达木盆地，湖泊保护面临困难较多。

“十二五”期间，为加强可鲁克湖生态环境保护，青海省财政厅会同环境保护厅等各相关部门积极争取，由青海省海西蒙古族藏族自治州德令哈市政府向财政部、环境保护部申报了良好湖泊生态环境保护专项——可鲁克湖生态环境保护项目，并于 2012 年被财政部、环境保护部正式列入湖泊生态环境保护试点范围，下达专项资金用于消除湖泊现有及潜在污染源为重点的生态环境保护。“十二五”实施的一系列可鲁克湖生态环境保护工程措施，对维系德令哈地区的生态稳定和推进流域社会经济全面、协调、可持续发展发挥了重要作用。

但进入“十三五”后，可鲁克湖面临了新的环境问题和挑战，水环境质量存在下降趋势和污染风险，亟须在此前环境保护工作基础上，进一步夯实和提高环境保护力度，本方案的编制将为可鲁克湖水环境保护工作提供决策依据和指导，对进一步增加流域环境保护基础设施，提高流域生态系统健康，维系可鲁克湖良好水质具有重要作用。

可鲁克湖水环境保护的目标为，以 5 年时间为短期，可鲁克湖体水质全面达到Ⅱ类，流域生态环境明显改善，主要入湖河流巴音河稳定达到Ⅲ类。10 年时间为长期，流域生态系统结构稳定，生态服务功能向好，生态安全性高，同时产业结构生态化，产值稳定上升，农牧民经济收入增加，形成环境与社会效应良性循环。

4.4.2 可鲁克湖水环境保护治理遵循的原则

可鲁克湖保护以改善和维持水环境质量为核心，全面系统诊断区域社会经济发展阶段、自然环境变化、生态系统演变等对湖泊水环境的影响，采用“产业结构调整及污染控制—湖滨湿地保护与功能提升—湖泊水生态保护与修复—湖泊水质目标管理”的总体思路，突出科学性、系统性、精准性，强化源头控制、水陆统筹、河湖联动。着力发挥地方政府在流域水污染治理中的主体作用，着力发挥国家相关投资的引导作用，推进市场化融资，吸引社会投资，分区域分步实施系列工程，构建健康水循环，促进流域可持续发展。

实施原则包括如下方面：

1. 统筹兼顾

统筹考虑水环境与水资源、水生态及与经济社会发展关系，以流域为单元，统筹干支流、上下游、地表水和地下水的关系，强化水功能区监督管理，制定并实施工程措施与非工程措施结合的综合治理方案。

2. 稳步推进

妥善处理建设需求、投资规模与社会经济发展的关系，发挥重点流域水污染防治中央预算内投资等国家投资的引导作用，积极培育多种形式环境治理市场主体，拓宽资金筹措渠道，并根据资金筹措情况和前期工作进展，分年度组织实施。

3. 突出重点

紧扣制约水环境改善的关键因素，以湖泊周边为重点区域，对工业、旅游业、农牧业等主要产业进行结构优化调整，对湖滨带、湿地自然保护区、河口区等重要功能区实施生态修复，优先解决突出问题。

4. 可行导向

在目标制定、重点任务及项目等制定过程中，与国家及地区的相关规划充分衔接，综合考虑治理技术高效运用的可行性、治理模式的可行性、管理及运行机制可行性、项目实施可行性等。

4.4.3　可鲁克湖水环境保护治理总体思路

以可鲁克湖恢复并稳定保持Ⅲ类水质、恢复水生态系统健康为目标，以控制流域污染源为根本措施，以湖泊水生态修复为重点，以强化管理为保障，形成“控源减排，修复治理，资源利用，持续发展”的可鲁克湖综合治理体系和模式。采取政府主导，市场推进，统筹规划，突出重点，经济可行，分步实施的战略，工程措施和非工程措施并行，完善和健全管理体系，改善可鲁克湖水环境质量。

采用“以湖泊水环境承载力为基础，主要污染物入湖总量控制为核心，通过总量分配，确定区域承载力，控源减排”的思路。具体方法是计算出可鲁克湖在目标水质Ⅱ类时的水环境承载力，将其分配至流域内的各污染物控制区，计算各控制区污染物入湖量的削减量，以此作为污染物削减方案规划的科学基础。

点源污染和面源污染需共同控制，其中点源污染的控制是基础。通过工程和管理措施，有效减少流域内主要污染源：工业、农村生活污染物排放量和入湖量。可鲁克湖水环境保护治理控源措施包括从源头上控制污染物产生以及污染物产生后的阻断治理两方面。

通过工程和管理措施的共同实施，优化和调整生态系统结构和功能，调节陆地生态系统和湖泊水生生态系统间关系，削弱陆地系统及产生发展对湖泊生态环境的影响，实现流域“清水入湖”和“污染阻隔”。

强化管理是湖泊综合治理的重要内容，以强化管理为配套措施。在实施控源、修复的同时，配套强化管理措施，保证各项工程措施实施的同时，巩固与提高其实施效果。在已有工作基础上，针对可鲁克湖主要水环境问题开展方案设计。

(1)针对可鲁克湖流域近些年枸杞大量种植，枸杞施肥量大，高水高肥的特点；沿河沿湖放牧；旅游业发展，人为生产生活方式改变等产业及污染源问题，提出流域产业结构调整及污染控制的方案。

(2)针对流域自然环境条件变化，而地表植被破坏和土壤侵蚀加剧，使地表径流携带入河湖污染上升问题，提出湿地生态系统恢复工程、水源涵养林生态建设工程和巴音河入湖口多功能湿地建设工程。

(3)针对可鲁克湖湖滨湿地退化，生态功能降低的问题，实施可鲁克湖水生态保护与修复方案。

(4)对于湖泊渔场养殖、水上交通，包括旅游船只、渔船等污染及风浪对水生植物的影响，可通过实施水质目标管理方案，减轻人为活动对流域造成的环境压力，有效遏制可鲁克湖流域水质下降趋势。

4.5 可鲁克湖水环境保护治理总体设计及主要任务

就湖泊水污染防治而言，其总体设计无疑是最关键的一环，总体设计的重点就是要明确设计思路、目标及重点任务等。本研究基于对可鲁克湖水环境问题的诊断以及治理需求的分析，提出可鲁克湖水污染防控总体设计，明确治理布局和重点内容。

4.5.1 可鲁克湖水环境保护治理总体设计布局

可鲁克湖水环境保护总体设计主要包括流域产业结构调整及污染控制、湖滨湿地保护与功能提升、湖泊水生态保护与修复、水质目标管理等四方面内容，在实施安排上整个保护过程可大体分为生态环境退化期、治理修复期、生态稳定期、良性循环期四个阶段(图 4-3)。

保护治理工作在整个流域全面铺开，包括德令哈市，巴音河沿线牧场，枸杞种植田，湖滨湿地和湖内水体，工程分布见图 4-4。

4.5.2 可鲁克湖水环境保护治理主要任务

可鲁克湖水环境保护治理主要包括四方面内容：

1. 流域产业结构调整及污染控制

工业结构调整包括严格准入条件，禁止高耗水高污染企业进入，推进清洁生产、工业循环用水、园区污水集中处理等。旅游业结构调整涵盖控制旅游人口规模、划定旅游集聚区、控制旅游污染空间分布、加强旅游行为管理、增加对湖面旅游污染控制等。农牧业产业调整方案主要内容为农业产业结构调整、牧草地保护与畜牧空间控制、湖周饮水点建设、生态农牧业建设以及采用生态农牧业技术。

2. 湖滨湿地保护与功能提升

湖滨湿地保护与功能提升方案包括湖滨湿地生态系统恢复工程、水源涵养林生态建设工程、巴音河入湖口多功能湿地建设工程。湖滨湿地生态系统恢复工程，以巩固多年来在可鲁克湖生态环境保护工作中取得的成效，解除湖泊周边面源污染对湖泊水域的威胁；通过水源涵养林生态建设提高湖岸植被覆盖度，增强区域内水源涵养能力，增加可鲁克湖抵御自然灾害冲击的能力。通过开展巴音河入湖口多功能湿地建设工程，增加污染物在河口入湖前的沉降与降解程度，提高入湖水质，维系区域生态稳定，保护湖泊水质健康。

3. 湖泊水生态保护与修复

可鲁克水生态保护衣修复的方案包括：保护与修复水生植被；调整优化渔业结构，发展生态渔业模式；加强湖岸环境卫生管理与旅游管理；加强水生态系统

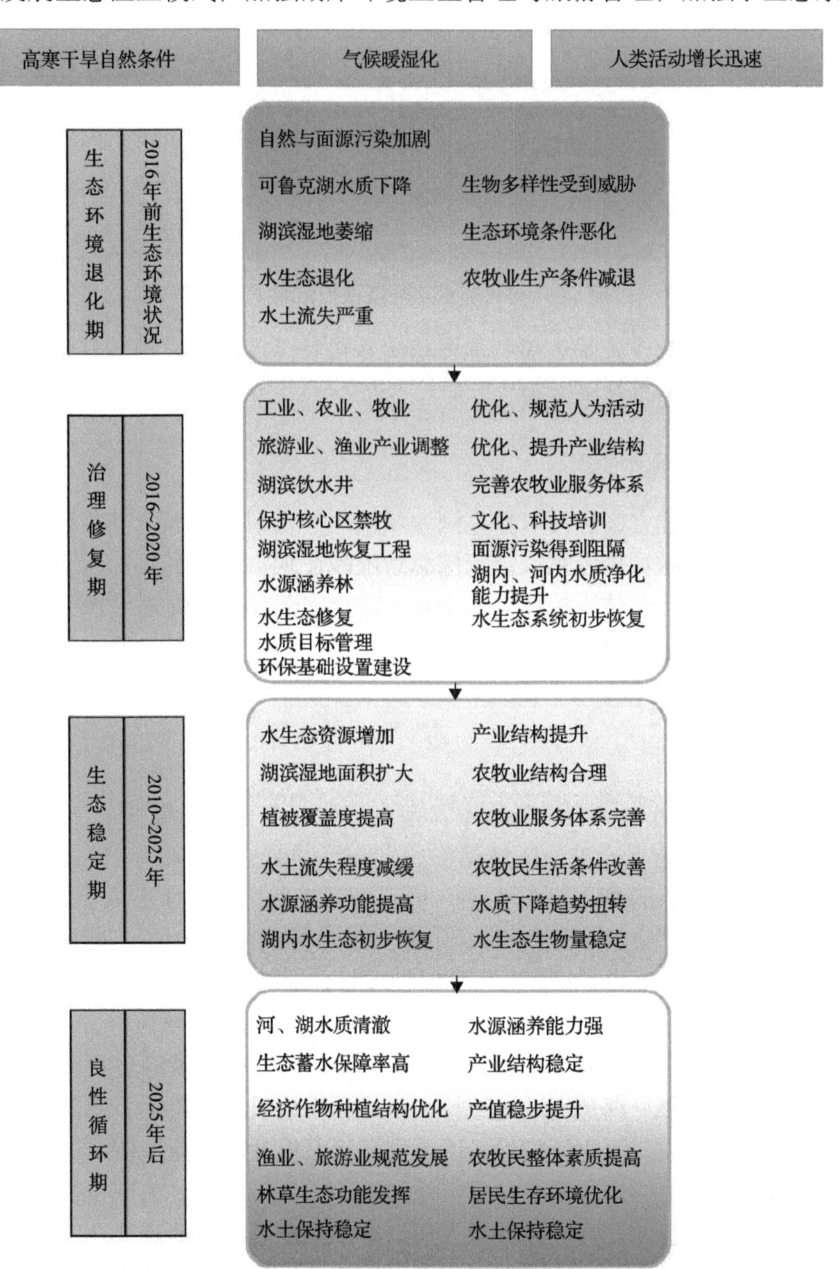

图4-3 可鲁克湖水环境保护总体设计

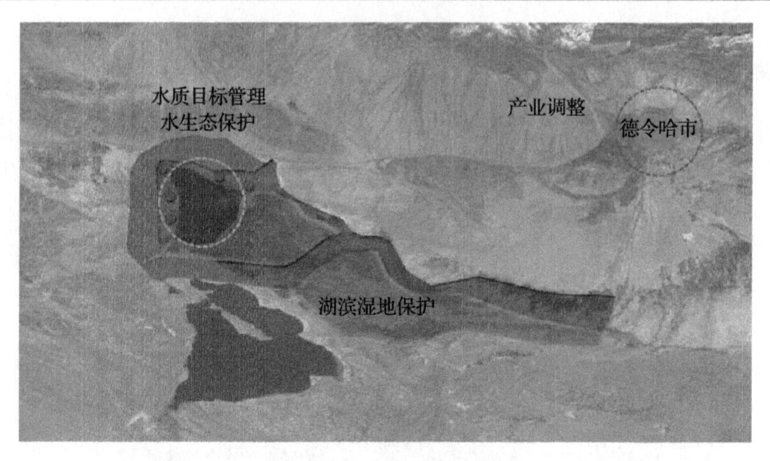

图 4-4　可鲁克湖水环境保护治理工作布局

管理保护措施，制定水污染应急处理措施及预案，通过上述途径为保护可鲁克湖水生态系统健康提供技术支撑。

4. *湖泊水质目标管理*

水质目标管理方案包括可鲁克湖流域控制单元划分及水环境容量计算，流域水量平衡及水资源调控方案以及流域总量削减计划，通过水质目标管理，改善可鲁克湖水质，使其总体维持在Ⅱ类水体，防止富营养化，促进可鲁克湖流域经济社会发展与环境保护和谐。

4.6　本 章 小 结

可鲁克湖及周边湿地对柴达木盆地东部生态安全极其重要。一直以来青海省和州市政府十分重视对该区域湖泊的生态环境保护；2012 年可鲁克湖被财政部、环境保护部正式列入湖泊生态环境保护试点范围，从生态安全调查与评价、饮用水水源地保护、污染源防治、生态保护与修复和环境监管能力建设五个主要方面提出并实施了 20 个生态环境保护项目，地方政府印发了 9 项规划及相关保护治理制度。

通过对可鲁克湖形成演变和地学特征、生态环境变化及经济社会发展等方面的分析可知，可鲁克湖及流域区域特征可概括为地质构造决定了北部高山地貌，巴音河及支流组成的河谷地貌以及可鲁克湖所在的冲积平原地貌，即流域水土流失等导致污染物汇的作用明显；受气候和地理因素等影响，流域植被覆盖率低，生态环境敏感且脆弱。同时，流域人类活动不断加强，主要表现在工业化和城市化速度快，对湖泊水环境造成的压力不断增加。可鲁克湖流域生态环境存在主要问题包括流域生态系统整体脆弱、产业发展模式粗放、用地方式导致流域土壤侵蚀严重、生态需水不足使湖泊生态系统更加脆弱，退化趋势明显、旅游业快速发展的环境影响不可忽视及环境保护基础设施薄弱等方面。

针对可鲁克湖流域环境状况及存在的问题，分析了治理需求，包括修复湖岸带湖滨湿地，增加河岸植被覆盖度，提升流域综合节水能力和中水回收利用率，增加可鲁克湖的生态需水；优化产业结构，规范农牧业生产，采用先进的节水措施进行农业生产，降低农作物水肥用量；采取有效措施减少畜牧生产废物入湖；提升流域生态功能和提高监管能力，逐步建立和完善可鲁克湖水环境监管机制。

在分析了我国湖泊保护治理案例，总结了湖泊保护的总体思路和具体措施等对处于生态脆弱区可鲁克湖水环境保护治理的启示的基础上，从治理需求出发，确定了可鲁克湖水环境保护治理遵循的原则，即以国务院《水污染防治行动计划》为行动纲领，以保护和维持可鲁克湖水环境质量为核心，采用“产业结构调整及污染控制—湖滨湿地保护与功能提升—湖泊水生态保护与修复—湖泊水质目标管理”的总体思路，遵循统筹兼顾、稳步推进、突出重点、可行导向的实施原则，提出了可鲁克湖水质提升研究方案总体设计，促进流域可持续发展。

本章确定了可鲁克湖水环境保护目标，即可鲁克湖5年内湖体水质全面达到II类，流域生态环境质量明显改善，主要入湖河流巴音河稳定达到III类。10年实现流域生态系统结构稳定，生态服务功能向好，生态安全性提高；同时，产业结构优化，产值稳定上升，农牧民经济收入增加，形成环境与社会效应良性循环。

第5章　可鲁克湖流域产业结构调整及污染控制

可鲁克湖所处区域煤炭、石油、天然气、水能、铁矿及有色金属矿产资源富集，能源及原材料产业得到了快速发展，支柱产业为单一的资源型产业，而轻工业和加工业等发展则严重滞后(曹文虎和蔡嗣经，2004)；流域霍夫曼系数(即轻工业产值与重工业产值之比)与全国的偏差高达–0.5以上(青海省统计局，2010)。高度重型化、初级化的工业结构不仅导致资源配置效率较低，且耗水量大，排污量也较大，加剧了区域水资源短缺问题，导致工农业用水与生态需水矛盾不断加剧。

2010年，可鲁克湖流域农业用水量(包括林牧业)占总用水量的89.76%，但农业在国内生产总值中的比重仅为5.42%，农业灌溉水有效利用系数仅为0.32，低于西北部平均水平(0.479)，仅为华北地区(0.587)的54.5%(冯宝清，2013)。农业用水效益较低，水资源浪费严重，同时也带来大量面源污染。第二产业和第三产业总用水量仅占10%，而国内生产总值却占94.58%，地区水资源利用方式落后、利用效率低，通过用水结构调整实现节水的潜力较大(宋先松，2004)。

“十二五”期间，可鲁克湖流域实施了一系列保护和治理工程措施，城镇生活和工业污水基本得到了收集和集中处理。可鲁克湖面临的主要问题是流域社会经济发展速度快，但较为粗放，而流域生态环境脆弱，由此导致可鲁克湖水环境质量呈现明显下降，未来湖区水生态环境面临较大压力和风险。因此，本研究基于可鲁克湖保护治理需求，从源头进一步加强污染控制，以工业、农牧业及旅游等结构调整切入，提出产业结构调整及污染控制方案，支撑调整和优化流域产业结构。

5.1　可鲁克湖流域产业结构调整及污染控制思路

湖泊水污染表现在水体，但其根源在岸上，流域产业结构及布局不合理导致湖泊与流域间氮磷循环失衡是水污染的关键。本研究通过现场走访、查阅和收集资料，基于可鲁克湖保护治理需求，总结流域产业结构及布局问题，提出流域产业结构优化全面调整的思路和建议。

5.1.1　需要解决的主要问题

1. 生态需水不足，湖泊生态系统退化趋势明显，自净能力下降

按照三次产业比例结构，可鲁克湖流域2015年三产产值比为11.08：35.99：

52.93，属于“三二一”型产业结构，即三次产业中第三产业比重最大，第二产业居次，第一产业最小。2015 年全国一、二、三次产业产值比重为 9.06∶43.10∶47.84，可鲁克湖流域经济发展落后于全国水平，是以农业为主导的工业化初期；高速增长的工业化起飞可能是其下一阶段的发展重点，而快速的工业发展必然增加对水资源的需求，进一步加剧水资源供求矛盾，并不断加重可鲁克湖生态用水不足问题。

德令哈工业园是柴达木试验区重要的纯碱产业、绿色产业和新能源产业聚集区，主导产业包括盐碱化工、新材料、新能源、特色生物深加工等。其中纯碱行业占了很大的比重。目前所有工业废水均经管道排放至南山专用废液排放场地，不排入巴音河流域地表水环境。但随着废液场地的不断缩小，必须提前规划未来工业园的污染排放问题。

随上游地区德令哈工业规模逐步扩展，经济社会发展用水大幅挤占生态需水；下游生态需水保证率从 2010 年的 74.59%下降到 2016 年的 68.81%；水量减少会导致湿地面积萎缩及生态功能和水体净化能力下降。同时，主要入湖河流巴音河水质与往年同比，受污染程度加剧，即同比增加了可鲁克湖入湖污染负荷；水量减少，污染加剧，水生态系统退化使可鲁克湖水环境面临巨大压力。

2. 农牧业粗放发展导致污染负荷持续增加

近年来德令哈市农牧业发展迅速，可鲁克湖周边长年有大量牛羊依赖湖泊生活，粪便等经常直接排入湖。针对畜牧业发展，并没有很好地落实规范化管理措施，畜牧业污染负荷较重。随德令哈市枸杞等经济作物种植面积不断增大，农村面源污染问题越来越突出。可鲁克湖—托素湖省级自然保护区范围内东部近湖区存在大片枸杞种植区，西岸及南岸也呈现耕种面积不断扩大趋势。流域农田化肥和农药施用量远超国际安全限值，且蒸发量大，农业灌溉用水效率低，农田残余化肥和农药成为入湖污染重要来源，严重影响可鲁克湖水质。

3. 旅游业快速发展的环境影响不可忽视

目前旅游业仍未对可鲁克湖水质造成明显影响，但流域旅游服务业迅速发展值得关注。“十二五”期间德令哈市旅游收入年均增长 26%，2015 年达到 9.6 亿元。旅游人数的快速增长，环保设施没有及时跟上，给可鲁克湖带来污染负荷及水环境影响需要提前谋划。

5.1.2　总体思路

可鲁克湖主要环境问题是产业发展的初级阶段与湖泊脆弱生态环境间的矛盾，流域社会经济快速发展，重点是工业、旅游、农牧业快速发展对可鲁克湖水环境质量造成较大压力和风险。本研究可鲁克湖产业结构调控及污染控制针对流域产业发展现状及未来规划，按照“调—保—治”的产业结构调整及污染控制整体思路保护和治理可鲁克湖(图 5-1)。

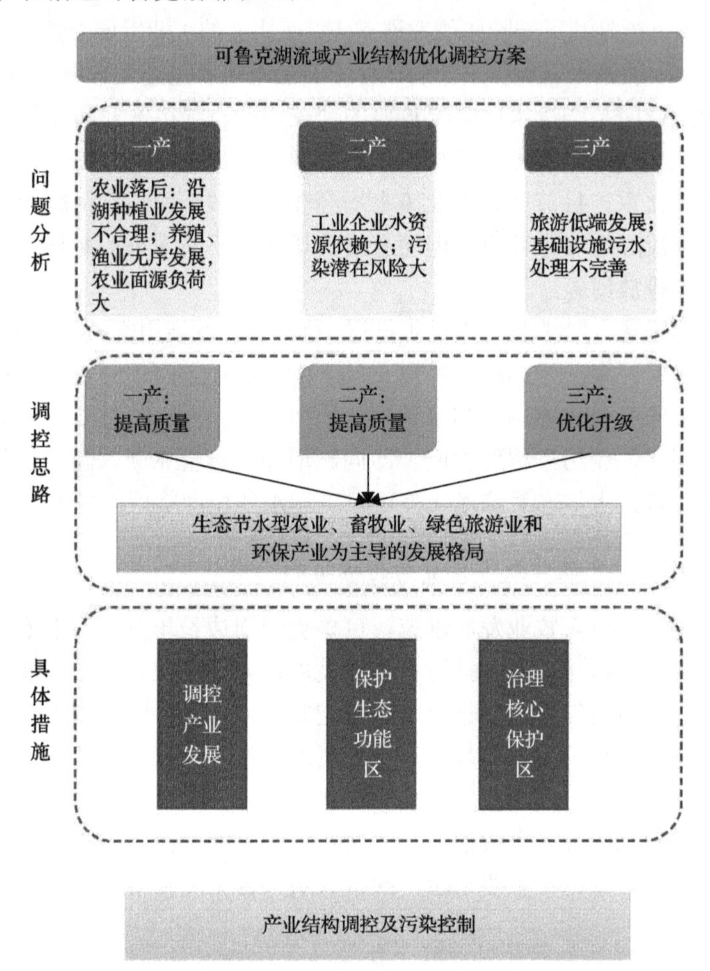

图 5-1　可鲁克湖流域产业结构优化调控方案总体思路

(1)“调”即调结构，工业产业严格准入，全部入园，循环节水；旅游产业控制规模，集中发展；农牧产业划区种养，推广和应用生态产业模式。

(2)“保”即保生态，保护基本农田，保护牧草地，保护和修复湖滨湿地，保护和修复可鲁克湖湿地自然保护区等重要生态功能区。

(3)“治”即治重点，重点治理可鲁克湖周边 5 km 范围及湖泊水环境污染，包括湖滨牛羊饮水及农业面源污染，调整方案如图 5-2。

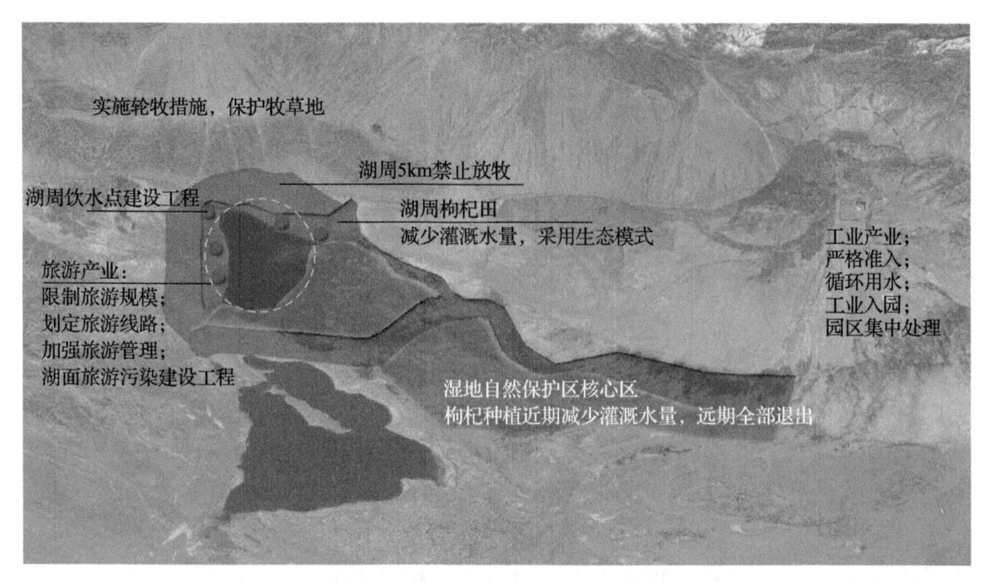

图 5-2　可鲁克湖流域产业结构调整及污染控制方案图

5.2　工业产业结构调整及污染控制

5.2.1　流域工业发展状况及问题

可鲁克湖流域工业主要集中在德令哈工业园，其作为柴达木循环经济试验区“一区四园”之一，是重要的纯碱产业、绿色产业和新能源产业聚集区。根据青海省政府《关于确认柴达木循环经济试验区格尔木德令哈工业园四至范围的函》（青政办函〔2014〕214 号），该园区核心区面积 75 km^2，由综合产业区、绿色产业区、新能源产业区组成，其中综合产业区规划范围为长江路以东、尕海农灌区以北、老铁路线以南，面积 52 km^2，已建成面积 12 km^2；绿色产业区，规划面积 5 km^2，已建成面积 1.5 km^2，其中一区规划范围为环城西路以东、唐古拉路以西、民乐西路以南、站前西路以北，面积 1.4 km^2，二区规划范围为巴音河以西、茶德高速以北、外环西路以东划面积 3.6 km^2；新能源产业区规划范围为德令哈市西出口，老 G315 线以北、资源路以西，面积 18 km^2，已建成面积 3.9 km^2。

德令哈市工业园着力做大做强盐碱化工、新材料、新能源、特色生物深加工等主导产业，积极发展配套装备制造及物流业，逐步完善园区配套基础设施，综合产业区、绿色产业区、新能源产业区初步建成，产业集聚效应和辐射作用初步显现。2015 年规模以上工业增加值同比增长 10.4%，实现主营业务收入 29.1 亿元，完成工业投资 40.4 亿元。目前，园区入驻企业由原来的 30 余户增加至 84 户，其中规模以上企业 12 家，产值超亿元企业有青海发投碱业、中盐昆仑碱业、海西化建、海西华汇、青海明阳、西部镁业、日晶光电、中航硅材料、金海建材等 9 家。

盐碱化工产业，培育了青海发投碱业、中盐昆仑碱业、西部镁业、金锋实业等盐碱化工骨干企业，形成 230 万吨纯碱、200 万吨水泥、10 万吨高纯氢氧化镁及下游开发产品、10 万吨氯化钙生产能力。新材料产业，培育了青元泛镁、杰青科技、中航硅材料等骨干企业，形成 1.5 万吨金属硅、2400 吨高强高韧镁合金、10 万吨高性能高分子结构板材产品生产能力。在建 30 万吨储热熔盐、6000 吨高端六氟磷酸锂、1 万吨聚苯硫醚等项目。新能源产业，引进了浙江中控、中广核、国电等企业，已建成 760 MW 新能源发电项目，其中太阳能光伏发电 700 MW、太阳能光热发电 10 MW、风力发电 50 MW；中广核 3.2 MW 太阳能光热发电示范基地、青海博昱 600 米槽式集热系统已建成运行。

德令哈市的工业项目以化工行业为主，其中纯碱行业占了很大的比重，是流域工业节水的重点。目前德令哈市纯碱行业用水水平在国内处于领先水平，通过改进生产工艺进一步节水的难度大、投资高，但随着科技的发展、水资源获得难度的加大和工业水价的提高，节水的经济效益会随之提高，实现纯碱行业的节水是必需的。目前德令哈工业园所有工业废水均经管道排放至南山专用废液排放场地，不排入巴音河流域地表环境内。但随着企业数量的增加排放量的上升，废液排放场地的消耗速度不断增加，必须提前计划工业废水的排放问题(图 5-3)。

图 5-3　德令哈市工业园区

5.2.2　解决问题的思路

基于流域水资源价值及保障流域生态需水的重要意义，以建设生态型工业体系为目标，调整工业结构，加快发展以农副产品加工为主的轻工业；强化深加工和精加工，提高工业结构层次和具有地区特点的产品竞争力。基于资源特点和国家工业发展需要，柴达木盆地在全国新一轮结构调整和产业升级过程中，仍是重要能源和原材料供给地。近期依靠限制重工业缓解水资源紧张问题并不现实，新的发展目标是积极开发和引进高新技术，以追求工业技术水平提高带动工业结构的优化为目标，大力发展低开采、低排放、高效率为特征的生态型工业，在深加工、精加工和延伸产业链下功夫，通过资源的深加工最大限度转化资源价值；同时发展特色生物加工产业，如特色饮料、营养食品和配合饲料等精深加工产品。工业园已培育了藏地生物、林生生物、华牛生物、斯瑞雅克生物等骨干企业，现代化牛羊屠宰生产线、饲料加工、青稞啤酒加工等项目均已投产，枸杞白刺果精深加工、枸杞酵素项目已建成(图 5-4)。

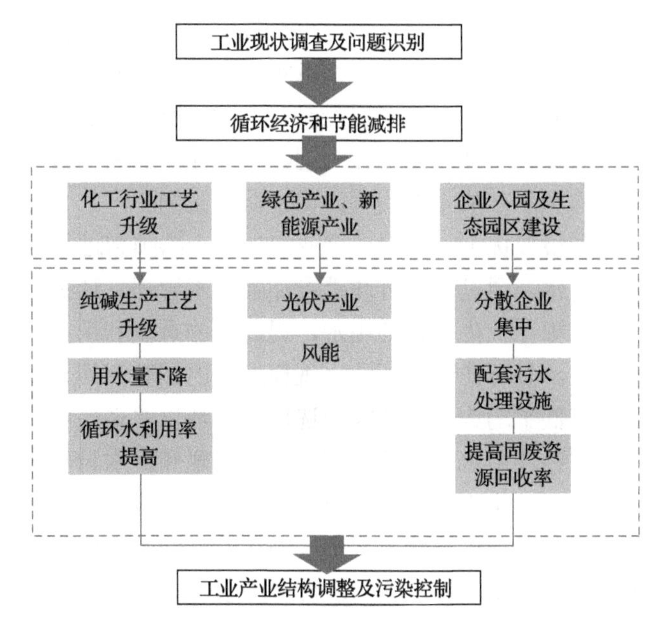

图 5-4　工业产业优化调整及污染控制设计图

5.2.3　流域工业产业结构调整与污染控制主要措施

根据德令哈市工业发展现状及未来发展规划，为防止工业发展造成的区域环境问题，降低对可鲁克湖水环境质量的影响，实施工业产业结构调整与污染控制。需要采取的主要措施包括：

1. 严格环境准入，禁止高耗水高污染企业

严把项目预审关，新上项目审批核准(备案)时，环保部门全程参与，对高耗能、高耗水、高污染企业，严把产业政策关，禁止准入。未经环保批准，管理部门不能立项、核准(备案)，施工单位不得签订建设合同。招商部门在引进外资企业时要与环保部门共同把关，对不符合产业政策的项目不予引进。

2. 推进清洁生产、工业循环用水，提高水资源利用效率

清洁生产是指不断采取改进设计，使用清洁的能源和原料，采用先进的工艺技术与设备，改善管理及综合利用等措施，从源头削减污染，提高资源利用效率，减少或者避免生产、服务和产品使用过程中污染物的产生和排放，以减轻或者消除对人类健康和环境的危害。通俗地讲，清洁生产不是把注意力放在末端，而是将节能减排的压力消解在生产全过程。要求相关部门要加快制订重点行业清洁生产标准、评价指标体系和强制性清洁生产审核技术指南，建立推进清洁生产实施的技术支撑体系，还要进一步推动企业积极实施清洁生产方案。

企业应积极推进清洁生产。企业领导层应该清楚地认识到清洁生产的重要性，有效地将企业的经济效益与环境结合在一起，采用先进的科学技术、专业的生产人才、减少生产投入和生产成本的同时，保证低污染的生产。再结合一些政府给予企业的优惠政策和税收优惠，来保证企业清洁生产的顺利进行。

推进工业循环用水，通过各种行政手段加强用水管理，计划用水和严格控制废污水的排放；通过抓工业内部循环用水，提高水的重复利用率。大型企业的生产用水和排水量较大，具有实现循环用水规模经济的调整空间，能够选择循环用水量得到适合自己的低平均成本，有能力选用同循环供水系统匹配的先进技术工艺与管理模式，形成循环用水的长效机制。对于用水和排水量较少的小企业，园区可以自身的信息优势，集中处理众多小企业生产废水或生活污水，或引入第三方处理，并在园内建立循环供水体系，奖励循环供水的平均成本，克服单个小企业的规模不经济问题，使循环供水达到规模经济水平。

3. 工业入园，园区污水集中处理，提高污水处理效率

相对于城镇污水处理厂污水，工业园区因其产业结构复杂，水质水量变化大，污染物浓度高、污染物种类多且具有毒性及难降解的特性。污水处理系统往往缺乏针对性设计、管理经验缺乏，使园区水污染控制面临巨大挑战。为了防止工业园区成为污染重灾区，必须加强工业园区管理并进行水污染技术创新。部分园区各企业外排废水有很大部分未进行有效预处理就进入园区综合污水处理厂，增加了园区综合污水处理厂达标处理难度，给其正常、稳定运行造成了不利影响，也在一定程度上加剧了园区污染负荷排放的风险。

首先要加强工业园区污水排放管理，建立科学监控体系，及时追踪排污源，督促企业加强厂内预处理，保证园区污水处理厂维持稳定水质水量，使园区污水处理厂得到有效运转。厂区预设污水应急存储和处理设施，保障污水处理设施有效运行并实现达标排放。工业园区污水处理遵循减量化、再使用和再循环原则，

实现污水的减量化目标，使工业园区污染物排放达到国家排放标准，未来进一步实现工业园区污水的“零排放”。

5.3 沿湖区旅游产业结构调整及污染控制

5.3.1 沿湖区旅游业状况及问题

“十二五”期间德令哈市积极打造地质探险、文创科普和城市观光三条旅游精品线路，柏树山、哈拉湖、外星人遗址、情人湖等景区基础设施不断完善，可鲁克农垦文化风情小镇项目全面启动，固始汗文化步行街、巴音河小镇步行街、市游客服务中心等项目全力推进，全市旅游收入年均增长26%，2015年达到9.6亿元，同时带动了服务业发展。

可鲁克湖旅游主要以游船为主，分为游艇和快艇两种，游艇载客量为30/40人，快艇5～10人，目前可鲁克湖景区有游艇3艘，实际运营1艘，运营时船速20～30 km/h，快艇5艘，实际运营3艘，运营时船速40～50 km/h。船舶运营航线3 km。2015年，景区接待游客17.3万人次。“十三五”期间，德令哈市计划按照“打造大景区、发展大旅游、形成大市场、培育大产业、实现大发展”的理念，整合旅游资源，加强空间集聚，壮大产业集群，完善产业体系，将德令哈打造成为国内外独具特色的旅游目的地和集散地及青藏高原自驾游基地。

旅游业发展主要工作包括：一是强化旅游基础设施建设，进一步完善游客服务中心功能，提升旅游信息服务水平。建设影视基地，发展与影视有关的道具加工业与服务业。建成汽车旅馆、太空舱旅馆、草原爱情小居、蒙式帐篷旅馆、青海民俗家居等特色服务设施，推出景区航空直通车，开发直升机、小型客机高端游。二是以情人湖、外星人遗址、天文台、天文科普馆和海子纪念馆和巴音河景观带为载体，以浪漫爱情、科幻科普为主题，规划开发建设整体景区，打造在全国具有影响力的爱情之城、科幻之城。三是利用独特的山川地貌，创新开发哈拉湖探险游、柏树山登山攀岩游、连通河漂流游、托素湖水上乐园游、湖畔沙地滑沙游、湿地野生动物近距离观测游等体验旅游项目。借助宗教寺院、古代岩画等资源，包装策划神秘游。围绕光伏产业和全国最大的光热产业，积极引导开发工业旅游。四是整合周边旅游资源，依托便捷的高速公路，连接都兰海寺花海、乌兰哈里哈图、金子海、茶卡天空之镜、天峻西王母石室、柴旦温泉等地区旅游资源，打造以德令哈市为旅游出发点的“一日旅游圈”，放大格尔木、敦煌旅游线路效应。五是将旅游与文化深度融合，依托独特的德都蒙古文化，建设柏树山德都蒙古原生态主题公园，将赛马、摔跤、射箭、歌舞等那达慕传统活动提升为德都蒙古文化旅游主题节目。挖掘农垦历史，以柯鲁柯镇为中心，建设柯鲁柯农垦文化风情小镇，体验独特的农垦历史文化。大力支持汗青格勒等本土艺术团体发展，建设高原音乐城。六是依托“两湖一址”，着力打造“外星人城堡”品牌，重点打造柏树山德都蒙古原生态主题公园、可鲁克湖、外星人遗址、哈拉湖、风情小镇等区及天文科普旅游精品旅游线路。目前虽然沿湖区旅游业发展仍未对可鲁克湖水质造成明显影响，但伴随旅游人数的快速增长，给可鲁克湖带来更多污染负荷，特别是加大了水上交通及旅游产生污染物入湖量，需要提前谋划，做好顶层设计，确保可鲁克湖脆弱的生态环境不被破坏。

5.3.2 解决问题的思路

按照适度发展生态旅游的思想，坚持“有效保护、合理开发、永续利用、加强管理”的原则，针对可鲁克湖旅游景区，按照水环境承载力控制旅游规模，发展和开拓生态旅游和文化体验项目，实施湖面旅游污染控制工程及措施，降低旅游业发展对湖泊生态环境影响。

生态旅游指具有保护自然环境和维系当地居民双重责任的旅游活动（Clifton and Benson，2006），是相对投资少，低污染，效益显著的绿色产业，并且与其他第三产业关联度较大，特别是交通运输业、餐饮服务业和商业等国民经济部门。

5.3.3 沿湖区旅游业产业结构调整及污染控制主要措施

1. 适度控制旅游规模

考虑到可鲁克湖及流域生态环境脆弱的特性，为了有效缓解湖泊湿地旅游区的环境承载压力，应基于湖泊及流域生态环境保护需求，依据可鲁克湖环境容量，适度限制旅游规模，使游客数量控制在湖泊湿地旅游区能承受的环境容量之内。湖泊型湿地旅游区的游客管理，首先要科学计算旅游区的环境容量，为限制旅游者接待量提供科学依据。

$$C = A / A_0 \times D \tag{5-1}$$

式中，C 为日环境容量，人·次；A 为可游览面积，m^2；A_0 为单位规模指标，即每位游客占用的合理面积，m^2；D 为周转率，即每日开放时间/游完全程所需时间。

其次，在湖泊湿地的旅游旺季，应该采取以下措施，对湖泊湿地旅游区的旅游者数量加以限制：①增加旅游区游览线路，分散旅游者；②适当提高湖泊湿地旅游区内的景点门票价格，或限制门票售量以减少游客人数；③对生态脆弱区实行临时封闭或限制开放时间。

2. 划定旅游集聚区，控制旅游污染影响范围

旅游集聚区是对旅游资源开发、旅游商品研发销售、旅游企业生产观光、旅

游服务设施配备等相关产业进行整合，融入资本、信息、技术、经营管理等生产要素，导入外部经济势能，从而形成一个分工明确、相互协作、具有鲜明地方特色的经济综合体的区域。同时也是一个社会、经济、自然协调发展，经济高效，环境优美，生态良性循环，资源得到合理开发利用的区域。旅游产业集聚区是融合了旅游商品研发销售，旅游企业生产观光，旅游服务设施配备等多种功能的经济体。通过划定旅游集聚区，控制旅游污染空间分布及影响范围。

3. 加强旅游管理

加强对游客行为的管理，特别是对我国游客普遍存在的旅游不文明行为要加强教育、宣传和指导。①加强宣传教育，使旅游者提高环境保护的意识，自觉保护景区环境。②加大对不文明行为的处罚力度，达到一定程度的威慑力，得到制定处罚措施应有的力度。③加强游客行为管理，制定游客行为管理公约。除此之外，我国还可以借鉴日本国家公园的保护性政策，园内限制人类活动。为了保持日本国家公园的生态系统，在国家公园内控制各种人类活动，除非得到国家环境厅长官的批准并领取执照，许多对自然环境有影响的人类活动都受到了限制。

4. 实施湖泊旅游污染控制工程

1) 旅游污染影响

旅游船舶污染主要产生于含油废水，进入水体的浮油形成油膜后阻碍大气富氧，断绝水体氧来源；需氧微生物分解消耗水体DO生成CO_2和H_2O，使水体形成缺氧状态，水体中CO_2浓度增高，使水体pH降低到正常范围以下，以致鱼类和水生植物不能生存；通过食物链影响人类身体健康，含油废水影响区域重点是码头及游船行驶路线。

船舶行驶和鱼类捕捞对湖泊底泥造成扰动，增加底泥氮磷等物质释放，造成局部水体浑浊，进而影响水质和底栖生物生境。船舶活动产生的固体废物对湖泊环境的影响主要表现在旅游景观的破坏，多数固体垃圾在风浪等作用下，堆积在下风向的湖滨和湖湾地带，影响湖泊旅游景观。同时，固体垃圾长期浸泡在水体未能及时打捞，也会对水体造成污染。

船只噪声会干扰水鸟栖息、捕捉声波的能力，影响寻找食物。尤其水鸟中的候鸟，倘若噪声干扰其越冬栖息地和迁徙停留站，则对可鲁克湖鸟类生物多样性造成较大影响。船舶活动扰动水生植物生长环境，影响沉水植物等生长演替，主要对航线水域水生植物有所影响。

2) 湖面旅游污染控制方案

控制船舶总量，禁止水上飞行器等新增游船项目；捕捞船数量适中，实施总量控制；合理调整游船线路，需避开水鸟、水生植物、鱼类生态敏感区。针对 8 艘游船进行升级改造，分批淘汰燃油发动机作为动力的船舶，将具有动力的游船全部升级更新采用电瓶作为动力。旅游船舶停靠的专用码头及泊位，设置船舶污染物接收处理设施及设备，负责打捞清理专用码头及泊位作业区域水上漂浮物等。

5.4　农牧业产业结构调整及污染控制

5.4.1　流域农牧业发展状况及问题

“十二五”期间，可鲁克流域围绕打造枸杞、柴达木福牛产业(德林哈市)，引进 4 家特色农畜产品精深加工龙头企业，各类农牧业专业合作经济组织发展到 312 家，枸杞种植规模达 11.4 万亩，产值 6.4 亿元；柴达木福牛养殖基地已建成，福牛产业化工程示范项目扎实推进，枸杞鸡、枸杞羊、枸杞蜜等林下产业得到初步发展。可鲁克流域设施农业发展迅猛，五年累计新建日光节能温室和蔬菜大棚 5000 栋，果蔬种植面积达 6136 亩，产量 1.38 万吨，增长 28.7%；新建和改造畜用暖棚 1500 栋，新建饲草料基地 3 万亩，年均牲畜出栏 12 万头(只)，年均牲畜出栏率达到 49%。“十三五”期间，德令哈市规划着力转变农牧业发展方式，建成一批具有区域特色和优势的农畜产品基地，使特色农牧业比重达到 80%，特色农畜产品加工转化率达到 70%以上，特色农畜产品产值占农牧业产值的 90%以上，主要实施内容包括：

(1)打造柴达木枸杞百亿元产业基地。积极推进有机枸杞、绿色枸杞、黑果枸杞培育种植。“十三五”期间，柴达木枸杞生产基地面积控制在 15 万亩左右，年产枸杞干果 2.2 万吨，形成种植、加工、销售体系，实现产值 30 亿元以上。

(2)打造生态畜牧业百亿元产业基地。加快高原特色畜牧业繁殖、育肥、饲草料种植加工、肉产品生化产品加工等产业配套体系建设，种植牧草 5 万亩，年存栏牛 2 万头(其中基础母牛 1 万头以上)，年出栏福牛 1 万头，逐步形成种植、养殖、加工、营销等产业体系。

(3)巩固壮大果蔬肉禽设施农牧业基地。继续扶持壮大新堉、金丰、万庄、和润、清泉等现代农牧业种植养殖示范园区和示范基地，完善基础设施，提高生产能力。依托高原半细毛羊和柴达木绒山羊等优良品种，打造高原毛肉兼用半细毛羊生产基地和绒制品生产基地。利用可鲁克湖独特的气候条件等，发展高附加值的高原冷水渔业养殖。

通过招商引资，合理利用宜农荒地，新增温室 2000 栋，设施果蔬面积达到 4000 亩；扩大露天蔬菜种植，露天蔬菜面积达到 4000 亩以上，果蔬种植面积达到 0.8 万亩。新建蔬菜工厂化育苗基地 1 处，畜禽标准化规模养殖场 2 个。

(4) 积极培育新兴特色产业基地。充分利用柴达木盆地气候条件和资源条件，发展新兴特色农牧业，重点建设已初步具备新兴产业发展的藜麦、玛咖种植以及枸杞鸡、藏香猪、野血驴、獭兔、骆驼养殖等新兴产业，通过示范推广，建设产业化和标准化生产基地，大力发展林下经济，促进产业形成，带动农牧民增收。

5.4.2　解决问题的思路

以保障可鲁克湖生态服务功能为核心，以恢复湖滨带生态屏障功能为重点，结合退耕还林(草)生态工程建设，稳定粮食生产基础上，调整经济作物结构和种植范围，大力推广节水灌溉技术，发展经济效益和水资源利用效率较高的有机(绿色)农业及畜牧业生产模式(图 5-5)。

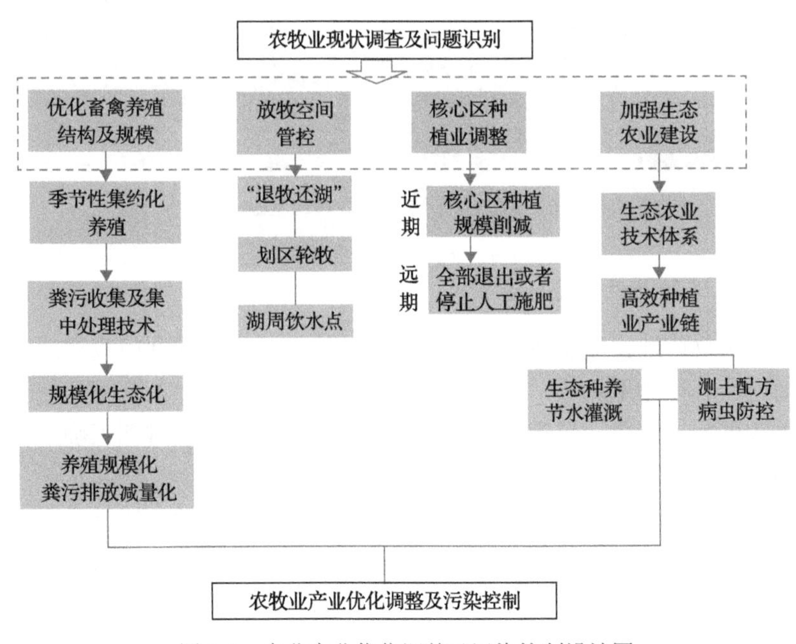

图 5-5　农业产业优化调整及污染控制设计图

5.4.3　流域农牧业产业结构调整及污染控制主要措施

1. 经济植物结构调整

针对流域内大量枸杞种植，必须控制种植规模，各种植企业、种植大户需采用节水灌溉模式，减少枸杞田灌溉水量；提高流域农业准入条件，限制高水高肥作物种植面积。近期必须削减可鲁克湖湿地自然保护区核心区农田规模，远期 5

年全部退出或者停止人工施肥，利用枸杞灌木特征，建设水土保持林；核心区之外，可鲁克湖北岸、巴音河沿河的枸杞田，实施节水、测土配方等生态种植模式，控制面源污染(图 5-6)。

图 5-6 可鲁克湖湿地自然保护区划分图

2. 牧草地保护与放牧空间管控

保护流域牧草地，控制放牧规模，开展轮牧措施，科学利用牧草地，在牧草全生育期内，有计划地轮牧，既能充分利用生育期的光、热、水分，使其最大量生产绿色体供牲畜饲用，科学利用放牧草地，必须做到放牧时期正确、放牧强度适宜、划区轮牧这三项基本要求。

实施“退牧还湖”，限制放牧区域，湖周 5 km 范围内禁止放牧，临湖放牧对湖泊水环境影响较大。根据相关研究，湖边禁止放牧的湿地污染物入湖量并未超过环境承载能力，因此水质较好，而没有任何约束的区域，放牧活动往往超出环境承载能力，草场退化，对水质影响较大。

此外，受保护的湖泊湿地和自由放牧地区相比，下垫面的水文情况有较明显的差异，受保护的湖泊湿地，因受到放牧活动影响较小，因此草场发育良好，具有较好涵养水源的功能；而未划定禁牧区的临湖放牧活动往往造成临湖草场退化，基本丧失涵养水源功能。

3. 适度发展季节性集约化养殖

目前可鲁克湖周边牧民已部分采用了轮牧措施，夏季在湖北部山区放牧，冬季回到湖边，冬季放牧时间长达 6 个月，对湖泊水质有重要影响；可考虑冬季采取集约化养殖方式，集体管理，统一配置人力、物力、财力，以节俭、约束、高效为价值取向，降低成本、高效管理。集约化养殖既能保护冬季地表植被，又能集中收集处理牲畜排泄物，可对湖区植被恢复和水环境保护发挥关键作用。

4. 湖周饮水点建设工程

目前湖周已经沿湖建设了拦网，每隔一段设置一处畜禽出入口，以供畜禽至湖滨饮水。但畜禽在湖边饮水时，产生的粪便污染直接入湖，对湖泊水环境影响较大。湖周饮水点建设工程设计封堵出入口，设置取水管渠，将湖水引出，在湖陆向一侧建设饮水池塘，供畜禽饮水，并设置集中粪便收集存放设施，及时清运。

5. 生态农业建设

“十三五”期间，德令哈市规划打造柴达木枸杞生产基地面积控制在 15 万亩左右，年产枸杞干果 2.2 万吨；造生态畜牧业百亿元产业基地，年存栏牛 2 万头，年出栏福牛 1 万头；壮大果蔬肉禽设施农牧业基地，发展高附加值高原冷水渔业养殖，新增温室 2000 栋，设施果蔬面积达到 4000 亩等。以上策略促进区域社会经济发展，同时大幅增加流域污染负荷排放量，耗费水资源。因此，需要构建生态农业模式，发展区域生态农业。生态农牧业是指运用生态位原理、食物链原理、物质循环再生原理和物质共生原理，采用系统工程方法，并吸收现代科学技术成就，以发展农业、畜牧业为主，农、林、草系统工程方法，并吸收现代科学技术成就来发展农业、畜牧业的牧业产业体系(周元军，2005)。

1) 枸杞生态种植模式

在调查分析土壤条件的基础上，依据枸杞年周期内生长特点及养分吸收特性，充分考虑其对大中微量元素的需求，研制优化枸杞滴灌肥基础配方，并根据枸杞现蕾期、花果期、幼龄期等不同生育阶段研制提出了符合本地实际的枸杞水溶性滴灌肥配方；结合创新集成的滴灌施肥设施，开展水溶性滴灌肥生产及中试；利用枸杞高效水肥耦合等技术集成，制定定量供水供肥的灌溉施肥制度，实现节水、节肥、水肥高效耦合、环境友好、高产优质目标；同时根据枸杞不同规模施肥作业特点，研制开发不同规模的水肥一体化灌溉系统和生产模式，建成规模的水溶性滴灌肥生产线。应用水肥耦合新技术，实现枸杞生产节水、节肥、节省劳工，提高枸杞产量，实现枸杞生产“三减一增”的目的。

2) 轮牧模式

确定牧草地开始和结束放牧的时间，在这段时间放牧，对牧草地损害最轻而收益最多，过早或过晚放牧，对草地和牲畜都不利。放牧强度与放牧牲畜数量和放牧时间有关，牲畜数量越多，放牧时间越长，强度越大。要做到适度放牧，注意放牧留茬高度适当及草地畜牧量合理。根据草地牧草生长状况和牲畜饲料需要，将草地按计划分为若干小区，并在一定的时间内逐区循序轮回放牧。划区放牧可以提高草地载畜量，牧草利用率提高 20%～30%。一轮放牧过后，牧草经过一段时间的分蘖、再生长后，到下一轮放牧时，牧草丰茂，提高牧草的产量和采集率。划区轮牧因草地植被能被均匀利用，优良牧草相对增多，提高草地质量。

5.5　本章小结

流域产业结构调整及污染控制方案采取了“调—保—治”的产业结构调整及污染控制总体思路，调结构，保生态，治重点，缓解产业发展初级阶段与脆弱生态环境之间的矛盾。

工业方面，严格准入，禁止高耗水高污染企业进入；推进清洁生产、工业水循环利用，产业入园，污水集中处理，园区污染物零排放。

旅游业方面，控制旅游人口规模，缓解湖泊湿地旅游区的环境压力；划定旅游集聚区，控制旅游污染空间分布；加强对游客行为的管理，特别是对旅游不文明行为要加强教育、宣传和指导。同时实施湖面旅游污染控制工程，对旅游船舶总量进行控制，禁止水上飞行器等新增游乐项目，8 艘游船进行升级改造，采用电瓶作为动力等；合理调整游船线路，避开水鸟、水生植物、鱼类生态敏感区。

农牧业方面，控制流域枸杞种植规模，减少灌溉水量，提高农业准入条件，限制高水高肥作物种植。可鲁克湖湿地自然保护区核心区农田近期削减规模、排水水量；5 年内全部退出，核心区之外，可鲁克湖北岸、巴音河沿河的枸杞田应实施节水、测土配方等生态种植模式；保护流域牧草地，开展轮牧措施，湖周 5 km 范围内禁止放牧；同时，实施 10 处湖泊周边饮水点工程和生态农牧业工程等。

第 6 章　可鲁克湖流域生态保护与修复

湖泊生态系统是由河流、湖泊等水域及滨河、滨湖湿地组成，包括水域和水、陆交错带；一般包含陆地入湖河流生态系统、湖体水生态系统、湿地及沼泽生态系统等部分，其在维系物质循环、能量流动中扮演着重要角色，在净化环境及缓解温室效应等方面功能显著，对维护区域生物多样性，保持生态平衡具有重要作用(王浩，2010；朱党生等，2011)。生态系统由于干扰而处于不稳或失衡状态，并逐渐演变为与其功能相适应的低水平状态的过程，称为生态退化，自然因素和人为因素是生态系统退化的两大驱动力，而人为因素往往叠加于自然因素之上，并对退化具有加速和主导作用(章家恩和徐琪，1999)。

由于所处区域生态环境特征等因素，可鲁克湖的湖滨带与水生态系统组成相对简单，功能脆弱。巴音河沿河湿地与湖滨湿地的生物量与生物多样性均因农牧业活动的干扰而下降，湖中的挺水植物和沉水植物生物量由于渔业资源开发过度，目前优势种均已不是水生动物喜食的饵料生物。大型浮游动物种类及生物量均呈减少趋势；底栖动物密度和生物量也呈降低趋势。渔业资源受人类干预影响较大，养殖蟹类等渔业活动造成湖底水生植被减少。特别是可鲁克湖水生态系统管理薄弱，风险事故及突发情况应急能力较弱。由此可见，目前可鲁克湖湖滨湿地系统与水生态系统均呈现较明显退化趋势，继续退化的风险较大。

退化的湖泊生态往往导致湖泊生态系统的服务功能下降、丧失，甚至对流域内的经济社会造成危害和损失(秦伯强，2009)。对于湖滨带与湖内的水生态修复，国外开展研究与实践较早，美国佛罗里达 Everglades 湿地、日本多自然河流及琵琶湖修复计划等，均通过水生态保护与修复等项目有效提高河湖湿地净化功能，恢复生物多样性，促进河湖水环境功能提升(Davis and Ogden，1994；刘树坤，2002；张兴奇等，2006)。“十一五”以来，我国研究人员在太湖、巢湖、抚仙湖、杞麓湖、星云湖、洱海等湖泊流域开展了大量的水污染防治与富营养化治理实践及研究，完成了一系列从湖滨带到水生态的整体保护和修复工程，部分修复工程已经发挥了良好的效果(金相灿等，1999，2001，2016a, b；余辉，2013)。本研究通过总结国内外湖泊生态保护理论、方法、工艺，并吸收借鉴相关案例，根据可鲁克湖湖滨带现状及问题，一方面提出其湖滨湿地保护与功能提升方案以及水生态保护修复方案。同时，结合不同湖区地理位置、功能等构建湖滨带，提出流域及湖滨区生态建设方案，有效控制流域开发对湖泊的压力，修复退化湖滨湿地生态系统，逐步恢复湖滨缓冲带健康生态系统；另一方面，研究基于可鲁克湖水生态现状，提出水生态保护修复方案，保护与修复水生植被，优化渔业结构及模式，加强水生态系统管理，以期为保护可鲁克湖水生态系统健康提供保障和支撑。

6.1 可鲁克湖湖滨带保护与功能提升思路与目标

可鲁克湖的湖滨带生态系统简单，巴音河沿河湿地与湖滨湿地的生物量与生物多样性均因农牧业活动的干扰而下降，因此，湖滨带的修复和建设对可鲁克湖保护治理具有决定性作用。本研究通过梳理可鲁克湖湖滨带的现状及问题，从可鲁克湖保护的角度提出湖滨带建设总体思路与目标，指导湖滨带修复与建设。

6.1.1 需要解决的主要问题

可鲁克湖—托素湖地处南北两条东西向山脉中山谷的低洼汇水中心，地势南高北低，虽然近年来流域呈现降雨量增加、沙尘天气减少等有利于生态系统恢复的良好态势，但流域植被覆盖度依然较低。流域经济发展相对落后，环境保护基础设施建设比较薄弱，环境保护投入不足，保护和管理措施落实难度大。通过对可鲁克湖水质下降原因的分析可知，由于流域草场退化和耕种面积扩大等原因，流域水土流失严重，植被覆盖度降低造成水源涵养能力下降。近年来德令哈市降水量上升，降水导致的径流和洪水从湖北岸、西岸和东部河口湿地携带大量营养物质进入可鲁克湖，在一定程度上导致湖泊水质下降。为了保护湖泊水环境，可鲁克湖湖滨带保护与功能提升要解决的主要问题如下：

1. 西部与北部沿岸区植被破坏及水土流失严重，水源涵养能力低

流域生态环境脆弱。可鲁克湖北岸到黑石山水库及西部怀头他拉镇周边植被由于过度放牧，退化严重，植被覆盖度低，污染物削减能力差，水土流失严重，水源涵养能力差，地表径流将大量营养和有机物输入湖泊，严重影响湖泊水质。

2. 沿岸及河口区湿地萎缩，污染物净化能力发挥不足

巴音河主河道由东北部汇入可鲁克湖，而可鲁克湖东部，南部水域植被呈退化趋势，自巴音河一棵树以下区域沼泽，受生态需水不足等影响，由沼泽化草甸向高寒草甸演变，面积萎缩，水量减少，原有沼泽湿地小丘凸起、干裂、泥炭外露，湿生植物逐渐被中生植物所代替，湿地的水文调蓄、生物多样性保护、水体

净化、污染物降解等功能减退。

3. 湖滨湿地受放牧及极端气象灾害等影响，生物多样性降低，生态系统稳定性较低

可鲁克湖湖滨带湿生多年生草本植物群落分布于浅水区及干湿过渡区，是流域最优良的草地和迁徙候鸟栖息地。但随放牧强度不断上升及自然灾害等破坏，湖滨湿地面积及植物生物量减少，水禽和候鸟数量下降，湖滨湿地植被自然恢复周期长，效果差。

6.1.2 总体思路

1. 可鲁克湖湖滨湿地保护和功能提升原则

可鲁克湖湖滨区生态修复应综合考虑其北高南低的地形地貌，自然保护区分区，极度干旱少雨的水文气候及周边牧民生活与生计等现状和问题制定因地制宜、有针对性的生态修复方案。在对可鲁克湖流域深入细致调查基础上，对湖泊的基本特征、生态系统和湖滨区生态状况及湖泊污染特征和营养水平等因素进行全面分析，结合修复区域实际情况，优先考虑解决突出问题，通过林木枝体和根系固持地表土壤免受侵蚀，保护和提高湖滨湿地污染物截留能力。湖滨湿地恢复方案设计要以保持生态系统生物多样性与结构稳定为核心内容，逐步有序地修复改善湖滨湿地，提升功能，确定以自然保育为主，以人工修复为辅的原则，坚持修复本土植物物种为主的原则，避免因引进外来生物而造成区域性生态系统紊乱。

2. 可鲁克湖湖滨湿地保护和功能提升总体考虑

通过可鲁克湖流域生态环境问题及产排污特征的系统分析。解决北部和西部面源污染和湖滨湿地退化问题是可鲁克湖湖滨湿地保护和功能提升的重点。因此，在流域产业结构优化调整，外源污染得到有效控制的基础上，可鲁克湖湖滨湿地按照“涵养水源—修复湿地—治理河口”的总体思路进行生态修复和功能提升。

首先，可鲁克湖生态环境保护实施了一系列污染源治理项目，但对面源污染的防治却非常有限。西侧和北侧草场丰美，历来都是可鲁克湖周边牧民的主要草场，而1头牛的排污量大约与40个人相当，大量牛羊粪便在汛期会随径流进入湖泊，对水质造成极大威胁。

所以，防治面源污染是保护可鲁克湖水环境非常重要的措施，应通过建设水源涵养林吸收调节降水等作用，发挥其水源涵养功能。由于可鲁克湖流域属于半

干旱灌丛区，水土保持和生态恢复措施从生态演替规律出发，以灌草结合为主，配合少量乔木，树种选择以耐寒冷的灌木树种为主，如沙棘、柠条、柽柳、叉子柏、水柏枝等，对流域灌丛研究表明，梭梭配合头草群系的土壤含水量大于白刺、梭梭和合头草各单独群落，在单独成群的灌丛中，白刺的土壤含水量最高，即梭梭+合头草群系和白刺根系具有良好的土壤水分保持功能。

其次，处于水陆交接带的湖滨湿地由永久性或间歇性水饱和基质、水生生物和水生植物等组成，属于具有较高生产力和较大生物活性的复杂生态系统，兼具水土保持、蓄洪防涝、净化水质等多种功能，湖滨湿地是净化入湖污染物的最后一道屏障，除此之外，对于候鸟的迁徙和繁育生态系统也有关键意义。因此，沿湖湿地恢复作为可鲁克湖净化功能提升的主要途径，需要优先考虑。

最后，巴音河由东北侧入可鲁克湖，由于地势较低，汛期会形成大量低洼水塘，具有建设人工湿地的良好条件。同时，周边生长着大量芦苇，一方面充分发挥湖滨湿地的污染物净化作用，将湖滨湿地建设纳入流域污染控制系统，最大限度截流污染物；另一方面，恢复可鲁克湖湖滨生态系统，促进湖滨带植被恢复，提高水体自净能力和恢复湖泊生态系统，形成具有一定抵御和调节自然和人类活动干扰能力的生态系统，实现可鲁克湖生态系统健康发展。

6.1.3 总体目标

构建“一湖三圈”的第一圈即生态防护圈层，范围为可鲁克湖环湖公路至湖泊水面线之间，第一圈与湖体的接触最为紧密，是可鲁克湖的重要屏障。第一圈须禁止一切人类生产经营活动，内以建设生态湿地、湖滨林带为主，以可鲁克湖湖滨岸带湿地系统、湖泊周边水源涵养能力和流域生态自净能力为重点关注对象，逐步增加区域天然林、水生植被、水源涵养功能和生物多样性，使湿地面积萎缩、草原退化、土地荒漠化扩大的趋势得到有效缓解，降低污染物入河量，提高水体自净能力和恢复湖泊生态系统功能，增强水体生态系统抵抗自然冲击能力，确定“分区分类”和“多层修复”的可鲁克湖湖滨区宏观修复思路，制定具有针对性、更为合理可行的修复方案，实现湖泊生态系统健康发展。

6.2 可鲁克湖湖滨湿地保护与功能提升主要措施

就目前可鲁克湖湖滨带而言，其保护、修复与建设任务较重，且由于农牧业活动的发展以及水文、气候情势变化等原因，入湖污染物总量不断增加，对湖泊水质造成了巨大威胁。本研究重点分析和探讨环湖岸区水源涵养林建设，河口多功能湿地的建设及水土流失管理等内容，通过开展可鲁克湖湖滨湿地保护与功能提升工程，保护和提升湖泊水质。

6.2.1　水源涵养林生态建设

1. 建设必要性

湖滨带是湖泊重要保护圈层，关系湖泊水质安全和水生态系统健康，是湖泊水环境保护必不可少的生态屏障(金相灿等，2016a)。可鲁克湖流域北岸到黑石山水库间植被退化严重，植被覆盖度较低，水源涵养能力下降，水土流失较严重，直接影响入湖水质。通过建设水源涵养林形成天然生态屏障，可有效减少面源污染物入湖。因此，应建设以当地优势乔、灌林为主的水源涵养林，有效削减氮、磷等污染负荷，保护栖息地，保护流域生物多样性。植被覆盖度高的滨岸带沉积物抵抗能力是没有植物根系作用影响的 2 万倍(Petersen，1986)，植被健康缓冲带被认为是防治湖泊面源污染的天然屏障，在减少面源污染物方面的显著作用被流域管理实践所认识并加以利用(Daniels and Gilliam，1996)。

2. 建设内容及规模

建设地点设计为可鲁克湖北岸和西岸(图 6-1)，建设规模为湖北岸 1.64 km 处，划分长约 8.5 km、宽约 0.2 km 的水源涵养林保护区，保护区补植乔、灌林 232.99 hm^2，补植乔、灌水保林种植旱柳 154 万株；西岸保护区种植乔、灌水土保持林 290.6 hm^2，保护区补植种草 56.4 hm^2；涵养林围栏工程保护区围栏 35000 m。

图 6-1　水源涵养林生态建设工程示意图

3. 项目绩效

工程实施后，将在可鲁克湖植被覆盖度较低、水源涵养能力极差的西部和北部树立两道坚固的生态屏障区，降低极端气象灾害对湖岸湿地生态系统的冲击，阻止降水冲刷营养物质入湖，保护湖滨湿地生物栖息地和流域湿地生物多样性。

6.2.2 湿地生态系统恢复

1. 建设必要性

湿地兼有水、陆特征，是自然界最富生物多样性生态景观和人类社会赖以生存发展的环境之一。可鲁克湖周边湿地在保障湖区生物多样性、提供迁徙候鸟以及野生动物栖息繁殖地、提供水资源、调节气候、涵养水源，补给地下水、蓄水防洪、调节径流、降解污染物以及观光旅游，保护可鲁克湖水体质量等方面都具有十分重要的作用。芦苇是国际上公认的湿地淡水水生植物优势品种之一，具有多年生的地下茎，根系发达，随着芦苇的生长发育，地下部分逐渐形成一个具有高活性的根区网络系统；其次，芦苇能将光合作用产生的部分氧气通过气道向地下输送至根区，根区还原态介质中形成氧化态微环境，为好氧、兼性和厌氧微生物提供了适宜的小生境，使不同微生物各得其所，发挥相辅相成的作用。

另外，由于芦苇根系对土壤的穿透作用，减小了土壤板结，增强了疏松度，使土壤水力传输得到加强和维持。由于上游生态需水被大量挤占，放牧强度加剧，自然灾害破坏等因素，可鲁克湖湖滨湿地面积减少，湿地植物数量及生物量均大幅减少，湖泊水质受到一定影响。

2. 内容及规模

在可鲁克湖河岸带（图 6-2）及旅游景区（北部河岸）码头两侧与湖岸西部，根据湿地发育、演替规律，修复受洪水破坏河岸湿地，湖泊湿地生态保育区由南向北设计湿地演替恢复系列，面积 550 hm^2，湖泊湿地生态保育区设计湿地演替恢复系列。

3. 方案绩效

通过建设湿地生态系统恢复工程，增加河岸植被覆盖和提升水源涵养及水体自净能力，健全可鲁克湖生态系统结构及功能。

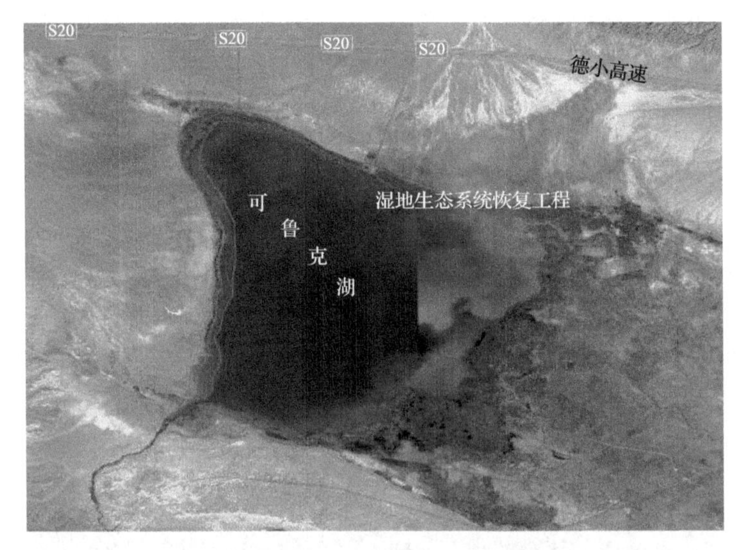

图 6-2　湿地生态系统恢复工程示意图

6.2.3　巴音河入湖口多功能湿地建设

1. 建设必要性

河流入湖口湿地是一种针对低污染水净化的生态工程技术，是因地制宜地选择适当的工程场所，构建类似天然湿地的结构和功能(黄廷林等，2006)。湿地是大量候鸟栖息的理想家园，也是保障湖区生物多样性和湿地生态系统稳定性的场所。其不但具有丰富的资源，还有巨大的环境调节功能和生态效益。

第一，可以蓄水调洪，补充地下水。在多雨或涨水的季节，过量的水被湿地储存起来，直接减少了下游的洪水压力。第二，调节气候。通过蒸发，湿地可持续不断地向大气输送大量水汽，调节区域气候，降低旱灾发生频率和危害。第三，起到净化水体的作用。水流经过湿地，流速减缓，有助于污染物的沉淀，特别是一些湿地植物能有效地吸收有毒、有害和矿化物质，对水体起净化作用。第四，控制土壤侵蚀、保护湖岸线。湿地及其植被，可稳固基地和削减地表径流的冲击力，有效防止湖岸线、湖口湾和江河堤岸的侵蚀。第五，保护生物多样性。湿地的特殊环境，为野生动植物提供了丰富的食物来源和营造避敌条件，是大量珍稀濒危鸟类、两栖类、爬行类、鱼类、哺乳类和高低等植物生长和栖息场所(金相灿，2016b)。

实施湿地生态廊道构建和生态治理能够实现拦截可鲁克湖入湖污染负荷，达到利用天然水体自净能力和进一步削减巴音河流域污染物的目的，且具有维护可鲁克湖与周边地区的水陆整体系统稳定，并发挥生物多样性保护、水体净化、污染物降解、降低入湖水体悬浮颗粒物和污染负荷缓冲作用等多种生态服务功能，是保证巴音河水质改善，实现可鲁克湖生态安全的根本性措施。

2. 建设内容及规模

方案设计地点为可鲁克湖东部沿岸入湖口水深 0.5 m 以内的湖滩地，以及巴音河入湖上游 2.6 km 范围内(图 6-3 和图 6-4)，根据巴音河入湖地形地貌和植被覆盖及保护区划，在入湖口建设多功能湿地，主要由串联沉降塘-水平表流湿地组成，面积 70.69 hm^2，入湖口通过设置围堰，提高入湖河水水位，建设生态沟渠连通湿地内各水系，使河流流域入湖口滩地成为湿地，控制范围设置土质堤坝，控制水流流向，防止河水蔓延。设置逐级流向，增加湿地停留时间。

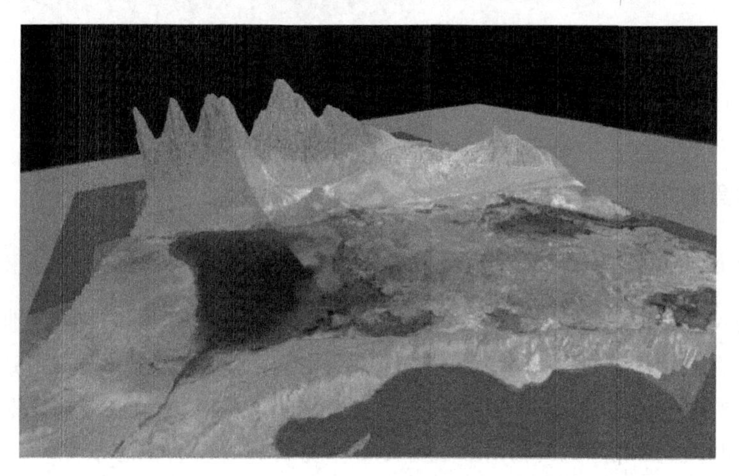

图 6-3　巴音河口多功能湿地建设工程周边高程示意图

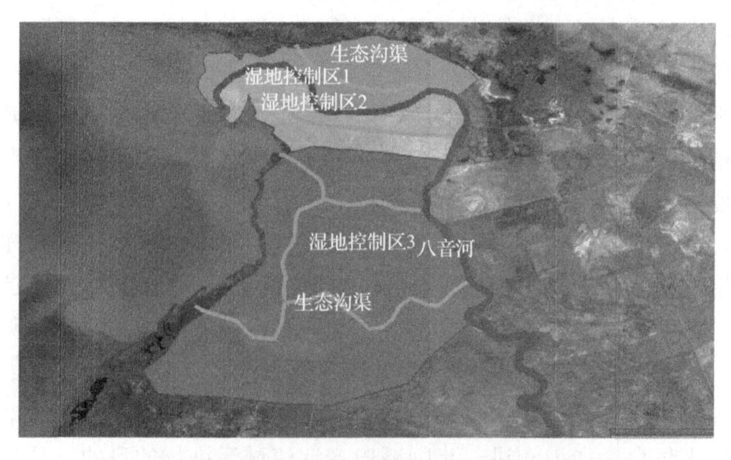

图 6-4　巴音河口多功能湿地建设工程控制区域示意图

3. 工程绩效

通过工程实施，可增加湖滨带湿地 70.69 hm^2，保护和改善湿地生物、水体及周边水源涵养植被等多样化生境，逐步增强湿地生态系统自我恢复能力，涵养湿地水土、保护湿地和可鲁克湖湖生态环境。

6.3　可鲁克湖水生态保护与修复目标及总体思路

可鲁克湖虽然总体水质较好，但浮游植物、底栖动物和鱼类等水生物类群已发生较大变化，水生态系统呈现退化趋势。本研究通过梳理可鲁克湖湖滨系统及湖泊水生态现状与问题，提出可鲁克湖水生态保育和修复的总体思路与目标，指导可鲁克湖水生态恢复。

6.3.1　可鲁克湖水生态保护与修复需要解决的主要问题

1. 削减入湖污染负荷，改善湖泊水质

光照强度、营养盐浓度、DO 含量等是湖泊沉水植物种群发展的主要限制因子之一。近年来，可鲁克湖入湖污染负荷不断增加，水质呈现下降趋势，水污染的主要因子为有机污染物和磷、氮等营养盐，污染物在分解过程中会不断消耗水体 DO，影响水生植物生长发育。同时，有机污染物形成的悬浮物颗粒沉降速度慢，长时间地影响水体透明度，最终通过影响沉水植物光补偿深度等对水生态恢复造成障碍。因此，控制和削减入湖污染负荷，提高水体透明度，改善湖泊水质是可鲁克湖水生态保护和修复的前提和基础。

2. 修复水生植被，提升生物多样性

可鲁克湖流域部分区域受水土流失与洪水冲击影响，且水产养殖方式粗放，导致湖岸区土地、湖泊水环境及生态群落遭受一定程度干扰和破坏，湖泊水生动植物减少且主要生物类群已发生了较大变化，如藻类生物多样性下降，种属数下降 37%，生物量下降 62.4%；浮游动物小型化，大型浮游动物种类急剧下降；水生植物群落分布范围缩小，且分布区域狭窄，群落组成较单一，多样性降低明显。

3. 优化湖区渔业结构，建立适合的可持续渔业发展模式

2003 年可鲁克湖水产品总产量为 54.4 吨，2015 年，渔业总产量已上升至 482 吨。虽主要采取人放天养的养殖方式，但随流域渔业开发加速，渔业投料、排泄

物和死鱼腐烂等所造成的水污染问题不容忽视，且渔业养殖管理薄弱，捕捞队伍及渔民环境意识较低，对可鲁克湖水质保护威胁较大，可鲁克湖水产品产业开发模式与水环境保护之间的矛盾需要解决。

4. 提升湖泊水生态管理及环境事故应急处理能力

截至2015年，可鲁克湖旅游景区提供旅游船舶包括游艇3艘，快艇5艘，其中运营游艇1艘，快艇3艘，接待游客达17.3万人次。可鲁克湖捕捞季节为每年3月底至10月底，人类活动产生的污染及植被枯枝落叶等自然有机物等输入，影响可鲁克湖水环境质量；针对水污染突发事件，目前没有相应的应急措施、应对设备及相关机构和预案等，应急事件应对处理能力较薄弱，亟待加强。

6.3.2 可鲁克湖水生态保护与修复目标

不同湖泊，特别是不同区域湖泊的水生态恢复目标各不相同，国内外研究者对水生态恢复表述主要有5种，其中第一种表述是完全复原(Full restoration)，其目标为“使生态系统的结构和功能完全恢复到干扰前的状态”(Cairns，1991)。措施上首先是地貌学意义上的恢复，即拆除大部分人工设施，恢复原有河流、湖滨带及湿地形态及范围等；在物理恢复基础上促进生物系统恢复。第二种表述为修复(Rehabilitation)，其目标为“部分返回到生态系统受到干扰前的结构和功能”。通过实施生态修复，大多数情况下具有重要功能的可持续生态系统和栖息地可被重建。第三种表述为增强(Enhancement)，其目标为“环境质量有一定程度改善”(National Research Council，1992)。典型的增强措施包括改变具体水域、河道和河漫滩特征，以补偿人类活动影响，如改变流域鱼类栖息地结构等。第四种表述为创造(Creation)，其目标为“开发一个原来不存在的新生态系统，形成新的地貌和生物群落”(National Research Council，1992)；如创建新栖息地，尝试把丧失栖息地影响降到最低。第五种是自然化(Naturalization)，由于水资源的长期开发利用，已形成新的水生态系统，与原自然生态系统并不一致；在承认人类对资源利用的同时，强调保护自然环境质量。通过地貌及生态多样性恢复，达到建设具有地貌多样性和生物群落多样性，且动态稳定，可自我调节的水生态系统(Rhoads and Herricks，1996)。

按上述水生态修复目标分类，根据可鲁克湖流域水资源、渔业资源和水生态演变历史和现状，可按照自然化确定可鲁克湖水生态系统恢复目标，具体包括三方面，其一优化调整渔业结构，发展生态渔业。其二通过水生植物修复等措施，逐步优化和提升水生态系统结构和功能。其三实施湖面保洁、管理和突发水污染事故应急处理等措施，提高可鲁克湖水生态系统健康安全保障水平。

6.3.3　可鲁克湖水生态保护与修复总体思路

湖泊水生态环境保护与修复基本内容包括保护水生态环境和修复水生态系统，且保护和修复同步进行，保护推动修复，修复促进保护。

针对可鲁克湖水生态修复与保护需求和需要解决的主要问题，综合考虑湖泊及所在区域生态环境脆弱等特性，可鲁克湖水生态保护与修复的总体思路应以生态保育为主，加强水生态环境监管，强化水生态修复，优化提升生态系统结构和功能。以生态保育为主，减少工程措施干预，重点在于创造水生态保护和修复条件；加强湖泊水环境保护管理，重点是加强水生态系统保护与应急管理；结合水生态监测，做好湖泊保洁、渔业及水生态监管；做好应急预案，有效应对可鲁克湖突发性水污染事故，是进一步维持和保护可鲁克湖水生态系统健康的重要保障。

强化水生态修复是通过结合湖滨带湿地保护工程，实施湖泊水生植被修复与保护，有效提升湖泊水生植被，特别是沉水植被面积。优化提升生态系统结构和功能重点是调整优化渔业结构，提高可鲁克湖生物多样性，提升可鲁克湖水生态系统功能(思路图见图 6-5)。

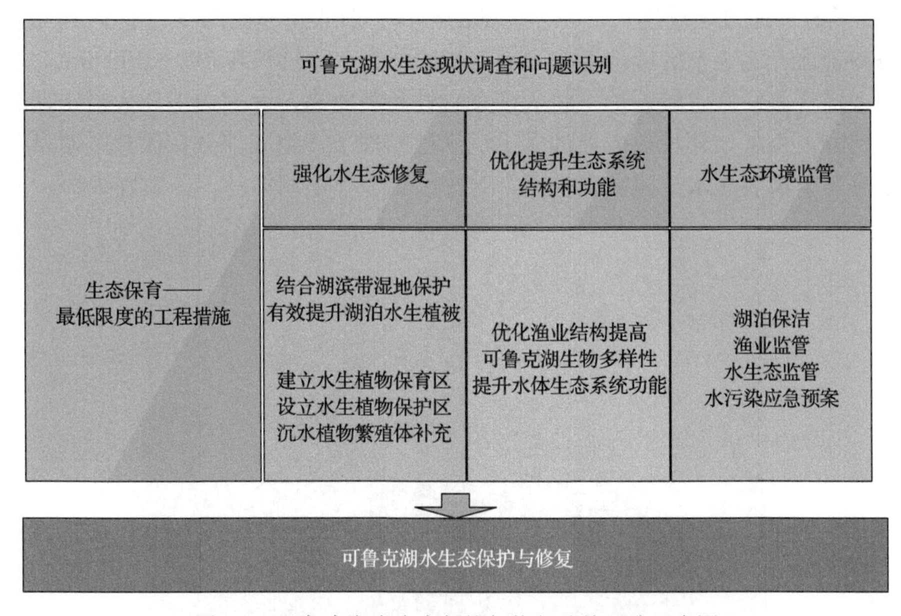

图 6-5　可鲁克湖水生态保护与修复总体思路示意图

6.4　可鲁克湖水生态保护与修复主要措施

可鲁克湖水生态系统虽已出现退化，但水生态状况尚处于可通过生态保育措施逐渐修复的阶段，水生态保育是可鲁克湖保护治理的重要任务之一。本研究试图从水生植被修复与保护、可持续渔业模式优化调整及湖面保洁与管理等方面，探讨可鲁克湖水生态保护与修复主要措施。

6.4.1　保护与修复水生植被

水生植物是浅水湖泊生态系统重要组成部分，因其具有独特的空间结构，可为鱼类和其他水生生物提供食物及繁殖栖息场所等，有利于维持和提高湖泊生物多样性和生态系统稳定性，且其生命周期比藻类长，氮、磷在体内的储存较藻类稳定，具有较好的水质净化等功能(吴振斌等，2001，2003；濮培民等，2001)。可鲁克湖水生植被恢复可选择水深较浅水域先行实施沉水植物恢复，考虑首先恢复先锋物种，在易遭受洪水冲击区域和沉水植物密度较低区域，建立沉水植物保育区和保护区，为后续的可鲁克湖水生植被修复提供条件。

1. 建立水生植被保育区

在不影响湖区景观前提下，选择水深较浅、坡度较缓、人为干扰较小的区域(图 6-6)，通过现场勘查，在东北部的河口、西北角和南部 3 个湾区建立保育区较为合适，这 3 个区域均不在规划的游船路线上，规模在 200～300 hm^2，通过渔网或栅栏等措施水域保护，将大型草食性鱼类驱离，并安排工作人员定期清理漂浮植物。每年定期投放成熟的本土沉水植物种子，将其部分在保育区萌发；另一部分种子播散在水生植被保护区，对该区域进行定期补种，并做好维护。

图 6-6　水生植物保育区

2. 设立水生植被保护区

水生植物保护区（图 6-7）应选择风浪影响较小，底质坡度平缓，水位变化不大，人类和渔业活动干扰较小，且物种资源基础较好的水域。可鲁克湖生态系统已经明显退化，目前只在湖东部人类活动较少的浅水区域，存在从远湖端至湖泊浅水处方向保存较完好的沉水植物带—浮叶、湿生植物带—挺水植物带演替分布，且该区域与湿地接壤，人类干扰小，经测算面积约 1×10^4 hm^2。因此，东部湖岸是建立水生植物保护区的首选地点。适合建立保护区，主要措施是要控制区域渔业活动强度，如清除蟹笼和加强对植被多样性高、生物量大的浅水湖湾区保护与管理，防止重点区域的植被退化，通过高频率的观测研究，建立有效的反馈机制和应急措施，提高重点保护区域的沉水植物存活率，并保障一定生物量。

图 6-7　水生植物保护区

3. 补充沉水植物繁殖体

受多种因素影响，可鲁克湖沉水植物数量较少，种类单一，且分布区域较狭小。可选择可鲁克湖沉水植物优势种且适合营养繁殖的穗花狐尾藻（*Myriophyllum spicatum* L.）和篦齿眼子菜（*Potamogeton pectinatus* L.）等作为主要修复对象，狐尾藻种子冬季休眠率较高，但休眠易破除，通过切破种皮、低温层积、硝酸钾和赤霉素等处理均可显著提高萌发率，篦齿眼子菜种子冬季休眠性较强，低温层积及赤霉素浸泡等均能显著提高萌发率。因此，初春的 4～5 月将沉水植物种子大规模萌发，并在保育区形成幼苗，待植株具有较强存活能力后投放将逐步恢复可鲁克湖沉水植物规模，可丰富可鲁克湖水生植物资源。

4. 人工辅助恢复沉水植被

优先选择湖泊水域底泥黏固性好、透明度高、较浅(2.0 m)的区域，种植耐污且鱼类不喜食的水生植被；再根据区域水动力及地形等条件，选择恢复合适水生植物，如毛轮藻群系(Form *Chara tomentosa*)、穗花狐尾藻群系(Form *Myriophyllum spicatum*)、篦齿眼子菜群系(Form *Potamogeten pectinatus*)等茎机械性能较高的种类。

秋冬季可补种芦苇改善水质和底质，利于春夏季其他植物种类生长。浅水湖湾水域修复一定量水生植被可在一定程度上净化湖泊水质；另外，旅游景点或养殖密集区周边等区域设置水生植物浮床等设施，净化水质，增加水体 DO。

定期检测水生植被修复或恢复区水质、底质及植被生长状况，逐步优化和改善水生植被存活环境，以适应水生植被生长。同时，禁放草鱼等草食性水生动物，保护可鲁克湖泊现有水生植物。

5. 实施沉水植被优化管理

尽管水生植物可吸收水体氮、磷，对有机物和重金属也有较强的富集和去除作用，但若没有收割等管理措施，生物量过高会导致水生植被无法正常光合作用，进而大面积烂死于湖底，同时引起鱼虾蟹类等大量死亡，其吸附吸收氮、磷便会随腐烂分解返还至水体，造成水体二次污染。

可鲁克湖恢复的主要沉水植物穗花狐尾藻和篦齿眼子菜适应能力强，属喜光植物，相对于其他沉水植物，具有较高光合速率，能在水体表面形成厚密的冠层，且是优良的鱼类饲料。沉水植物的优化管理是从水生植被生长、繁殖及移出污染物等角度综合考虑，4～7 月的生长阶段，减少食草性鱼类放养；7～9 月繁盛期，再利用食草鱼类控制沉水植被规模，保持水生态系统平衡；9～10 月沉水植物进入衰亡期，实施适量打捞等管理活动，尽可能保留更多的种子和能量贮存器官，尤其是保护底泥中的篦齿眼子菜等块茎和穗花狐尾藻等母株。按照目前可鲁克湖浮水植物、沉水植物特点和分布规律，在沉水植物覆盖率恢复至 60%前，对优势水生植物应实施保护为主的管理方式，在覆盖度恢复后，按照一般草型湖泊沼泽化控制经验，需要在每年进行两次以上打捞，收割打捞比例控制在 30%为好。

6.4.2　建立可持续发展的渔业模式

渔业生产是自然界物质与能量循环的一部分，合理的鱼类种群结构有利于水生态系统从藻型向草型转变，利于优化水生态系统结构和功能，并促进水质改善（张根芳等，2005；胡传林等，2005）。因此，通过科学渔业生产，优化和调整渔业结构，能进一步保护和改善可鲁克湖水质，同时提高生物多样性和水生态系统健康水平，基于可持续发展的可鲁克湖渔业模式设计详见图6-8。

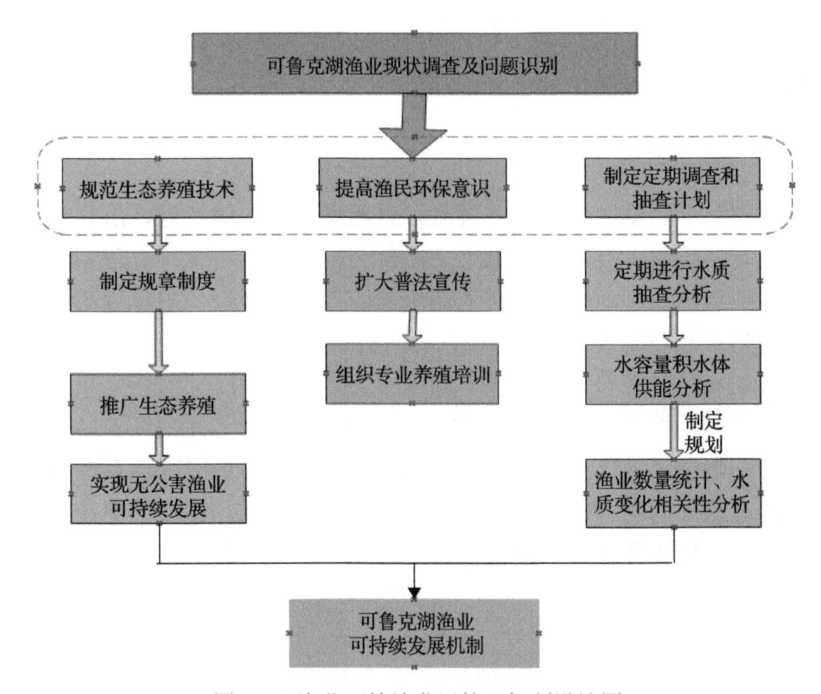

图6-8　渔业可持续发展管理机制设计图

1. 优化渔业结构，实施规范化生态渔业养殖模式

针对可鲁克湖渔业状况，制订适合的渔业保护条例，实行渔业生产准入制，合理搭配放养鱼类品种，优化渔业结构，实施规范化生态渔业养殖模式，严禁不规范的养殖企业进入；推广生态养殖、合理密养、减少能耗，禁止任何形式的饲料投放，控制N、P等对水环境的可能污染，促进可鲁克湖渔业的可持续发展。

2. 规范渔业捕捞队伍，提高渔民的环境意识

遵循国家《渔业法》和《可鲁克湖流域渔业资源管理办法》，落实合理禁渔，保护可鲁克湖天然鱼类的自然增殖。扩大执法宣传，提高渔业捕捞队伍人员素质，不同鱼汛期使用不同渔具进行作业。严禁非法捕鱼、电鱼或毒鱼等行为。

3. 制定定期调查和抽查计划，保障渔业可持续发展

定期进行湖泊渔业水质分析，初级生产力等调查。根据水环境容量和水体功能，重新规划渔业数量、面积以及人工放养品种、数量和规格及时间等，及时掌握生态养殖状况，保障渔业可持续发展。

6.4.3 加强沿湖区环境保护与旅游管理

1. 加强沿湖区旅游管理

可鲁克湖部分湖滨区属旅游开发区，且距离周边乡镇较近，游客和附近居民出入湖滨带垂钓频繁。针对游客的不文明行为，管理处可执行分段责任制，安排专人进行维护和管理，对于游客进入湖滨带随手丢弃垃圾、破坏湖滨带植被等行为应加以劝阻，并及时恢复。

2. 强化管理降低沿湖区人为干扰

可鲁克湖南岸区域仍有一定数量农田，湖泊沿岸周边网围栏存在多处动物饮水通道。针对这一问题，应加强湖滨带与近岸水域管理和巡查，坚决制止占用湖滨带进行耕种、放牧等侵占湖滨带行为。

3. 加强环境监管与执法

加强执法检查，对违反环境保护法律法规的重大问题，依法向保护区和湖泊管理部门质询，限期整改，对整改不力、造成重大损害或严重社会后果的行为，依法进行处置。加强环境保护执法，及时受理可鲁克湖环境保护民事、行政、刑事案件，对严重破坏水资源、污染水环境的单位和个人依法处理。建立鼓励公众和民间团体参与可鲁克湖环境保护和生态修复监督，建设并形成多层次生态安全屏障。建立科学管理机制，全面提升环境监管水平，发挥所有工程措施和非工程措施综合效益，使可鲁克湖水质保持“良好”，生态安全长期稳定在“安全”以上水平。

4. 加强环境管理

季节更替时会有大量水生植物残体在厌氧条件下形成带有恶臭的腐殖质，要及时清理这些残体以避免水体沉积物中有机物的累积，防止二次污染。在加强湖滨带内生活垃圾清理的同时，加强近岸湖面的清洁，还应注意与河管员、各村保洁员进行合作，及时清运湖内的生活垃圾，保证可鲁克湖湖面清洁卫生。

6.4.4　建立水污染事故应急处理机制及预案

突发性水污染事故是指由于人为、灾害等影响，水资源水质在短期内恶化速率突然加大的水污染现象，一般没有固定排放方式和途径，且突发、凶猛，往往在短时间内排放大量有害污染物，对人类健康及生命安全造成了巨大威胁，其危害制约着生态平衡及社会经济的发展(吴小刚等，2006)。可鲁克湖周边虽然没有环境风险较大的工业，但游船和渔船活动频繁，燃料泄漏风险不容忽视，且可鲁克湖属于德令哈市一级水源保护地，为了应对可鲁克湖可能出现的突发性水污染事故，应建立可鲁克湖生态灾害应急监测点，参考《突发环境事件应急监测技术规范》(HJ 589—2010)，配置相应的监测力度、监测设备，快速监测所需水质数据、信息等，建立水质监测与预警平台，为更好地开展应急工作提供决策依据，对水环境突发性污染事故做到防患于未然。

应设立可鲁克湖水污染突发环境事件应急指挥部，负责领导组织和协调突发水污染事件应急工作；组建应急管理机构及应急事件处理专家组，确定应急类型及应急级别，制定相应应急预案和处理措施。

可鲁克湖水污染事件应急处理主要包括以下几方面内容：

1. 设立水污染应急处理指挥部

成立可鲁克湖水污染突发环境事件应急指挥部，负责领导、组织和协调可鲁克湖涉及突发水污染事件应急工作。具体职责为组织指挥各方面力量处理影响水污染的突发环境事件，统一指挥事件现场的求援，控制事件的蔓延和扩大；向上级应急机构报告水污染突发环境事件应急处置情况，发布水污染突发环境事件预警级别和处置命令，启动相关预案或采取其他措施；负责指挥、调度以及调动警力、民兵及相关部门、企事业单位等社会力量，共同做好应急救援工作；决定对水污染突发环境事件现场进行封闭和对交通实行管制等强制措施。

2. 制定应急处理预案

1) 水源地保护应急预案

针对可鲁克湖集中式饮用水水源地保护的应急能力比较薄弱状态，加强环境事故风险的防范能力，避免或防止饮用水水源地污染，以预防为主，充分考虑潜在的突发性事故风险，制定不同风险源的应急处理处置方案，形成应对突发事故应急处理处置能力。应急能力建设的目的表现在两方面，其一是通过在日常饮用水水源地水质管理中实施污染控制措施，降低饮用水水源地污染事故发生概率；其二是一旦发生污染事故并造成或可能造成饮用水水源地水质污染时，可有计划地进行应对，最大限度减小污染事故造成的危害，并及时进行水环境修复。

A. 预案内容

a. 确定应急类型及应急级别

针对可鲁克湖饮用水水源地水质特征、地点、所在地区经济发展状况与发展模式等确定可鲁克湖饮用水水源地应急类型与应急级别。

b. 建立水质监测与预警平台

依靠常规监测为主体的日常环境监测及相应评估体系，对已有的水环境风险源加以监控，并充分考虑未知及将来可能出现的风险源造成的潜在影响，对水源地保护区突发性污染事故做到防患于未然。

c. 提高饮用水水源地水质监测能力

做好水质监测，提高饮用水水源地水质自动监测和实时监测能力，做好应急预警，建立饮用水水源地预警数字化监测系统、预警信息管理系统等技术依托平台，建立信息传递、技术资料提供、应急指挥、报警服务等高效、快捷的信息共享、反馈、发布系统，做好技术支持保障工作。

d. 制定应急预案

根据可鲁克湖饮用水源地特点，确定事故响应级别，制定事故应急预案，主要内容应是事故应急处理方案，并根据需要清理危险物质的特性，有针对性地提出消除环境污染、恢复环境质量的应急处理方案。

e. 组建应急管理机构

负责日常的水质监测、预警预报，可以由环境监测部门负责，出现紧急突发事故时，政府相关部门组织建立应急指挥小组。根据可鲁克湖水源地保护区周围经济发展、地域、地形、交通、水质等特点，判定可能发生的污染事故类型，有针对性地进行应急装备建设。主要包括针对可能的燃油污染购置相应的拦油、除油设备设施及试剂；针对可能发生的突发性翻车或意外事故导致污染物进入而进行的活性炭储备等。

B. 应急系统运行保障

为在发生突发性污染或事故时应急系统能够有效运行，需要进行应急系统建设，包括应急管理机构组成和设置、监测预警机构建立和完善及相应应急能力建设，如专业藻类清捞船只购置等，同时做好保障。

a. 资金保障

突发污染事件的应急处理所需经费，包括仪器设备、专业水面固体清捞船只、交通车辆、咨询、演练、人员防护设备、应急办公室运作等的配置和运作经费。

b. 应急队伍保障

应急队伍组建应包括环保、公安、卫生(疾控)、水利、安全生产监督管理、交通、信息及后勤保障部门和单位等，形成完善的应急监测网络和应急救援体系；

由指挥部牵头，组织有关职能部门、企业对专业救援队伍和预案组织排练和预演，确保事件发生时，能迅速控制污染，减少对人员、生态、经济活动及水源地危害，保证环境恢复和用水安全。

c. 装备保障

加强对重金属、石油类、危险化学品的检验、鉴定、监测设施设备的建设，增加应急处置、快速机动和防护装备物资储备，包括清污、除油、解毒、防酸碱以及快速检验检测设备、隔离及卫生防护用品等。

d. 制度体系保障

根据国家有关法律法规，按照不同应急级别建立完善的饮用水水源地污染事故应急预案，同时应明确责任人、责任单位，并在保障公众人身安全的前提下，充分发挥公众参与的力量。

e. 科技保障

采用先进监测、预测、预警、预防和应急处置技术及设施，充分发挥专家队伍和专业人员的作用，提高应对事故的科技水平和指挥能力。

C. 应急类型与级别

根据可鲁克湖集中式饮用水水源地特点，应急类型分成常规污染型和突发卫生事故型，前者主要包括水华藻类堆积与船舶油污染等。应急预案级别分成 3 等，预警级别等级越高，预案措施越周密完备。

D. 应急预案

a. 藻类水华控制与去除预案

可鲁克湖虽水质总体较好，但换水周期长，污染负荷高的局部水域可能存在水华风险。因此，针对可鲁克湖目前的水质和水生态状况，从可鲁克湖保护和管理的角度考虑，需建立藻类水华应急方案。

(1) 水华发生前期的预警与风险评估。根据历史资料和区域水文、水化学特征、营养负荷特征，做好前期监测和预警等措施，及时向当地政府汇报情况做出反应。藻类水华易发的夏季，应加强重点水域监测和巡查，及时发现情况并汇报。另外，及时通知相关政府部门，准备藻类水华暴发应急预案。

(2) 水华暴发时加强水质监测。水华暴发后，能在短时间消减藻类，以减小对生态系统破坏，应做好水质应急监测易发水域水质动态监测，开展藻类动态观测与藻华物种鉴定及毒性分析，如饮用水源地水质恶化或藻毒素等超标，需提升水厂处理级别或停止供水，通过限量供水或启用备用水源保障供水。

(3) 人工打捞应急除藻。在水华风险较大区域设置水华藻类打捞点、打捞平台，并配备一定数量的机械打捞船等打捞设备，建立应急处理反应队伍。此外，藻类具有高 N、P 吸收和周转能力，富含植物蛋白、多糖等营养成分，是一种优质有机肥料，可把打捞或收集蓝藻等废弃物加工处理，资源化利用。

b. 船舶油污染控制预案

可鲁克湖是风景秀丽的 AAA 级旅游区，近年来湖区旅游人数大大增长，但是可鲁克湖的数个知名景点均分布在一级保护区范围内，游客的数量直接导致排污量的增加，距离在设计饮水工程不足 1 km 处的游客码头的船舶燃油污染也给保护区生态环境带来了威胁。

普通船舶由于碰撞、搁浅、装卸等均可能造成燃油污染，石油类污染物排入水体后，会在水面上形成厚度不一的油膜，阻碍了空气与水体之间氧的交换，严重影响了水体复氧功能，导致水中 DO 浓度迅速下降，影响水体自净能力，水中石油污染会破坏水体正常生态环境，还可使水底质变黑发臭。另外石油类污染物中的“三致”物质(致癌、致畸、致突变物质)也会被水中鱼、贝类等生物富集，并通过食物链传递至人体。原水中存在石油类污染物将会对常规的水处理工艺(混凝、沉淀、过滤、消毒)产生一系列不利的影响，进而影响出水水质。

水体石油类物质不利于常规的混凝过程，会妨碍已经形成的絮体沉降；采用砂滤等常规工艺处理时，石油类物质吸附在颗粒表面，会阻止砂滤过程的正常进行，降低反冲洗效率，因而常规处理工艺很难将石油类微污染水处理到符合饮用水水质标准；石油中的烷烃类物质在传统的加氯消毒过程中被氧化会产生三卤甲烷类副产物，这类物质大多具有致癌、致突变性；国内溢油事故技术处理工具及手段主要包括围油栏、集油器、油回收船、吸油材料、凝油剂、分散剂、现场焚烧、微生物降解、沉降处理等。当发生溢油事故，首先应采用围油栏及时控制油污染扩散，尽量将污染阻截在二级保护区外，然后根据污染情况(污染面积、污染物种类和性质等)采取相应除油措施去除污染。如污染物已进入水源保护区，则及时监测水源水质，应在水厂采取措施，情况紧急启用备用水源。

c. 化学品污染意外事故控制预案

公路上发生运输能污染水体的污染物如化学品的车辆翻车倒入湖中或农用船装载农药、油等发生意外泄漏事故，直接流入湖水中，造成水体甚至水源地的污染。为了防止由于污染物泄漏等事故造成水源无法供水的情况，在公路靠近可鲁克湖一侧建设地下调节沟渠，事故发生时启用调节沟渠，由于公路运输车辆装载量的限制，这种突发事故造成污染泄漏的量不会很大。因此，也可以利用现有的道路两侧的排水沟渠，但应做好防渗设计，污染地下水或通过地下暗流进入可鲁克湖。同时，发生泄漏等事故时，可以在调节沟渠内对污染物质进行应急处理处置。根据泄漏物质性质采用解毒、防酸碱、防腐蚀等试剂材料进行处理或采用活性炭吸附，同时应进行严密监测，一旦污染物质进入水体，则应启动应急水源供水方案，以防止化学品污染对公众安全构成威胁。

2) 水污染应急后期处置

A. 善后处置

事发地县(市)区政府会同有关部门，积极稳妥、认真细致做好善后，弥补损失，消除影响，总结经验，改进工作，进一步落实应急措施。

B. 环境损害评估

应急终止后，环境应急指挥中心相关单位对事件损害进行评估。

C. 安置及补偿

事发地政府对事件中的伤亡人员、应急处置工作人员以及紧急调集、征用有关单位及个人的物资及时给予抚恤、补助或补偿；对污染发生地群众经济损失，应根据评估结果给予相应补偿。

D. 饮用水水源地环境修复

针对不同水源类型，采取科学有效措施对污染水源进行环境修复。

E. 改进措施

环境应急管理办公室根据调查和总结评估情况，向环境应急指挥中心提出风险源管理、水源地环境安全保障、预案管理等环境安全改进措施建议。在政府统一领导下，相关部门和单位落实各项改进措施。

6.5　可鲁克湖流域水环境保护治理可行性分析

基于对可鲁克湖问题诊断分析，主要入湖河流河口实施天然湿地建设等项目，削减入湖污染负荷，有利于实现可鲁克湖水质保护目标；对植被较为稀少，受畜牧业活动影响较大的西部和北部自然湖滨带进行保护及缓冲带自然体系构建，使湿地面积萎缩、草原退化、土地荒漠化扩大的趋势得到有效缓解，加强对面源污染物的拦截；恢复水生植物，提升水生生态系统抵抗自然冲击能力。此外，全面规范可鲁克湖自然保护区人类活动，整体减少流域污染物入湖量。实施本研究方案可缓解并扭转可鲁克湖水质下降趋势，保护和改善当地民众生活环境。因此，有必要从环境、社会和经济等角度，分析该方案的效益和目标可达性。

6.5.1　目标可达性分析

1. 水质目标可达性分析

目前湖区的水质除 COD_{Cr} 外大部分指标能达到Ⅱ类，入湖河流水质总体在Ⅲ类，但四大方案和措施的实施能有效减少污染物的入湖量。因此，在方案实施期末，可鲁克湖水质能保持Ⅱ类，COD_{Cr} 平均值从超Ⅲ类降至Ⅱ类目标是可达的。

2. 总量控制指标可达性分析

方案目标可达性分析如表 6-1 可知，至 2020 年，方案措施实际削减排放量大于目标削减排放量，目标可达。

表 6-1　方案的目标可达性分析

污染指标	COD_{Cr}/(t/a)	氨氮/(t/a)
工程措施污染物入湖量削减目标	769.45	96.18
非工程措施污染物入湖量削减目标	850.07	76.43
污染物入湖量削减合计	1619.52	172.61

3. 环境管理指标可达性分析

通过可鲁克湖流域综合管理，设置的管理目标基本可达，水源涵养能力得到加强，入湖河流生态保育得到明显提升，人类活动对湖泊的污染现象得到有效的遏制，城镇生态功能更加健康，生态型工业链网逐步形成；将有效地拉动地方经济，促进社会文明进步，使生态效益、经济效益、社会效益形成高度统一。

6.5.2　效益分析

1. 环境效益

1) 显著削减入湖污染负荷，有利于实现可鲁克湖水质目标

针对可鲁克湖流域周边及主要入湖河流受人为因素和自然因素影响，在主要入湖河流巴音河口建设多功能湿地工程，湖西和湖北分别种植灌木植物篱和水源涵养林，形成可鲁克湖的生态屏障，限制湖区 5 km 内的无序放牧，湖东自然湿地区域内的枸杞种植活动。预计 2020 年削减污染物 COD_{Cr} 1619.52 t/a 和氨氮 172.61 t/a，大量削减污染物排入湖河流总量，进而保持可鲁克湖良好水质。

2) 提高湖滨缓冲带健康生态系统，提升其生态功能

通过对现有的自然湖滨带进行保护，降低人为干扰，保证水生植物群落结构的稳定和协调，采用多种适用工艺，结合可鲁克湖湖滨的地理位置、使用功能以及地形地貌等特征对可鲁克湖最高蓄水水位线以上 200 m 陆域范围内及外围进行缓冲带自然体系构建，逐步恢复湖滨缓冲带健康的生态系统，为可鲁克湖恢复良性生态系统和生物多样性保育、减少水土流失、水质净化等生态功能的发挥奠定了基础。

2. 社会效益

1) 改善流域自然环境，提高居民生活环境质量

通过方案的实施，可鲁克湖流域生态结构、自然景观、生物多样性水平将得

到提高和改善，流域自然环境得到改善，为居民提供舒适的活动空间，提高居民的生活质量，为人们提供独特的娱乐、美学、教育和科研价值。

2)具有科研价值，促进青海湖环境保护

通过实施本方案，将有效控制可鲁克湖流域污染负荷，保证水环境质量，修复水生态系统结构及功能；本方案的实施将累积大量的技术、运行管理经验和湖泊监测数据，为青海省湖泊水环境保护、治理及制定相关标准提供宝贵的经验，也可为我国湖泊水环境保护及水生态修复产业发展做出贡献，具有较大科研价值。

3)环保科普教育示范基地，提高居民及游客环境保护意识

通过方案中工程的实施，人们体会到环境保护的重要性和环境效益。随着可鲁克湖生态环境的改善，人们的环保意识也将随之加强，整个流域的环境保护将产生质的飞跃，保护环境，爱护可鲁克湖将成为当地村民的自觉行为。

3. 经济效益

可鲁克湖水污染防治以及流域生态建设，可以有效恢复可鲁克湖流域及其湖滨带的自然环境、生态系统以及湖内水生植物多样性，有效地恢复可鲁克湖地区大量持水性良好的土壤和植被，提高该流域的水源涵养能力，减缓并降低暴雨的冲刷，减少进入可鲁克湖的泥沙量、河道污染负荷直接汇入以及水生植物单一、覆盖率低的问题。由此即为良好的生态完善、水质净化作用带来的间接经济效益。

6.6 本章小结

可鲁克湖流域地处荒漠地区，周边荒漠化现象较为严重，生态系统脆弱，整体生态退化趋势明显，其中湖滨湿地退化发生在湖泊北岸和西岸，由于草场退化和耕种面积的扩大，植被覆盖率的降低造成水体涵养能力弱导致水土流失严重，近十年来德令哈市降水量的上升，使降水对地表的冲刷携带了大量的营养物质进入可鲁克湖，造成水质下降。受此影响，可鲁克湖水生态退化趋势明显，水污染及水生态退化风险较大，主要问题包括水生植物种类数下降，分布范围大面积萎缩，且狭窄，生物多样性较低；渔业资源受人类干预影响较大，特别是受养殖影响较大，养殖不仅污染水质且导致水生植被减少等水生态退化问题加重，湖区养殖业管理薄弱，发展模式有待完善；湖面船只活动频繁，湖泊环境及生态监测薄弱，风险事故及突发事故应急能力不足。

可鲁克湖流域实施湖滨湿地和水生态修复，主要措施包括水源涵养林生态建设工程，通过水源涵养林生态建设提高湖岸植被覆盖度，增强区域水源涵养能力，增加可鲁克湖抵御自然灾害冲击能力；湖滨湿地生态系统恢复工程，以巩固多年

来在可鲁克湖生态环境保护工作中取得的成效，解除湖泊周边面源污染对湖泊水域的威胁；通过巴音河入湖口多功能湿地建设工程，增加污染物在河口入湖前的沉降与降解程度，提高入湖水质，维系区域生态稳定，保护湖泊水质。

通过实施上述具有针对性、合理可行的修复方案，将逐步增加湖区天然林、水生植被、水源涵养功能和生物多样性，使湿地面积萎缩、草原退化、土地荒漠化扩大的趋势得到有效缓解，降低河岸污染物入河量，提高水体自净能力和湖泊生态系统稳定性，增强水体生态系统抵抗自然冲击能力，实现湖泊生态系统的健康发展。

水生态修复的主要思路是以生态保育为主，加强水生态环境监管，强化水生态修复，优化提升生态系统结构功能；总体目标为实施生态化修复，包括实施渔业结构优化调整，发展生态渔业；修复水生植物，提高生物多样性；实施湖面保洁、管理和制定突发水污染事故应急预案等，进一步提高可鲁克湖水生态系统健康及安全保障水平。具体措施包括建立水生植被保育区与保护区，通过沉水植物繁殖体补充、人工辅助沉水植被恢复和优化管理，保护恢复湖泊水生态系统；优化渔业结构、规范渔业捕捞、提高渔民及民众环境意识，实现规范化生态渔业养殖模式；加强沿湖区环境保护与旅游管理，落实旅游区和沿湖区环境监管及执法；建立和完善水污染事故应急处理管理及预案。

第 7 章　可鲁克湖流域水质目标管理

进行水污染防治时，实施水质目标管理已经是国内外研究人员的共识，水质目标管理已经成为水污染防治实施的关键技术。目前我国实行的流域水质目标管理是在总量控制技术体系基础之上发展而来的管理模式，基于流域区域自然环境和自净能力，控制污染物负荷总量(单保庆等，2015)。我国现行目标总量控制政策(目标总量)是以行政区为单位，以总量目标确定点源污染物排放量减排量(雷坤等，2013)，遏制水质恶化趋势是其重要目标，但总量控制方式没有将水质目标与污染物控制紧密联系，污染负荷削减分配缺乏有效依据。加之我国污染水体众多，污染类型复杂，污染来源多样，当前简单的总量控制管理体系无法准确诊断流域水环境问题并构建基于流域水质目标管理的污染负荷削减方案(程鹏等，2016)。

可鲁克湖流域点源污染排放入河(湖)量较小，以畜牧业和农业为代表的非点源污染尚未纳入总量控制范围内，且点源污染物总量削减目标的确定没有考虑污染物排放量和巴音河、巴勒更河及可鲁克湖等受纳水体间的响应关系。因此，亟须在借鉴国外先进经验基础上，开展符合可鲁克湖流域保护治理目标的总量方案研究，实现从简单目标总量控制向基于水质目标的容量总量控制转变，尤其要把面源污染考虑在内(柯强等，2009)。20 世纪 70 年代，发达国家提出了容量总量控制模式，如日本流域总量控制计划、美国最大日负荷总量(TMDL)、欧盟的水框架指令等(邢乃春和陈捍华，2005；Borsuk et al.，2003)。其中以美国 TMDL 计划最具代表性，逐步形成了一套完整系统的基于环境容量的总量控制策略和技术方法体系，成为美国确保地表水达到水质标准的关键手段(Birkeland，2001)。

本研究将借鉴美国 TMDL 管理思路，结合本区域特点，构建可鲁克湖流域水质目标管理体系，通过划分流域控制单元，确定控制因子及优先控制单元，计算水环境容量，制定合理水资源调控方案，污染负荷分配及总量削减方案，以保证水体生态功能和自净能力，有效削减入湖污染物负荷，扭转水质恶化趋势，确保可鲁克湖整体水环境质量保持Ⅱ类，并防止其富营养化；并从环境、社会和经济等角度分析可鲁克湖水环境保护治理的效益和目标可达性，从组织实施和保障措施等方面制定可鲁克湖水质提升方案组织实施计划。

7.1　可鲁克湖水质目标管理总体思路及目标

7.1.1　需要解决的主要问题

可鲁克湖水环境功能区划为Ⅱ类水体，但近 5 年主要水质下降趋势明显，水质整体由Ⅱ类向Ⅲ类发展。水质目标管理的目的是通过制定污染源的控制目标和管理体系来改善受污染水体的水质，在可鲁克湖流域，由于环境管理较为滞后，此前并未建立流域水质目标管理体系，因此本研究需要解决的首要问题是按照水质目标管理的流程，建立一个符合可鲁克湖流域的水质目标管理体系和管理策略，最后针对性提出可鲁克湖水质改善措施和目标管理方案。

7.1.2　可鲁克湖流域水质管理总体思路

以流域水质目标管理 TMDL 框架为基础，构建以保持水生态系统健康为目标的可鲁克湖流域水质管理体系。通过划分流域控制单元、确定控制因子及优先控制单元、计算水环境容量，制定合理水资源调控方案、污染负荷分配及总量削减方案，以保证水体生态功能和自净能力，减少入湖污染物负荷，扭转水质恶化趋势，确保可鲁克湖整体水环境质量维持在Ⅱ类，并防止其富营养化的发生。

可鲁克湖流域水质管理方案总体思路详见图 7-1。

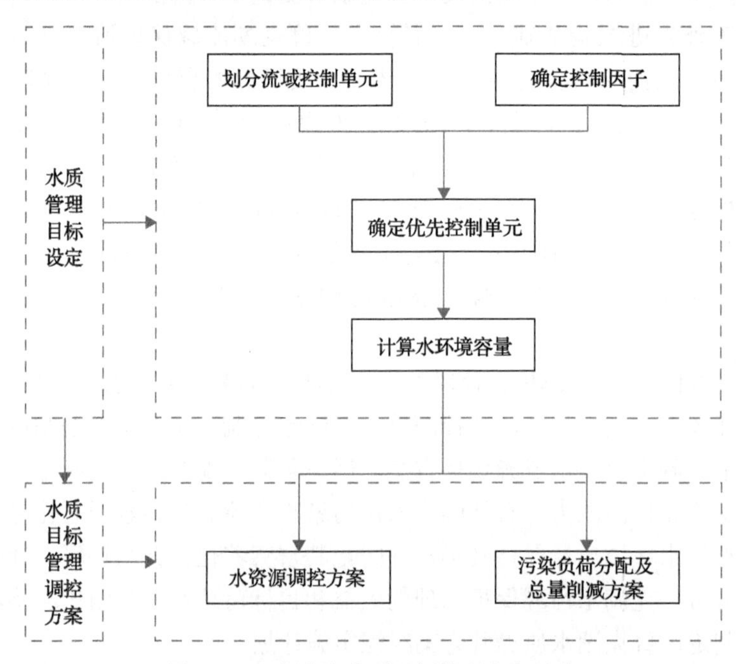

图 7-1　可鲁克湖水质目标管理方案思路

7.1.3　可鲁克湖水质目标

1. 总体目标

可鲁克湖流域水质管理总体目标是改善湖泊水质，使其总体维持在Ⅱ类，防止富营养化，促进流域经济与环境和谐发展。通过可鲁克湖水质目标管理方案的实施，减轻人为活动对可鲁克湖流域造成的环境压力，有效遏制流域水质下降趋势，促进水环境质量改善、水生态系统结构和功能恢复，提高流域水源涵养功能和生物多样性，实现自然资源的持续利用和自然生态系统良性循环，保护流域生态环境，实现可鲁克湖流域水环境、流域生态及经济与社会效益协调统一。

2. 水质目标

青海省人民政府已批复的《青海省可鲁克湖生态环境保护项目总体实施方案(2012—2015年》(青政函[2012]151号)文件要求："到2015年，可鲁克湖水质保持Ⅱ类，防止富营养化，促进流域经济与环境和谐发展。"《青海省水环境功能区划》也规定了可鲁克湖流域相关河流的水体功能区类型和水质目标。可鲁克湖水质受上游来水影响明显，为使湖泊水质能够总体控制在Ⅱ类，对入湖水质进行严格控制。根据《青海省可鲁克湖生态环境保护项目总体实施方案(2012—2015年》(青政函[2012]151号)和《青海省水环境功能区划》，确定到2020年可鲁克湖流域水质目标[水质指标参考《地表水环境质量标准(GB 3838—2002)》表中的21项指标(不包括水温、粪大肠菌、TN)]如下：

(1)可鲁克湖水质达到Ⅱ类；

(2)巴音河源头至依克阿勒起点段水质达到Ⅰ类标准；

(3)巴音河依克阿勒起点至德令哈市黑石山水库段水质达Ⅱ类标准；

(4)巴音河德令哈市黑石山水库至入湖口段水质达Ⅲ类标准，入湖口断面水质按照地表水环境质量Ⅱ类标准控制；

(5)白水河源头至可鲁克湖入湖口段水质达到Ⅱ类标准；

(6)巴勒更河源头至可鲁克湖入湖口段水质达到Ⅱ类标准。

7.2　可鲁克湖水环境容量及流域控制单元

7.2.1　流域控制单元划分及优先控制单元确定

1. 流域控制单元划分

可鲁克湖流域不接纳德令哈市排放污染物，根据可鲁克湖流域地形、水文、水功能区、行政区划等实际情况，本研究将可鲁克湖流域划分为 5 个控制单元，即巴音河源头控制单元、巴音河蓄积盆地控制单元、巴音河城镇/农业及过渡区控制单元、巴勒更河控制单元、可鲁克湖湖区控制单元(图 7-2)。综合考虑各污染控制单元区域土地利用方式，得到排放比例系数，结合德令哈市污染排放入河总量，得到可鲁克湖流域污染物排放量和入湖量，详见表 7-1。

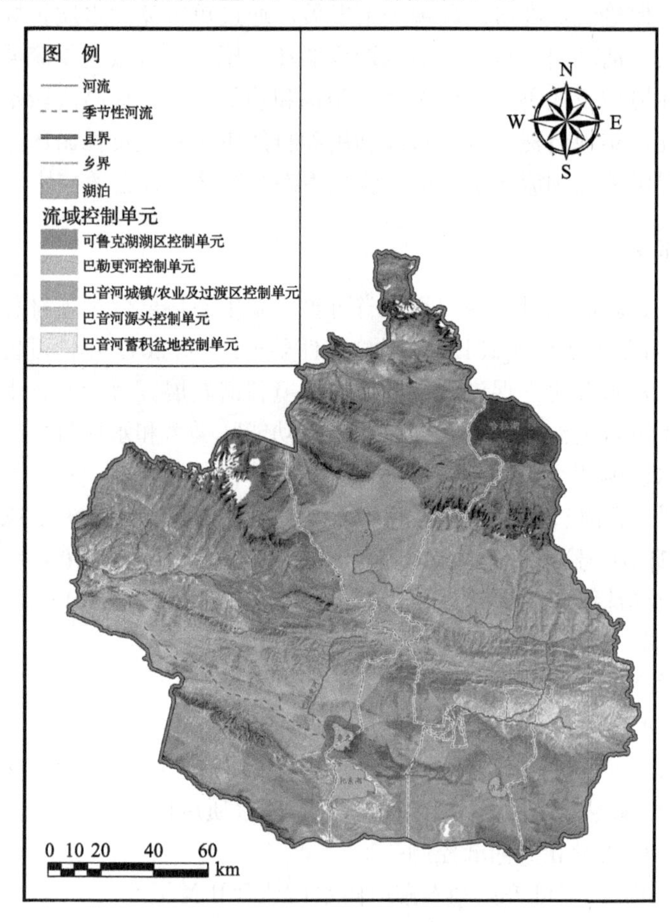

图 7-2 可鲁克湖流域污染控制单元示意图

表 7-1 各流域控制单元占流域全市排放量比例系数

流域控制单元	工业排放	城镇生活	农村生活	畜禽养殖	农田面源	旅游服务	水上交通	水产养殖
巴音河源头	0	0	0.21	0.26	0	0	0	0
巴音河蓄积盆地	0	0	0.03	0.081	0.05	0	0	0
巴音河城镇/农业及过渡区	1	1	0.66	0.22	0.74	0.5	0	0
巴勒更河	0	0	0.09	0.063	0.22	0	0	0
可鲁克湖湖区	0	0	0	0.0077	0	0.5	1	1

2. 优先控制单元确定

根据可鲁克湖流域各控制单元水污染和水环境容量现状及预测各控制单元区域内污染物排放量和水环境容量，确定水环境改善需求，实现流域精细化管理、精准化治污，系统推进流域水污染防治、水生态保护和水资源管理。

可鲁克湖流域范围确定巴音河城镇/农业及过渡区控制单元和可鲁克湖湖区控制单元为优先控制单元，承担流域总量减排和水质改善主要任务，采取综合性治理措施，强化污染物排放总量控制，大幅削减污染物排放量，保障河道生态基流，确保可鲁克湖水环境质量达标。

3. 控制因子确定

根据可鲁克湖水质下降原因分析，选取 COD_{Cr} 和氨氮作为水质管理控制因子。

7.2.2　水环境容量计算

1. 计算模型

1) 湖泊水环境 COD_{Cr}、氨氮容量模型

根据《全国水环境容量核定技术指南》，本研究以年尺度来进行可鲁克湖水质目标管理。因此，将可鲁克湖看成一个完全混合反应器计算湖泊水环境容量。

$$W=C_s(Q_{out}+KV)$$

转换量纲后公式为：

$$W=C_s(Q_{out}+KV)\times 10^{-6}$$

式中，W 为湖泊环境容量，t/a；C_s 为湖泊水功能目标值，mg/L；Q_{out} 为水库的出流水量，m^3/a；K 为 COD_{Cr}、氨氮的综合降解系数；V 为湖泊总储水量，m^3。

2) 河流水环境容量计算

考虑巴音河和巴勒更河特性，进入河道的污染物质在较短时间内基本在断面内混合，断面污染物质浓度横向变化不大，各控制单元水环境容量计算采用如下一维模型：

$$M=(C_s-C_x)\cdot(Q+Q_p)$$

$$C_x=C_0\cdot e^{-K\cdot x/u}$$

式中：C_x 为流经 x 距离后的污染物浓度，mg/L；M 为计算单元的纳污能力，g/s；

Q 为初始河段断面的入流流量，m^3/s；Q_p 为废污水排放流量，m^3/s；C_s 为水质目标浓度值，mg/L；C_0 为初始断面的污染物浓度，mg/L；K 为污染物综合衰减系数，s^{-1}；x 为沿河段的纵向距离，m；u 为设计流量下河道断面的平均流速，m/s。

2. 模型参数

纳污能力计算参数确定和取值是否符合客观实际，直接关系到计算结果是否准确合理，参数的确定和取值是纳污能力计算的关键。

1）湖泊水环境容量计算模型参数

A. 湖泊水功能目标值（C_s）

可鲁克湖水功能区划为地表水Ⅱ类，其水功能目标值为 COD_{Cr} 15 mg/L，氨氮 0.5 mg/L。

B. 湖泊出流水量（Q_{out}）

可鲁克湖为一吞吐湖，若上游来水较多，湖水位上升，则将多余水量流入托素湖，枯水年水位下降，注入托素湖水量会减少。通过对 20 世纪 50 年代 1∶10 万航测地形图和对 70 年代至 90 年代卫星遥感资料的分析发现，可鲁克湖多年面积相对稳定，而位于河流尾闾的托素湖水域有较大变化。因此，可鲁克湖出流水量可用入流水量来替代，本研究采用近 10 年最枯月入湖平均流量，即 4.41 m^3/s。

C. 污染物综合降解系数（K）

湖泊水体自净能力要远小于河流，可鲁克湖以前未开展过湖泊污染物降解系数的测定和研究。因此本研究参考我国其他湖泊污染物降解系数并考虑青海高原地区的气候特点，确定 COD_{Cr} 降解系数为 0.0005 d^{-1}，氨氮降解系数为 0.005 d^{-1}。

D. 湖泊总储水量（V）

根据可鲁克湖湖底地形和多年湖面面积，得到可鲁克湖总储水量为 1.67 亿 m^3。

2）河流水环境容量计算模型参数

A. 设计流量（Q）

设计流量是河流水文参数中最基本的一个要素，它不仅直接关联其他水文参数，而且在纳污能力计算中至关重要。综合考虑社会经济发展和水资源保护的需要，以及水文系列的代表情况，选用长系列实测水文资料系列进行设计流量计算，选用的站点主要为泽林沟水文站、德令哈水文站和黑石山水库。对于有长时间序列水文资料的测站，选用 1956～2006 年系列实测最枯月平均流量作为设计流量的计算系列；时间序列较短的测站，选用设站到 2006 年最枯月平均流量作为计算系列。由于计算纳污能力需要实测流量，故不需要还原水量。

考虑河段自然环境、水资源开发利用程度和河道综合功能等因素，确定巴音河水功能区纳污能力，计算设计流量取值主要原则为，饮用水水源区用 95%保证率最枯月平均流量；其他功能区用近 10 年最枯月平均流量或 90%保证率最枯月平均流量，流量计算成果见表 7-2。

表 7-2　巴音河流域水文站设计流量计算成果表

断面	90%最枯月平均流量/(m^3/s)	95%最枯月平均流量/(m^3/s)
泽林沟站	1.53	—
德令哈(三)站	—	5.72
黑石山水库放水	5.94	—
戈壁站	4.14	—

资料来源：可鲁克湖流域生态环境基线调查报告

B. 综合衰减系数(K)

综合衰减系数主要体现污染物在水体中衰减速度的快慢。衰减系数不但与河流的水文条件，如流量、水温、流速、水深、泥沙含量等因素有关，而且与水体的污染程度关系密切。综合衰减系数取值参考流域相关实验及相关研究项目获得，结合巴音河流域水温、生物活性、河道条件、污染情况等因素综合考虑确定巴音河纳污能力计算中衰减系数(K 值)的取值，COD_{Cr} 衰减系数取值为 0.15～0.25 d^{-1}；氨氮、TN、TP 衰减系数取值为 0.1～0.2 d^{-1}。巴勒更河参照巴音河系数计算。

C. 断面浓度(C_0)及水质目标(C_s)

根据全国水资源综合规划水资源保护规划技术细则的规定，C_0 的取值方法是根据上一个水功能区的水质目标值来确定，即上一个水功能区的水质目标就是下一个水功能区的初始浓度值 C_0；第一个水功能区如果是开发利用区需计算纳污能力时，其水质现状值即为这个水功能区的初始浓度值 C_0。功能区的水质目标值即为该功能区的水质目标 C_s 值。排污控制区没有水质目标值，其起始浓度值和水质目标值可根据上下相邻的水功能区的水质目标确定。

考虑到可鲁克湖的水体自净能力较差，为保证水质达标，本研究建议将入湖口水质目标设定为《地表水环境质量标准》中 II 类标准。

D. 流速(u)

统计河流实测流量、流速资料，建立流量-流速关系曲线，根据计算单元设计流量，由关系曲线确定相应的流速。

流量-流速关系式为：

$$u = aQ^b$$

式中，u 为断面平均流速，m/s；Q 为流量值，m^3/s；a，b 为系数。

在实际流速取值时，有实测流量成果的站，用设计流量的值对应该站的实测流量成果表，查出多组近似流量的实测流速，做流量-流速的关系式，然后用关系式求出设计流量条件下的设计流速；没有实测资料的河流，通过环境条件相似河流的流速比拟确定。

E. 废污水排放流量(Q_p)

根据废污水排放量确定入河量，虽然携带污染物，同时也加大了河道水量。

3. 计算结果

根据湖泊多年水量数据和2017年5月的监测结果，计算可鲁克湖水环境容量，根据巴音河多年流量监测结果，利用水文监测点多年90%或95%最枯月平均流量计算巴音河各控制单元水环境容量。详细如表7-3所示。

表7-3 可鲁克湖流域水环境容量计算结果一览表

控制单元		水环境容量/(t/a)	
		COD_{Cr}	NH_3-N
巴音河	巴音河源头控制单元	675.6	23.7
	德令哈饮用水源区控制单元	1289.1	52.1
	城镇/农业及过渡区控制单元	2446.2	124.2
巴勒更河	巴勒更河控制单元	246.5	6.4
可鲁克湖	可鲁克湖湖区控制单元	2415.5	217.6
合计		7073.0	424.1

7.3 可鲁克湖流域水环境目标管理主要措施

7.3.1 可鲁克湖流域水量平衡及水资源调控

1. 可鲁克湖流域水量平衡

根据对20世纪50年代1：10万航测地形图和70年代、80年代、90年代卫星遥感资料分析，可鲁克湖上游来水较多，水位上升，水量将注入托素湖，枯水年水位下降，注入托素湖水量减少。因此，可鲁克湖面积相对稳定，托素湖为尾闾湖，上游来水完全控制湖泊面积。

根据对流域水平衡的计算(见2.2.2小节)确定可鲁克湖、托素湖、尕海和下游湿地多年平均生态需水量分别为6954万m^3、15807万m^3、3792万m^3和6163万m^3，可鲁克湖流域下游总生态需水量为32716万m^3。2016年，全流域总用水量为24000万m^3，其中城镇、工业、农田灌溉、林牧渔、城镇生态环境用水量分别为

796 万 m^3、2500 万 m^3、12758 万 m^3、4372 万 m^3、3574 万 m^3。可鲁克湖流域水平衡分析详见表 7-4。

表 7-4　2016 年可鲁克湖流域水平衡分析表

项目		需水量/万 m^3	所占比例/%
国民经济需水	1.农田灌溉用水	12758	22.5
	2.林牧渔用水	4372	7.7
	3.工业用水	2500	4.4
	4.城镇公共生活用水	796	1.4
	5.城镇生态环境用水	3574	6.3
	1～5 项小计	24000	42.3
	6.地表水	20704	36.5
	7.地下水	3296	5.8
	6～7 项小计	24000	42.3
生态需水	8.可鲁克湖	7432	12.81
	9.托素湖	12946	22.32
	10.尕海	3116	5.37
	11.下游湿地	10508	18.12
	8～11 项小计	34002	58.62
合计		58002	100.0

可鲁克湖流域地表水资源量 4.15 亿 m^3，地下水资源量为 3.70 亿 m^3，地表地下重复量 2.98 亿 m^3。水资源总量为 4.87 亿 m^3。通过以上数据可以看出，在现状用水水平下，总体水资源缺口达到 0.93 亿 m^3。在保证可鲁克湖和尕海的水面面积维持在现状水平，托素湖面积 135 km^2，即上游社会经济用水需水保证率达到 80%情况下，下游湿地多年平均缺水量达到 4345 万 m^3，下游湿地生态需水保证率仅为 58.6%。可鲁克湖流域下游湿地在水质净化方面扮演着非常重要的角色，而湿地缺水则会造成湿地面积萎缩及功能退化，降低湿地对上游来的水净化作用，进而造成入湖污染物负荷增加。因此，保证可鲁克湖下游地区生态流量对保护可鲁克湖水质有着非常重要的作用和意义。

2. 可鲁克湖流域水资源调控目标

可鲁克湖流域水资源调控目标是通过水资源合理配置，使流域下游湿地和湖泊生态状况得到改善，各行业需水得到保证。本研究制定 2020 年可鲁克湖流域水资源调控目标如下。

可鲁克湖流域下游湿地生态需水保证率由现状 58.6%提高到 80%以上，可鲁克湖和尕海的水面面积维持现状水平，托素湖水面面积平衡在 135 km^2。农业需水保证率达到 75%，城镇及工业的需水保证率达到 95%，城镇生态环境需水保证率达到 80%。根据以上目标要求，2020 年可鲁克湖流域水资源分配详见表 7-5。

表 7-5　2020 年可鲁克湖流域水平衡分析表

项目		需水量/万 m^3	保证率/%	供水量/万 m^3
国民经济需水	1.农田灌溉用水	8201.571	75	6151.179
	2.林牧渔用水	4372	75	3279
	3.工业用水	3221.02	95	3059.969
	4.城镇公共生活用水	575	95	546.25
	5.城镇生态环境用水	2859.2	80	2287.36
	1～5 项小计	24000		
	6.地表水	20704		
	7.地下水	3296		
	6～7 项小计	24000		
生态需水	8.可鲁克湖	6954	100	6954
	9.托素湖	15807	100	15807
	10.尕海	3792	100	3792
	11.下游湿地	6163	80	4930.4
	8～11 项小计	32716		
合计		46500		46807.16

为实现这一目标，必须进一步降低可鲁克湖流域国民经济用水总量，而国民经济用水总量的降低可通过以下节水调控和再生水回用目标来实现：到 2020 年，节水取得初步成效，灌区灌溉水利用系数由现状的 0.45 提高到 0.7，城市供水管网损失率下降至 12%；工业万元产值用水量降低 20%；城镇污水处理厂再生水回用率达到 70%以上，工业废污水全部处理达标，保持对河道的零排放。

3. 可鲁克湖流域水资源调控方案

1) 流域节水调控方案

可鲁克湖流域水资源的调控主要从农业节水、工业节水、城镇生活节水等方面来实现，主要内容如下：

A. 农业节水

全面实现国家有关部门正在实施的大中型灌区以节水为中心的续建、扩建和配套工程，提高灌溉水利用系数。流域目前灌溉水利用系数为 0.45，根据《关于实行最严格水资源管理制度的意见》(国发[2012]3 号) 中的要求，并结合可鲁克湖流域水资源供给平衡分配，参照《节水灌溉技术规范》(SL 207—98)，提出到 2020 年流域灌溉水利用系数 0.7。

B. 工业节水

全面实施节水改造，工业节水重点是提高工业用水回收与循环利用率，加强对原有工业设备和生产工艺改造，全面提高工业整体用水效率。对新增工业项目实现节水与工业项目同步发展，达到国内先进水平。要求 2020 年前工业供水管网漏失率控制在 12%以下，工业用水重复利用率不低于 80%，工业再生水的回用率从现状 1.26%提高至 30%以上。

C. 城镇生活节水

由于城市供水管网建设不健全，自来水计量落后，按户收费现象大量存在，输水和用水水损失和浪费较严重。今后节水重点全面提升水量计量制度，实行按表收费，用经济手段调节和管理城镇用水；积极推广节水器具，加快城市自来水管网建设。要求到 2020 年城镇自来水管网漏失率控制在 12%以下，节水器具普及率 2020 年达到 80%。

2) 流域节水调控方案

流域节水调控的方法主要由节水工程建设、节水推广技术、节水氛围营造与节水执法检查等，具体内容如下：

A. 节水工程建设

农业节水方面，通过工程措施，新建、规范和改造一大批微喷灌、渗灌、滴灌等农业节水灌溉工程，进一步扩大节水灌溉面积；完善配套建设工程，实施农灌输水渠防渗改造或管道输水改造，减少输水渗漏损失，提高灌溉水利用系数。

生活节水方面，按照“农村供水城市化、城乡供水一体化”的工作思路，在完成城区供水管网和原有农村自来水管网改造工程的同时，大力实施自来水村村通工程和城区供水管网延伸工程，进一步规范农村生活用水秩序，不断扩大公共供水管网覆盖范围。在工程实施过程中，注重新型管材的推广和使用，以降低管网漏失率，延长工程使用年限。

B. 节水技术推广

农业节水方面，围绕加快推动全市农业产业化进程，提高农业综合生产能力，通过实施农业综合开发、节水增效示范等项目，全面推广和使用先进的节水灌溉新技术、新成果，根据不同种植结构的特点，因地制宜地实施不同的灌溉方式。

C. 节水氛围营造与节水执法检查

在工程建设和技术推广的同时，应注重节水氛围的营造，以每年一度的“世界水日”、“中国水周”为重点，结合日常宣传，开展形式多样、内容丰富且为群众喜闻乐见的宣传活动，大力宣传国家、省、市水资源状况和节水法律法规，宣传节水的重要性、紧迫性，积极营造浓厚的舆论氛围，充分调动全社会参与节水的热情和积极性，进一步增强全社会的水法律法规和节水意识。在此基础上，进一步加强执法队伍建设，建立健全执法监督体系，规范执法行为，定期或不定期地开展节水大检查活动，不断加大对无证取水、超计划用水、计量设施不合格、节水设施不到位等行为的打击力度，切实维护好正常的水事秩序。

3) 工业节水调控工程方案

工业节水方面，根据流域内工业企业用水特点，大力推广适合企业实际的工业节水新技术、新工艺、新设备以及先进的工业污废水处理和回用技术，并制定相关鼓励政策，积极引导企业进行节水技改，调整用水结构，提高重复利用率。

工业节水主要是工艺节水改造，提高工业水的循环利用和加大非常规水利用等。德令哈市发展工业项目以化工行业为主，其中纯碱行业占了很大比重，是流域工业节水重点。目前德令哈市纯碱行业用水水平在国内处于领先水平，通过改进生产工艺进一步节水难度大、投资高，但随着科技的发展、水资源获得难度加大和工业水价提高，节水经济效益会随之提高，实现纯碱行业的节水是可能的，也是必需的；通过各种行政手段加强用水管理，计划用水和严格控制废污水的排放，可获得明显的节水效果；通过抓工业内部循环用水，提高水的重复利用率，可以收到投资少、见效快、效益高的节水效果。工业节水调控工程主要有青海发投碱业有限公司、中盐青海昆仑碱业有限公司节水减排系统和工业水会用系统改造、德令哈工业园工业污水处理厂建设、德令哈市工业园工业再生水回用工程等项目，实现在2020年将德令哈整体工业水重复利用率提高到80%以上，将工业再生水回用率提高到30%以上。

4) 城镇生活节水调控工程方案

建设节水防污型城镇，提高生活污水再生水回用率。加强城乡建设规划，提高城镇节水能力；完善城镇供排水系统，推进再生水利用。生活节水调控工程主要包括德令哈市生活污水处理厂尾水提标改造和建设生活污水再生水回用管道工程。

通过生活污水处理厂尾水提标改造工程需使生活污水处理厂尾水达到《城市污水再生利用工业用水水质》（GB/T 19923—2005）或《城市污水再生利用绿地灌

溉水质》(GB/T 25499—2010)。建设城市生活污水处理厂再生水回用管道和泵房，将生活污水再生水输送至青海碱业、昆仑碱业等用水大户，以及回用于城市和企业绿化。通过以上措施实现到 2020 年城镇污水处理厂再生水回用率达到 70%以上。

7.3.2　可鲁克湖流域污染负荷分配及总量削减

为实现可鲁克湖水质逐步改善和达标，在保证生态需水量基础上，还需控制可鲁克湖流域的污染负荷总量不超过其水环境容量。为达到这一目标，就需要对控制单元内允许的污染物总负荷进行合理的分配，并通过制定可行的污染物负荷削减方案来实现。

1. *技术路线*

通过各控制单元水环境容量测算结果以及现状污染负荷的综合分析，结合地方“十三五”国民经济和社会发展规划纲要和青海省、海西州“十三五”环境保护规划，充分考虑不同类型污染源的控制和管理措施技术、经济可行性以及不同流域控制单元污染物削减需求，在确定了安全余量的基础上，对控制单元内的不同类型点源和非点源污染负荷进行合理分配，并制定可行的污染负荷削减方案。

2. *污染负荷分配*

流域内不同污染物污染负荷分配结果如表 7-6 和表 7-7。

表 7-6　可鲁克湖流域 COD_{Cr} 污染负荷分配一览表(t/a)

控制单元		工业排放	城镇生活	农村生活	畜禽养殖	农田径流	旅游服务	水上交通	水产养殖	安全余量	合计
巴音河	巴音河源头控制单元	0.00	0.00	17.75	408.35	82.38	0.00	0.00	0.00	33.78	542.27
	德令哈饮用水源区控制单元	0.00	0.00	2.54	31.54	23.54	0.00	0.00	0.00	128.91	186.52
	城镇/农业及过渡区控制单元	296.89	150.86	55.78	384.25	310.70	12.46	0.00	0.00	122.31	1333.26
巴勒更河	巴勒更河控制单元	0.00	0.00	7.61	166.24	35.31	0.00	0.00	0.00	12.33	221.48
可鲁克湖	可鲁克湖湖区控制单元	0.00	0.00	0.00	14.98	0.00	12.46	0.00	13.67	120.78	161.88
合计		296.89	150.86	83.67	1005.36	451.93	24.91	0.00	13.67	418.10	2445.40

表 7-7 可鲁克湖流域氨氮污染负荷分配一览表(t/a)

控制单元		工业排放	城镇生活	农村生活	畜禽养殖	农田径流	旅游服务	水上交通	水产养殖	安全余量	合计
巴音河	巴音河源头控制单元	0.00	0.00	2.44	87.26	1.88	0.00	0.00	0.00	1.19	92.77
	德令哈饮用水源区控制单元	0.00	0.00	0.35	6.74	0.54	0.00	0.00	0.00	5.21	12.84
	城镇/农业及过渡区控制单元	21.89	17.46	7.68	82.11	7.09	0.78	0.00	0.00	6.21	143.22
巴勒更河	巴勒更河控制单元	0.00	0.00	1.05	35.52	0.81	0.00	0.00	0.00	0.32	37.70
可鲁克湖	可鲁克湖湖区控制单元	0.00	0.00	0.00	3.20	0.00	0.78	0.00	0.00	10.88	14.86
合计		21.89	17.46	11.53	214.83	9.13	1.56	0.00	0.00	23.81	300.20

3. *污染负荷削减方案*

为实现各流域控制单元污染负荷小于环境容量，本研究制定如下污染负荷削减方案：到 2020 年，德令哈市城镇生活污水再生水回用率达 70%以上；保持工业废水不入河，并建设德令哈市工业园，集中工业废水处理厂和配套管网，到 2020 年工业废水再生水回用率达到 30%以上；采取严格农业污染控制措施，通过测土配方、改良灌溉方式等手段削减农业污染负荷；具体方案见表 7-8。

表 7-8 农业污染负荷削减方案及削减量一览表

控制单元		削减方案	削减计划	农田径流削减量/(t/a)
巴音河	巴音河源头控制单元	施肥实行测土配方，严格按照需求施肥；农田灌溉采用喷灌、微灌等技术	削减 50%	247.1511
	德令哈饮用水源区控制单元	施肥实行测土配方，严格按照需求施肥	严控不增	0
	城镇/农业及过渡区控制单元	施肥实行测土配方，严格按照需求施肥；农田灌溉采用喷灌、微灌等技术	削减 40%	621.4085
巴勒更河	巴勒更河控制单元	施肥实行测土配方，严格按照需求施肥；农田灌溉采用喷灌、微灌等技术	削减 50%	105.9219
可鲁克湖	可鲁克湖湖区控制单元	对可鲁克湖—托素湖省级自然保护区范围内农田进行迁出和异地补偿	2 年内削减 50%，5 年内全部迁出	0

污染负荷较重的重点流域和优先控制单元畜禽养殖业实行限牧、禁牧、圈定禁养区等措施，削减畜禽养殖污染负荷，具体如表 7-9 所示。

表 7-9　畜禽养殖污染负荷削减方案及削减量一览表

控制单元		削减方案	削减计划	农田径流削减量/(t/a)
巴音河	巴音河源头控制单元	实行限牧措施，从现有养殖量的基础上削减20%以上	削减 20%	247.1511
	德令哈饮用水源区控制单元	严格控制畜禽养殖数量不再增加； 在河道两岸距河岸 100 m 的位置设置禁养区	严控不增	0
	城镇/农业及过渡区控制单元	严格控制畜禽养殖数量不再增加	严控不增	621.4085
巴勒更河	巴勒更河控制单元	实行限牧措施，从现有养殖量的基础上削减20%以上； 在河道两岸距河岸 100 m 的位置设置禁养区	养殖量削减 20%； 污染物入河系数控制在 0.15 以内	105.9219
可鲁克湖	可鲁克湖湖区控制单元	实行限牧措施，从现有养殖量的基础上削减30%以上	养殖量削减 30%	0

严格控制可鲁克湖流域旅游污染排放量不增加；严格控制可鲁克湖流域水产养殖数量不增加；禁止可鲁克湖水上交通污染物入湖。

7.4　本 章 小 结

本研究主要针对可鲁克湖近年来水体质量下降和部分水质指标超标等问题，以 TMDL 的管理思路，构建以保持水生态系统健康为目标的流域水质管理体系。通过划分流域控制单元、计算水环境容量，制定合理水资源调控方案和污染物削减方案，扭转水质恶化趋势，确保可鲁克湖水环境质量维持Ⅱ类。

在《青海省水环境功能区划》和《青海省可鲁克湖生态环境保护项目总体实施方案(2012—2015 年)》基础上，可鲁克湖入湖口断面水质按照地表水环境质量Ⅱ类标准控制。因此，将可鲁克湖流域划分为 5 个流域控制单元，分别计算各控制单元内水环境容量。根据流域水平衡分析，提出流域水资源调控目标为流域下游湿地生态需水保证率由现状 58.5%提高到 80%以上，可鲁克湖和尕海的水面面积维持在现状水平，托素湖的水面面积平衡在 135 km^2。农业需水保证率达到 75%，城镇及工业的需水保证率达到 95%，城镇生态环境需水保证率达到 80%，并据此制定了区域水资源调控目标和方案，以保障水质控制目标可达。

结合地方国民经济发展和环境保护规划，考虑污染控制和管理措施技术、经济可行性及不同流域控制单元污染物削减需求，确定安全余量，对控制单元不同类型点源和非点源污染负荷进行合理分配，并制定可行污染负荷削减方案，到 2020 年，德令哈市城镇生活污水再生水回用率达到 70%以上；保持工业废水不入河，并建设德令哈工业园集中工业废水处理厂和配套管网，到 2020 年再生水回用率达到 30%以上；采取严格的农业污染控制措施，通过测土配方、改良灌溉方式等手段削减农业污染负荷；对污染负荷较重的重点流域和优先控制单元内畜禽养殖业实行限牧、禁牧、圈定禁养区等措施，削减畜禽养殖污染负荷；严格控制可鲁克湖流域旅游污染排放量不增加；严格控制可鲁克湖流域水产养殖数量不增加；禁止可鲁克湖水上交通设施污染物入湖。

通过本研究方案各项产业调整、污染排放削减和生态恢复措施的落实，显著削减入湖污染负荷，有利于实现可鲁克湖水质目标；提升湖滨缓冲带生态系统健康，发挥其生态功能；改善流域自然环境，提高居民生活环境质量；具有科研价值，促进青藏高原湖群环境保护；建立环保科普教育示范基地，提高居民及游客环境保护意识。至 2020 年，预计控制措施大于可鲁克湖水质控制单元目标削减排放量，使可鲁克湖 COD_{Cr} 平均值从超Ⅲ类降至Ⅱ类，整体水质保持Ⅱ类的目标可达。

第 8 章　青藏高原湖泊水质变化及保护治理特性

青藏高原是世界海拔最高，且分布湖泊数量最多的区域之一，作为中国乃至亚洲的“江河源”，青藏高原湖区不仅分布了中国总面积 56%的湖泊(Wang and Dou, 1998)，而且在亚洲冰川圈、大气圈、水圈循环中发挥着至关重要的作用，更重要的是影响着下游世界 1/5 人口的用水安全(Immerzeel et al., 2010; Zhang et al., 2018; Lutz et al., 2014)。青藏高原湖泊由于长期以来受人类活动干扰强度较小，湖泊水质总体较好，针对该湖区湖泊的研究则主要集中在冰川活动和气候变化等对水文过程及水资源影响等方面(Huang et al., 2009; Mao et al., 2018)。

中国湖泊总体分布于落差达到 5000 米的三级地理阶梯，地理背景既决定了湖泊形态特征，也带来了流域社会经济发展差异，进而对湖泊环境演变产生了较大影响。第一阶梯的青藏高原湖区，虽然相比第二和第三阶梯，工农业发展水平较低，但特殊的区域地理条件导致的极端脆弱生态环境，使该湖区湖泊对气候变化和人类活动干扰极为敏感(Yang et al., 2015)。自 1990 年，特别是中国政府实施了西部大开发政策以来，青藏高原地区完善了基础设施，重点推进了资源型现代工业发展，数以百万计的牧民转为从事农业生产、畜牧养殖业、工业生产和旅游业等的定居者，推进了区域经济社会快速发展及城镇化，20 年间(1990～2010 年)区域人类活动足迹强度增加超过 32%(Li et al., 2018)，生态环境质量呈明显退化(Li et al., 2009; Qin et al., 2010; Li et al., 2017)。青藏高原部分重点湖泊，尤其是青海省部分湖泊，营养指数上升，水质已明显下降，如青海湖，营养指数 2011 年相比 1988 年上升了 57%；三江源地区的鄂陵湖与扎陵湖等均在 20 多年间从贫营养步入了中营养水平，近年来监测结果表明 TN 100%超标，TP 超标率也大于 40%，超标倍数倍最高达到 2.7 倍(Ao et al., 2014; Lu et al., 2017; Diao yumei., 2014)。

目前中国湖泊治理多围绕污染较重的重点湖泊展开，青藏高原湖泊由于一直以来水质较好，未引起特别的重视。对近年来不断报道的青藏高原湖泊水质下降及生态退化问题，我们还缺乏针对性的认识和了解。本研究总结了青藏高原湖区自然与经济社会特征，研究了 30 年来湖泊水质变化及驱动因素，通过流域比较的方法研究了青藏高原湖泊保护的特殊性，提出加强青藏高原湖泊保护的紧迫性。

8.1　青藏高原湖区特征及水质变化趋势

湖泊水质下降成因的表现形式和危害等存在明显区域性差异，全面准确地掌握流域生态环境、人类活动等信息是揭示区域水质下降原因和污染物与水质间关系的基础。本研究基于青藏高原湖区自然与经济社会特征及湖泊水质变化，对该区域湖泊水质变化趋势进行分析，并试图为湖泊水质演变驱动力分析和保护策略的制定提供支撑。

8.1.1 青藏高原湖区自然与经济社会特征

1. 青藏高原湖泊流域自然环境概况及特征

青藏高原(26°00′N～39°46′N，73°18′E～104°46′E)西起帕米尔高原，东至横断山脉，南至喜马拉雅山脉南缘，北迄昆仑山—祁连山北侧，面积 2572.4×10^3 km^2。青藏高原河流众多，湖泊星罗棋布，是东亚著名大河长江、黄河、印度河、湄公河、雅鲁藏布江、怒江等江河发源地，也是世界上海拔最高、范围最广、数量最多的高原湖区，面积大于 1 km^2 的湖泊有 1500 多个(不包括干盐湖和干涸湖泊)，主要分布在海拔 4000～5000 m 区域，湖泊总面积达 44840.16 km^2，约占我国湖泊总面积的 56%(闫立娟等，2016；孟庆伟，2007；张镱锂等，2002)。湖区气候属青藏高寒气候，严寒而干旱、降水稀少、蒸发强烈。大部分地区最暖月均温在 10℃以下，1 月和 7 月平均温度比同纬度东部低地低 15～20℃。年降水量从藏东南 4000 mm 以上往西北逐渐减至 50 mm 以下，降水量最多地区是最少地区的 100 多倍(张荣祖等，1982)。

青藏高原湖泊成因类型虽复杂多样，但大多数是在晚更新时期高原隆起形成和发展，其发育过程和高原内部断陷及地貌形成类似，主要受西藏高原活动断裂控制，以断陷成湖为主(孙鸿烈，1998)；湖泊分布与纬经向构造带相吻合，湖盆陡峭，湖泊较深，分布不均匀，除东部和东南部有少数外流湖外，绝大部分在藏北内陆湖区和藏南外流-内陆湖区。藏北那曲和阿里湖泊面积达 203.13×10^4 hm^2，占该湖区湖泊总面积的 78.89%，其中 55%分布在那曲地区；藏南山南、日喀则和拉萨湖泊面积明显减少，仅占该湖泊总面积的 19.8%；东部和东南部昌都和林芝由于河流发育，河谷深切，形成了高山深谷地形，限制了湖泊发育，湖泊面积仅占该湖区湖泊总面积的 1.31%(马荣华等，2011)。

严寒而干旱，降水稀少，蒸发强烈等是青藏高原基本气候特点，高原河流湖泊主要受冰雪融水和夏季降水补给，河流径流年际变化小，年内分配不均(姜家虎等，2004)。青藏高原以咸水湖和盐湖为主，是因为在强烈蒸发作用下，许多湖泊湖水量入不敷出，盐化现象显著。内流水系发育受湖盆地形影响，大部分流域面积只有几十至几百平方公里。绝大部分属季节性或间歇性河流(马耀明等，2014)；常流河大多短浅，只有极少数河流径流量较丰。水系内部高原面保持比较完整，低山和丘陵纵横交织、形成众多的向心水系。内流水系区湖泊面积大、湖泊率高，最为典型的就是藏北大湖区，占青藏高原湖泊总面积的 48%，是我国湖泊面积最大、最集中的地区之一，包括纳木错、色林错、当惹雍错等湖泊，高原其他主要淡水湖泊有扎日南木错、羊卓雍错、塔若错等，盐湖大约有 170 个，主要的盐湖有巴南茶卡、玛尔果茶卡、扎布耶茶卡、扎仓茶卡、赞宗茶卡、马尔盖茶卡等。

青藏高原内陆湖泊近几十年内发生了剧烈变化，其中 20 世纪 70～90 年代萎缩，而 90 年代至 2009 年扩张，其中藏北羌塘高原地区湖泊变化最为剧烈；冈底斯山北麓、昆仑山和喀喇昆仑山南部部分地区湖泊则保持相对稳定；色林错和周边地区一直处于扩张过程，其变化主要受湖泊补给模式控制，冰川补给湖泊变化相对平稳，而地下水补给则变化较为剧烈(李均力等，2011)。

青藏高原受大的地势结构和大气环流特点等制约，地理上形成了自东南向西北由暖湿至寒旱的水平分异梯度，生态系统表现为森林—草甸—草原—荒漠的地带性变化，其中草原、草甸地带成为青藏高原广大的牧区，而介于二者之间的多为半农半牧、农牧互补的模式。复杂的地质构造、多变的气候造就了青藏高原物种的多样性。海拔的落差形成了青藏高原种类繁多的资源。据统计，仅西藏自治区现有野生植物就达 9600 多种，高等植物 6400 多种，隶属 270 多科，1510 余属，有 855 种为西藏特有(佚名，1998)；青藏高原拥有隶属于 9 目 29 科 104 属的哺乳动物 210 种，仅青海就有野牦牛、藏羚羊、藏野驴、白唇鹿、雪豹、棕熊等 34 种珍贵动物。102 属 202 种高等植物中，青藏高原特有种有 84 种，300 多种鸟类中黑颈鹤、高原雪鸡、长嘴百灵、雪雀等 7 种为青藏高原特有鸟类，黑颈鹤是世界上 15 种鹤类中唯一生活在高原地区(赵克金等，2003；刘务林，2013)。在丰富的生物资源和生态系统背后，脆弱是青藏高原藏区生态环境的典型特征，太阳辐射强、温差大、冰雪与寒冻风化并存、高寒、干旱、原始和极其脆弱是该区域生态环境的显性表现。青藏高原生态环境在全球都具有特殊地位，是典型的生态脆弱区，其特征是生态环境系统抗干扰能力低、恢复能力差，在现有经济和技术条件下，是逆向演化趋势无法有效控制的连续区域。

青藏高原藏区的生态环境一旦遭到毁灭性破坏则不可逆转，有些植被的恢复需要上百年时间。青藏高原作为受人类污染影响最小的区域之一，人类活动的进驻给青藏高原的生态也带来了巨大的影响。青藏高原藏区的西藏、青海、甘肃三省区整体上属于我国极强度生态脆弱区，脆弱度分别为 0.833、0.805、0.782，四川、云南属于强度生态脆弱区，脆弱度分别为 0.629、0.593，而甘肃、四川、云南三省藏区皆位于本省生态脆弱区(图 8-1)(赵跃龙，1999；于伯华等，2011)。

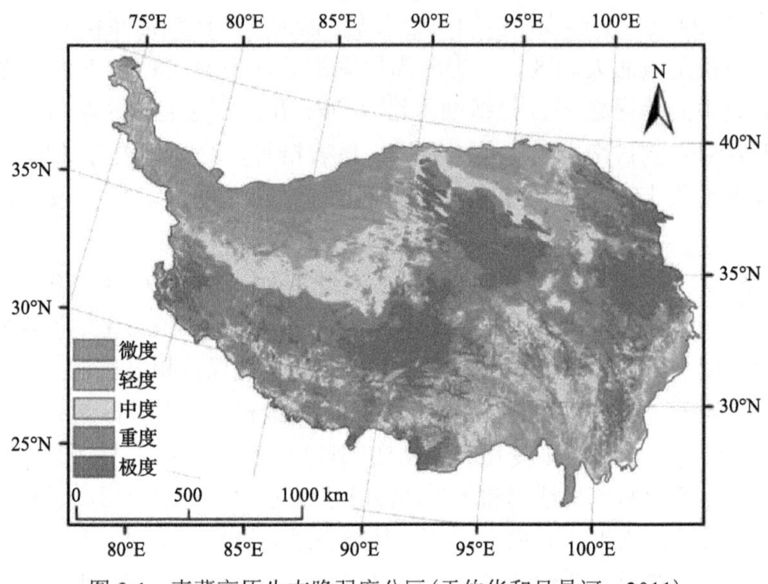

图 8-1　青藏高原生态脆弱度分区(于伯华和吕昌河，2011)

2. 青藏高原湖泊流域经济社会概况及特征

青藏高原藏区 GDP 及三产占比在全国或全省居末位，经济总量小，财政自给率低，城镇化率低，城乡人均可支配收入与全国平均水平间存在差距，是青藏高原藏区经济社会发展的共同特征(表 8-1)。根据我国划定的年收入 2300 元的贫困线新标准，2010 年底西藏贫困人口为 83.3 万人，西藏自治区占青藏高原藏区总人口的 34.42%，贫困发生率在全国最高。城镇化率低于全国平均水平是青藏高原藏区的又一特征，作为全国第二大藏区，青海省 2012 年的城镇化水平为 44.72%，其中以海西州、西宁市最高，分别为 70.03%和 63.70%，高于全国均值，这得益于海西、西宁的历史传统和大量的工矿企业(卓玛措等，2017)。

青藏高原蕴藏着丰富的资源，其主要河流天然水能理论蕴藏量达 31906 万 kW，约占全国总量的 44%；青藏高原太阳能年均辐射总量每平方米达 6000～8000 MJ，年日照时数长达 3400 小时；已在青藏高原发现各类矿产 120 多种，探明储量的有 84 种，资源潜在价值约在 18.38 万亿元以上，其中占全国储量 50%的铬及储量巨大的铜、铅锌、湖盐、石棉、石油、金等(成升魁等，2000)。青藏高原藏区自然资源曾对区域及我国经济建设发挥了积极作用，但该区域自然资源大多为不可再生资源，其共同特征是超过生态边界的开发将对生态环境及生态系统产生不可逆影响。所以，如何合理处理青藏高原自然资源开发和区域脆弱生态环境之间的关系是破解该区域经济发展难题的关键。

表 8-1 2011～2016 年青藏高原各地区农牧民人均收入及与全国平均水平差(元)

地区名	年份	差额	年份	差额	年份	差额	年份	差额
	2011	±	2012	±	2013	±	2016	±
全国	6977		7917		8896		12363	
西藏	4904	–2073	6545	–1372	6578	–2318	9094	–3269
青海	4608	–2369	5364	–2553	6196	–2700	8664	–3699
日喀则市	4473	–2504	5165	–2752	6027	–2869	8135	–4228
昌都市	4332	–2645	4962	–2955	5900	–2996	8038	–4325
林芝市	6433	–544	7498	–419	8612	–284	11812	–551
山南市	5183	–1794	6056	–1861	7099	–1797	9908	–2455
那曲市	4860	–2117	5586	–2331	6398	–2498	8638	–3725
阿里地区	4183	–2794	5452	–2465	6391	–2505	8695	–3668
黄南州	3649	–3328	4298	–3619	4991	–3905	7455	–4908
海南州	5237	–1740	6128	–1789	7120	–1776	9550	–2813
果洛州	2963	–4014	3704	–4213	4261	–4635	6020	–6343
玉树州	2657	–4320	3493	–4424	4090	–4806	6177	–6186
海西州	6574	–403	7916	–1	9183	+287	11539	–824
海北州	6000	–977	6232	–1685	8650	–346	10735	–1628

注：2014 年前为纯收入，2014 年开始，全国启用农村常住居民人均可支配收入指标，不再使用人均纯收入指标

8.1.2 近 30 年青藏高原湖泊水质整体变化

近 30 年中国湖泊水污染和富营养化快速发展，并扩张蔓延，全国范围内湖泊水质普遍下降，TN 和 TP 的下降速度均超过 45%。青藏高原湖区，自 1985 年来，气候变化影响下，湖泊面积以约 7.9%/10a(R^2=0.80，P<0.05，图 8-2)的速度扩张(Zhang et al., 2014)；同时，湖泊 TN 浓度中位数由 1985～1990 年间的 325 μg/L(范围为 152～496 μg/L，四分位距 IQR=306.7 μg/L，n=6)上升至 2010～2015 年间的 440 μg/L(范围为 222～937 μg/L，IQR=645 μg/L，n=7)，总体速率为 16.4%/10a，湖泊水体 TN 浓度升高速度超过了面积扩张速度，如扣除湖泊面积增加的稀释作用，青藏高原湖泊 TN 浓度升高速度最高可达到 24.3%/10a。就 TP 浓度而言，浓度中位数由 1985～1993 年的 18.67(范围为 18.25～38.46，IQR=12.33 μg/L，n=5)变为 2010～2015 年的 15.58(范围为 0.2～249，IQR=21.45 μg/L，n=50)，变化不明显(P>0.05)，处于波动状态，既有湖泊稀释的作用，也有监测数据不足等有关。

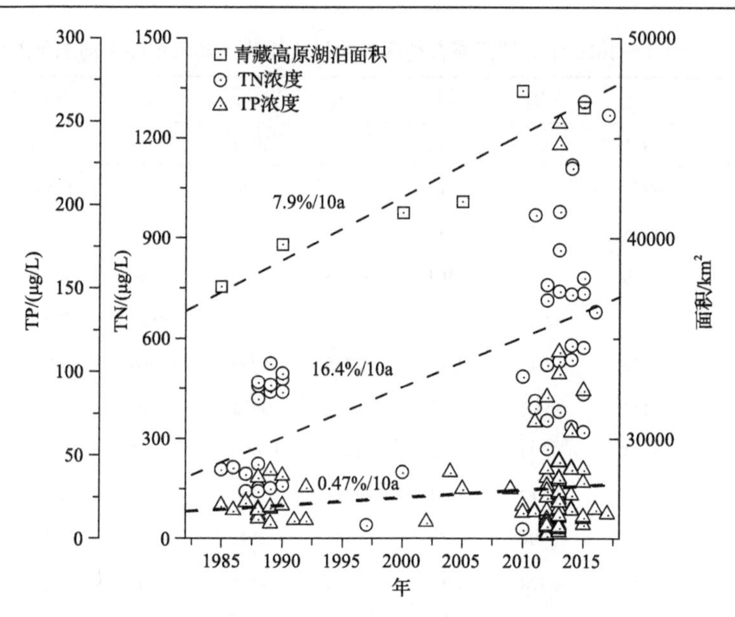

图 8-2　青藏高原湖区 30 年来水质变化趋势(1985～2016 年)

因此，过去 30 年，青藏高原湖泊氮、磷营养盐浓度加速上升，增加幅度在 30%～50%之间，即水质出现了快速下降趋势。与我国其余湖区相比，TN 上升速率超过了处于第三阶梯的中国东部湖区(10.98%/10a)和东北山地湖区(16.79%/10a)，约为第二阶梯云贵高原湖区(36.72%/10a)与蒙新高原湖区(32.09%/10a)的 1/2，高于全国平均水平(12.74%/10a)。TP 浓度，虽高于浓度下降的东北山地湖区(–30.48%/10a)，是同期第二阶梯云贵高原湖区(25.54%/10a)的 1/3 和蒙新高原湖区(88.66%/10a)的 1/10。除了营养盐浓度的上升，青藏高原湖区湖泊水质最明显的变化是变异系数增幅较大，TN 变异系数的增幅为 20%，TP 浓度变异系数的增幅达 271%，均为中国五大湖区之首。由表 8-2 可见，同期中国各湖区的 TP 变异系数出现了分化，处于第三阶梯的东部湖区和东北山地湖区湖泊 TP 变异系数下降了近 50%，处于第二阶梯的蒙新高原湖区变异系数小幅增加，云贵高原湖区 TP 变异系数变化不明显。TN 浓度的分化程度较 TP 低，除青藏高原湖区外，只有第二阶梯的云贵高原湖区出现了大于 5%的增加，而第三阶梯的东北山地湖区湖泊和东部平原湖区湖泊分化趋势均不明显。

近 30 年中国不同区域湖泊氮磷浓度变化主要包括两方面原因，其一是整体变化，如第二阶梯云贵高原和蒙新高原湖区，20 年来湖泊水质持续下降，但程度不一，同时仍然留有部分水质较好湖泊，变异系数变化趋势不一致；其二是通过环境治理和生态修复等手段使原来严重污染湖泊水质下降趋势得到遏制，并向好发展，如第三阶梯的东部湖区和东北山地湖区；但青藏高原湖区湖泊氮磷浓度变异系数的共同增加表明，其演变过程和特征与其他两个阶梯湖泊可能存在差异。

表 8-2　中国五大湖区的氮磷浓度变化

湖区	时期	TN		TP	
		浓度变化/(%/10a)	变异系数变化/%	浓度变化/(%/10a)	变异系数变化/%
青藏高原湖区	1985s～2010s	16.4	50	0.47	271
东部湖区	1990s～2010s	10.98	4	11.59	–49.54
云贵高原湖区	1990s～2010s	36.72	12.16	25.54	1.04
蒙新高原湖区	1990s～2010s	32.09	–31.91	88.66	15.45
东北山地湖区	1990s～2010s	16.79	6.25	–30.48	–49.64

注：时期中 1985s 代表 1985～1990 年，1990s 代表 1990～1995 年，2010s 代表 2010～2015 年

数据来源：湖泊水质数据收集自中国知网和 Web of Science 数据库，按照所取时期进行了年均计算

8.1.3　青藏高原湖泊水质变化时空差异

相比 1985～1992 年调查结果，2010～2016 年青藏高原湖泊 TN 浓度变异系数增加超过 50%，TP 浓度变异系数增加了 271%，说明该湖区湖泊水质变化出现了非常大的分化。由图 8-3 可见，西藏自治区纳木错、羊卓雍措、普莫雍错 3 个湖泊水体 TN 浓度上升趋势较为缓慢，而青海省扎陵湖与鄂陵湖 2 个湖泊水体 TN 浓度总体保持稳定，变化不明显，而可鲁克湖与青海湖的 TN 浓度上升幅度明显大于青藏高原其余 6 个湖泊，其中可鲁克湖上升速率最快，达到 41.7%/5a；相比 TN，TP 变化趋势则呈现多样化，西藏自治区的纳木错与羊卓雍措 2 个湖泊出现了较大幅度下降，下降幅度为 50%/5a，普莫雍错则呈现大幅上升，幅度达到 20%，而青海省的 4 个湖泊中，只有扎陵湖出现小幅下降趋势，而可鲁克湖、青海湖和鄂陵湖均出现上升，上升速率最高也为可鲁克湖，达到 30.3%/5a。虽然各湖泊氮磷浓度上升或下降存在较明显差异，但从区域尺度看，可认为青藏高原湖泊 TN 浓度增加可能有区域性的共同因素驱动，而 TP 浓度的变化背后区域性共同因素驱动作用不明显，可能与湖泊所处流域特征及经济社会发展等有关。

总体来说，青藏高原的近 30 年来水质整体下降和部分湖泊快速富营养化的趋势是值得注意和担忧的，其整体水质下降幅度和速度在中国来说仅次于水资源匮乏、浓缩作用明显的蒙新湖区和农业发达的云贵高原湖区。青藏高原湖区的青海省东北部的青海湖，柴达木盆地中的可鲁克湖、三江源区域的扎陵湖、鄂陵湖以及西藏自治区的纳木错、羊卓雍错等对于区域生态和农牧业生产具有重要意义的流域上升幅度较大，而处于青藏高原偏远腹地的湖泊，则其水质保持着相对良好的状态。但是由于其历史上优质的水质背景、简单湖泊生态系统和水体高盐离子等限制因素，湖区生态系统尚未出现典型富营养化现象及严重后果。

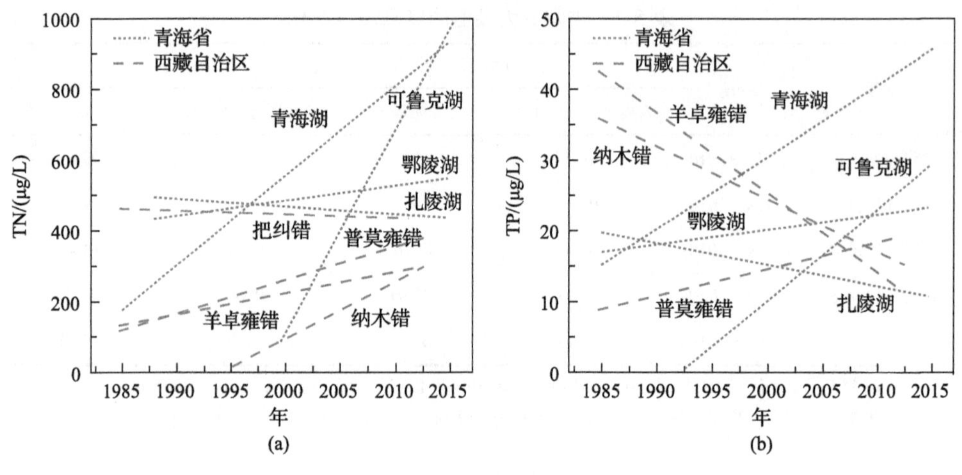

图 8-3　青海及西藏湖区主要湖泊在 1985～2015 年间的氮磷浓度变化趋势

8.2　青藏高原湖泊水质演变驱动因素及保护治理需求

水质演变驱动力研究的目的是揭示湖泊水质变化与流域变化的响应关系，驱动湖泊水质的影响因子主要包括气候、地貌、土壤、植被等自然地理因子和人口、经济、科技等社会经济因子。青藏高原湖泊多分布在一些和山脉平行的山间盆地或巨型谷地中，成因多样，湖盆陡峭，其水质演变的关键影响因素决定了青藏高原湖泊保护的特殊性及保护战略、原则与东部富营养化湖泊间的差异。

8.2.1　湖盆构造对湖泊水质演变影响

中国五大湖区湖泊呈三级阶梯状分布，每级阶梯约 2000 米高程落差，地形地貌显著差异，湖盆形态和水化学特性等差异明显。其中青藏高原湖区处于第一级阶梯，分布湖泊多为构造湖，湖盆结构特征导致地表径流携带污染物极易在湖泊累积(Noges, 2009)。湖泊换水周期(停留时间)与营养物累积相关性最高，即换水周期越短，湖泊氮、磷循环速度越快，相应水体氮磷浓度变化对流域输入负荷增加的缓冲能力更强。根据 Finly 等(2013)以及 Brett 和 Benjamin(2008)对于湖泊水体营养物质滞留率(NRE、PRE)与停留时间(τ/a)关系的研究方法，计算中国三阶梯五大湖区代表性湖泊氮磷滞留能力，结果表明(表 8-3)，第一阶梯湖泊的 PRE 比第二和第三阶梯湖泊高 10%和 148%，NRE 分别比第二和第三阶梯湖泊高 11%和 122%。由此可见，青藏高原湖泊氮磷滞留系数明显高于其他两阶梯，其缓慢的氮磷地球化学循环速率以及较为简单的水生态系统更有利于湖泊氮磷累积。因此，一旦入湖污染负荷升高，与第二和第三阶梯相比，青藏高原湖泊水质恶化将更为迅速。从不同的角度出发，通过地理网格间水力联通条件和网格内磷输入强度的计算，Liu 等(2016)也证明了地理因素导致青藏高原水环境富营养化潜力因子(Eutrophication potential factors)接近长江中下游水平。

表 8-3　中国三大阶梯的氮磷滞留率

第三阶梯	磷滞留率	氮滞留率	第二阶梯	磷滞留率	氮滞留率	第一阶梯	磷滞留率	氮滞留率
洞庭湖	0.18	0.24	滇池	0.64	0.64	可鲁克湖	0.55	0.59
鄱阳湖	0.19	0.25	洱海	0.65	0.68	青海湖	0.83	0.85
高邮湖	0.19	0.25	程海	0.80	0.81	羊卓雍措	0.83	0.85
洪泽湖	0.23	0.31	泸沽湖	0.88	0.90	鄂陵湖	0.83	0.84
巢湖	0.44	0.48	呼伦湖	0.74	0.72	扎陵湖	0.75	0.76
太湖	0.49	0.52	乌梁素海	0.45	0.49	班公错	0.72	0.73
镜泊湖	0.42	0.47	博斯腾湖	0.77	0.77	纳木错	0.89	0.94
平均值	0.31	0.36	平均值	0.70	0.72	平均值	0.77	0.80
标准差	0.14	0.12	标准差	0.14	0.13	标准差	0.11	0.11

8.2.2　气候变化对湖泊水质演变影响

青藏高原是中国乃至全球生态环境最脆弱、最敏感的地区之一，高纬度、低温、强紫外辐射等特性导致该湖区湖泊生态环境极其脆弱。位于该区域的西藏自治区和青海省分别较中国平均值高出 70%和 50.1%(Zhao et al., 2018)，其脆弱性主要表现为生态系统结构简单，生产力水平低，稳定性差和自我恢复能力弱等。青藏高原湖泊大多为内流湖，且水深较深，流域来水主要受冰川活动和降水影响，而区域年降水的 80%集中在夏季，脆弱的下垫面结构使该区域湖泊具有对地表径流所带污染物较低的净化和缓冲能力；同时，其作为构造湖泊的结构特征导致地表径流携带的流域污染物等极易在湖中累积。除了净化和缓冲能力弱外，由于流域发展变化等导致的外源输入负荷也在显著增加。研究表明，气候变化对湖泊影响是一个间接过程(Catalan et al., 2002)，即气候变化主要是通过改变流域过程(包括土壤和植被发育、流域侵蚀等)对湖泊产生影响；青藏高原受气候变化影响最强烈，过去的 50 年，该区域地表温度升高了 1.8℃(Xu et al., 2017)，降雨量波动幅度呈降低趋势，影响了土壤性质和侵蚀机制(Wang et al., 2007; Wang et al., 2008)。

通过对 1984～2013 年青藏高原的土壤侵蚀的分析，侵蚀量、侵蚀强度由南向北逐渐减弱的特征，剧烈侵蚀主要分布在青藏高原南部(日喀则地区、拉萨市、昌都地区和山南北部地区)。其中灌木、高寒草甸和稀疏植被生态系统侵蚀强度较大，海拔 3000～4000 m 的土壤侵蚀强度最大，但土壤侵蚀量最大的是海拔 4000～5000 m

的地区，30 年里，土壤侵蚀增加的区域主要包括羌塘高原南部地区和柴达木盆地外围地区(Kang et al., 2017)。这种现象的主要成因是地表植被系统的差别。其次，自 20 世纪 60 年代以来青海中部、西藏中北部、新疆北部和新疆东北部形成一片集中分布的降雨侵蚀力明显增加区域，年降雨侵蚀力趋势大于 0.03，其中青海柴达木盆地年降雨侵蚀力趋势系数达到了 0.127，其上升中心年降雨侵蚀力趋势系数高达 0.2892，气候倾向率高于程度平原和环渤海地区(Liu Zhu Tao et al., 2013)。

青藏高原拥有 1.5×10^6 km^2 的冻土层面积，是世界中低维度地区最大的冻土地带，面积占北半球的 75%，和北极圈类似，青藏高原永冻土有机质含量较高，2 m 深度土壤储存了约 28 Pg 碳和 1.72 Pg 氮(Mu et al., 2015; Lin Zhao et al., 2018)。区域快速升温已导致冻土层大面积消融，并改变了地表水文过程，造成了愈发强烈的水土和营养物质损失；根据预测，至 2089 年，冻土层在青藏高原上的面积可能会缩小 58%，其中 3%～5%的 TN 将通过各种途径进入水系中。尽管近年来受大气环流区域内人类活动强度增加的影响，青藏高原地表通过大气沉降输入在不断增加，有证据表明，大气沉降提高了人类活动较弱的偏远区域湖泊的营养状态，但相比水土流失对地表水来污染负荷的影响却非常有限。

因此，与中国的其他湖区，如长江中下游湖区完全不同的是，以永冻层和冰川消融为代表的气候变化和降雨增加带来的冻融侵蚀加水力侵蚀是青藏高原湖区自然生源要素进入水体的主要模式，非人为原因带来的水体污染物背景负荷在偏远的青藏高原给水环境演变造成了巨大压力，根据 Tong 等(2017)研究，青藏高原处于严重氮失衡状态，目前青藏高原河流水系中的 TDN 为 0.67 mg/L，高于热带地区河流的 TDN(0.34～0.39 mg/L)和北极地区 TDN(0.03～0.18 mg/L)(Ma et al., 2018)，每年通过河流外流的氮就高达 2.7×10^5 Mg，从水土流失过程中进入青藏高原水系中的 TN 占到了地表 TN 输入的 41%。

因此，与中国长江中下游等其他湖区相比，气候变化所致升温和降雨增加引发的冻融侵蚀和增加的水力侵蚀是青藏高原湖区水体营养物质浓度上升的主要原因，尤其是氮，非人为原因带来的湖泊水体污染物背景负荷在偏远的青藏高原给水环境演变造成了巨大压力，尤其在存在过度放牧现象的地区，这种由脆弱生态系统与自然变化所造成的环境恶化压力也被进一步放大，间接增加了农业与畜牧业的污染程度。

8.2.3 人类活动对湖泊水质演变影响

湖泊演变受到自然因素和人类活动的共同影响，气候变化是内在因素，人类活动是外在因素，而人类活动往往叠加于气候变化之上，对湖泊的变化产生了正反馈作用，加速了其变化。人类活动作为外在因素往往叠加于气候变化之上，对湖泊水环境变化产生正反馈作用，加速变化。1985～2016 年，青藏高原湖区 GDP

总量增长了 130 倍，人口增长 55%，有效灌溉面积增加了 55%，农药施用量增加了 286%，用量增速为有效灌溉面积增速的 2.5 倍，牲畜养殖数量上升 55%。

但从区域角度分析，青海和西藏自治区发生了较大分化，其中西藏自治区年产羊量降低了 4.34×10^6 头，猪与大牲畜产量分别增加了 1.13×10^6 与 1.73×10^6 头，而青海省畜牧业发展迅猛，大牲畜、羊、猪年出栏量分别增加了 1.2×10^6，4.66×10^6 和 0.88×10^6 头。

此外，旅游业在青藏高原也得到了蓬勃发展，自 2005 年来，年均旅游人数增长了 3.86 倍，在 2018 年达到 3369 万人次。流域人类生产经营活动强度增加、生活方式升级及区域产业结构变化等，使青藏高原湖区污染物排放负荷呈现了新特点。

人类活动的生产经营活动强度、生活方式的升级以及区域产业结构与布局变化使得青藏高原地区的排放负荷的污染物也呈现了新的特点，其排放总量在青藏高原内部也发生了明显的分化，通过对构成青藏高原的两个主要省份，青海省与西藏自治区的各类负荷的计算可知，与 1990 年相比，青海省总体的 COD/TP/TN 排放负荷均大幅上升，上升幅度分别达到 2.1×10^5 t/a、0.78×10^4 t/a 和 0.58×10^4 t/a，西藏自治区主要得益于牧民生活方式改变带来的养殖业污染大幅度下降，总 COD/TP/TN 排放负荷均有下降，分别减少了 2.47×10^5 t/a，1.93×10^3 t/a 和 1.95×10^3 t/a。从污染负荷的地理分布来看(图 8-4)，青海省南部的黄南、果洛、玉树的三江源地区，由于“生态移民”工程的实施，以畜牧业为主的产业外迁，各类污染负荷出现了明显的下降，发展的重心转移到在东北部的西宁湟水流域和柴达木盆地。而西藏发展的重心仍然在东部的拉萨河谷平原和林芝地区，当地气候比较适合人类居住和发展农牧业，水源充沛，是西藏粮食主要产区。尤其是青海省东北部，在中国宏观经济增长速度放缓的背景下依旧保持着高速增长，最近 10 年间，年均增速为 8.53%，增速位列青海省第一，位列中国主要城市 GDP 增速前 100 名。2018 年，西藏自治区和青海省的经济增速均超过全国平均水平，其中西藏自治区经济增速再次突破历史记录，排名中国第 1 位(国家统计局数据)；两省工业增速分别为 14%(西藏)和 8.6%(青海)，均超过服务业和农牧业增速。目前的技术条件下，无论是工业还是服务业均无法达到“零排放”。由此可见，青藏高原湖区的水环境压力仍将持续上升。

因此，自然因素和人类活动共同驱动青藏高原湖泊水质演变，受地理条件制约，湖泊水污染承载能力低；陆域生态系统脆弱，恢复能力差。由于气候变化等因素，水土流失逐年加重，大量营养物随地表径流入湖，背景负荷不断升高；随流域人口增加，人类活动强度加剧，产业结构变化，工业、农牧业产量提升带来大量直接入湖污染，水质下降和富营养化在内在和外在因素的共同作用下快速显现。

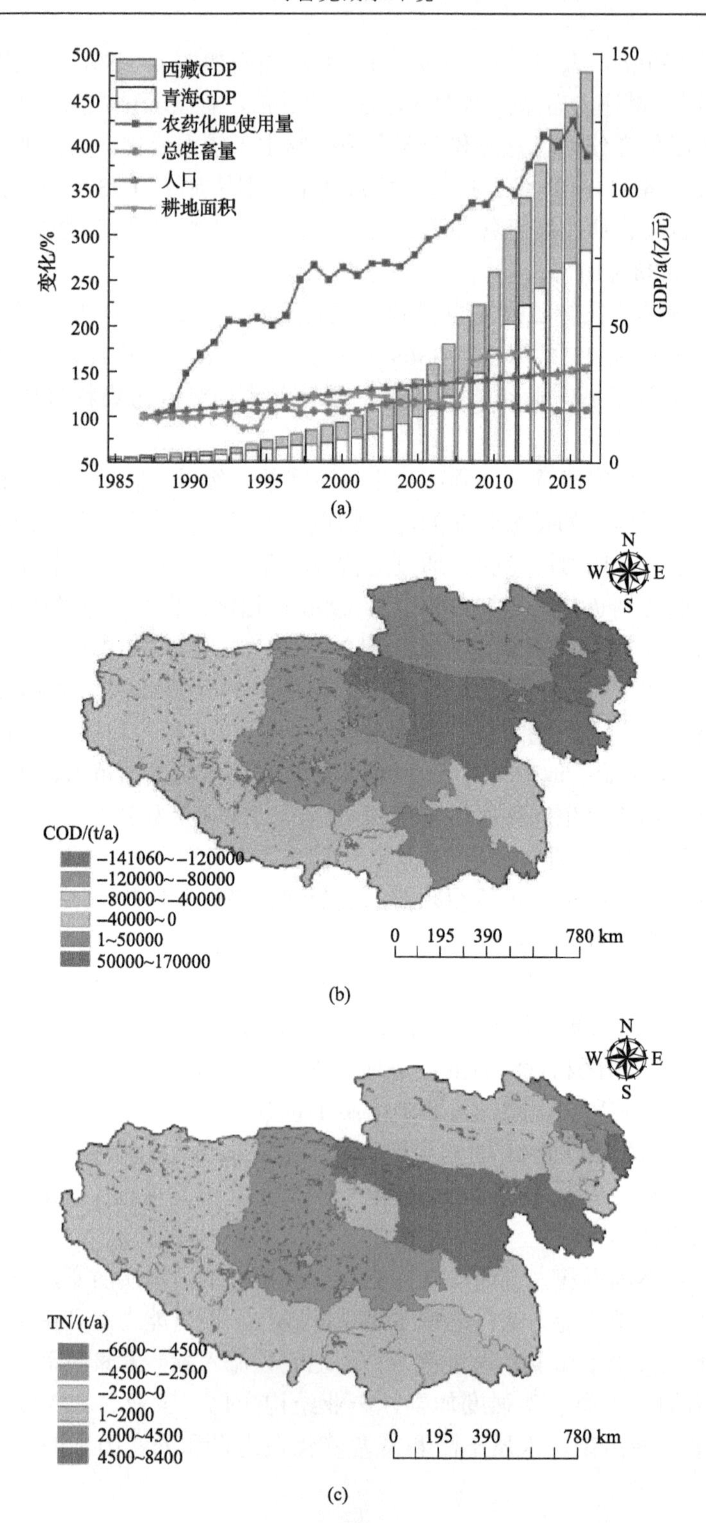

500
450
400
350
300
250
200
150
100
50
变化/%
西藏GDP
青海GDP
农药化肥使用量
总牲畜量
人口
耕地面积
150
100
50
0
GDP/a(亿元)
1985
1990
1995
2000
2005
2010
2015
N
W
E
S
COD/(t/a)
−141060~−120000
−120000~−80000
−80000~−40000
−40000~0
1~50000
50000~170000
0
195
390
780 km
TN/(t/a)
−6600~−4500
−4500~−2500
−2500~0
1~2000
2000~4500
4500~8400

(a)

(b)

(c)

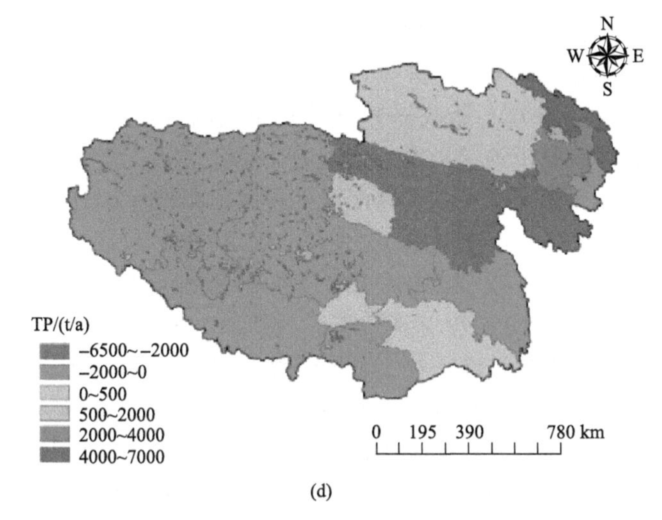

图 8-4　1985～2016 年青藏高原发展与污染排放变化

(a) 经济、人口、农药化肥使用量、总牲畜量以及耕地面积；

(b)～(d) 人类活动带来的 COD、TN、TP 排放量的区域性变化，变化以地州级为单位

8.2.4　青藏高原湖泊保护治理的特殊性

由上文分析可知，多重驱动因素使青藏高原湖泊对流域人类活动的响应较其他湖区湖泊更为敏感，湖泊水污染与富营养化问题不仅是一个自然科学问题，更是一个社会问题，生产生活方式、保护理念和措施对湖泊生态系统有着至关重要的影响。总体而言，中国湖泊的水质演变过程被两条边界所决定，一条为地理上的阶梯，另一条为标志人口分布的“胡焕庸线”。“胡焕庸线”是一条人口密度突变分界线，它是气象-地形-生产要素共同影响下，中国人口密度分布的一种反映。目前，约 94.39%的人口居住在“胡焕庸线”东南方 43.71%的国土面积上，5.61%的人口居住在“胡焕庸线”西北方 56.29%的国土面积上。大多数的人口和发达的工业都集中在中国的东部湖区，即“胡焕庸线”右侧，在这个区域内，大多数的湖泊都是浅水通江湖泊，流域内人口密集，经济发达，达到 303 人/km^2，贡献了中国 GDP 总量的 95.7%。在这个区域人类对于湖泊的利用与改造成为湖泊生态的决定性因素，不但有大量的污染物排放，并且通过大量建设的水利工程切断了河流与之间的联系，改变了湖泊的水文循环过程，也影响着湖泊的环境容量与流域的环境承载力。而“胡焕庸线”左侧的湖泊流域内人口稀疏，经济较为落后，对湖泊利用方式较简单，其环境容量与流域的环境承载力更多受制于自然条件。

环境库兹涅茨曲线是研究经济社会发展与环境质量变化间关系的国际常用方法，并且在中国的环境经济研究中得到了验证(Grossman and Krueger, 1994; Dinda, 2004; Tao et al., 2008; Li et al., 2016)，本研究利用环境库兹涅茨曲线方法，结合

PRE 及 NRE 与环境脆弱系数，用以揭示青藏高原湖区与其他两级地理阶梯湖泊在水环境与流域发展之间的响应的差异，结果表明一方面大部分第三阶梯和第二阶梯湖泊水体 TN 与 TP 浓度与流域 GDP 关系均呈现倒 U 形关系（图 8-5），符合 EKC 假说，如太湖、巢湖及滇池等国家重点湖泊，经济发展及城市化到一定阶段后，改善城镇与农村卫生设施、大量新建污水处理设施和推行严格流域管理措施密切相关（Tong et al., 2017）；另一方面，在到达 EKC 曲线拐点前，处于第三阶梯的太湖流域（1988～2004 年）、第二阶梯的滇池（1989～2007 年）和第一阶梯的可鲁克湖（2003～2016 年）的 TN/TP 浓度分别升高了 261%～626%和 224%～516%。

计算拐点前水质对流域经济社会发展强度的响应可见，在太湖流域，GDP 分别提高 375×10^4 美元/km^2 和 1045×10^4 美元/km^2（汇率按 6.7 元人民币=1 美元计算），水中的 TN/TP 浓度才会提高 100%（1988 年基础上），而处于第二阶梯的滇池流域（1988～2009 年），其响应速率变为 796×10^4 美元/km^2 和 176.15×10^4 美元/km^2；处于在青藏高原湖区的可鲁克湖，水质与经济间的响应曲线仍然处于上升期，拐点尚未出现，TN/TP 与流域经济发展间关系也变为 2.3×10^4 美元/km^2 和 3.3×10^4 美元/km^2，即升高 1 倍（2003 年基础上），速度为太湖流域的 163 倍和 317 倍，滇池流域的 346 倍和 53 倍，证明脆弱的青藏高原湖区湖泊，由于有限的环境容量和脆弱的生态系统，对流域经济社会发展强度的承受程度极低。

历史的经验证明，防控湖泊富营养化，控制污染源是最重要手段。流域污染物排放量与污染治理投入必须保持相对平衡才能确保湖泊环境健康，在发达国家，这种平衡有着不同的实现模式。欧洲部分湖泊由于流域内人口压力小，选择了相对较低的经济增长速度、较少的污染物排放量和较少的治理投入，治理的直接投入保持在较低的水平，仅通过严格的管理手段就保证湖泊环境健康（European Commission, 2012），而人口稠密的日本的部分湖泊则选择了经济高速发展、较大的污染物排放量和治理高投入的模式，其排放量与治理投入保持在了较高水平（Kitabatake, 1982; Kumagai et al., 2003; Fukushima and Arai, 2015）。但随着发展水平的提高，这一平衡的保持难度也会迅速增加，湖泊治理所需要投入也会成倍增加。

青藏高原湖区不仅对流域经济社会发展承载强度远低于中国其他湖区，且环境基础设施薄弱，多年来环保投入严重不足也是导致其承载强度极低的原因之一。该湖区 GDP 总量在全国处于末位，但 12 年来（2004～2016 年）污水排放总量已经达到了 3.3×10^5 吨，达到了第二阶梯湖泊所在区域平均水平的 1/2，也达到了第三阶梯所在区域平均水平的 1/10（表 8-4），虽然同期累计吨水环保投入东部平原地区基本持平，但在 2004～2010 年间，环保投资仅为 0.27 元/吨，占此期间总投资的 10.5%，即使在工业经济发展较早的青海省，在 2004～2010 年间的环保投入占比也小于总投入的 20%。在西藏自治区甚至不足 3%。而同期第二阶梯

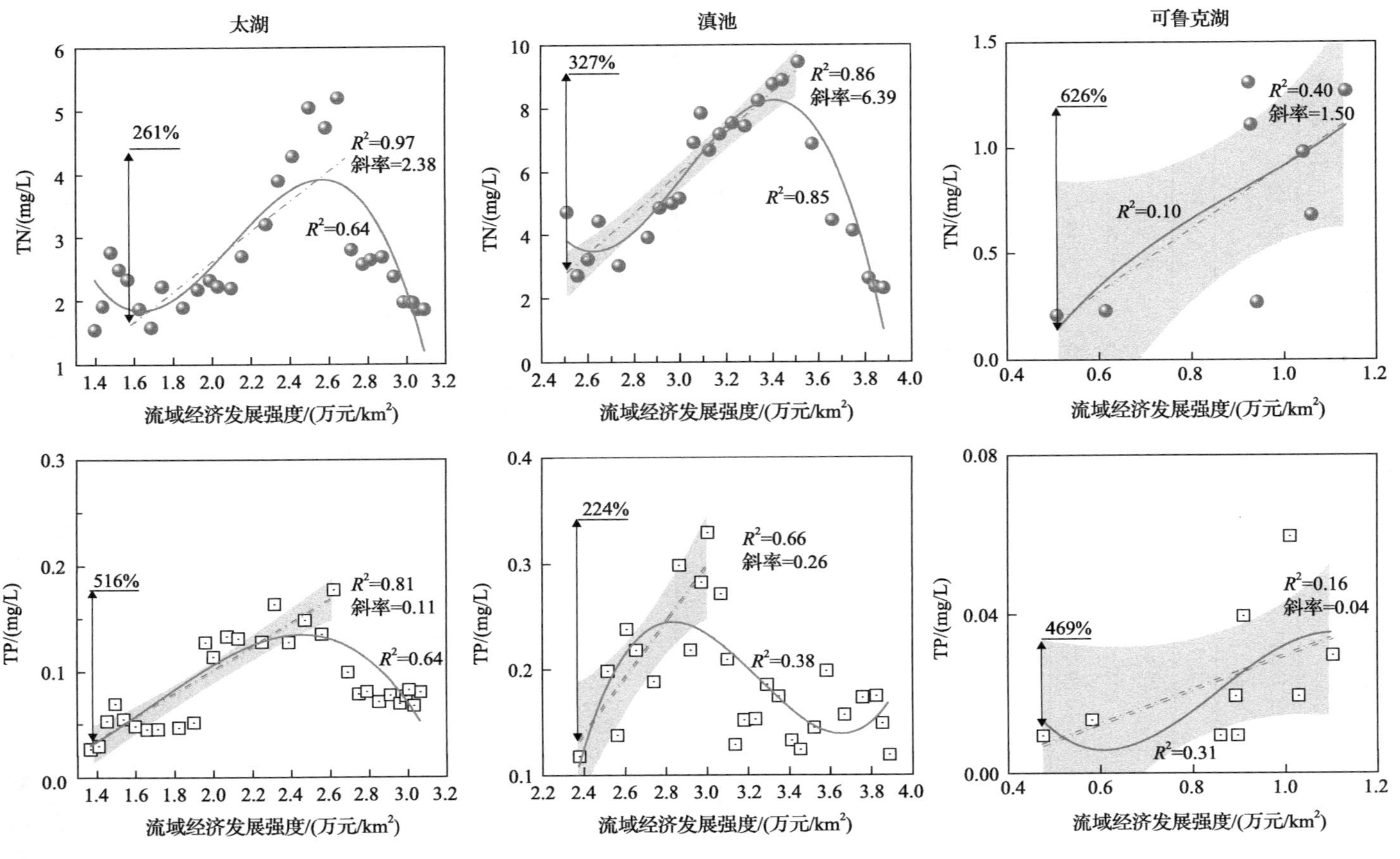

图8-5　中国三阶梯湖泊对流域经济发展的敏感性

表 8-4　各省(自治区)用于废水处理的投资

地理阶梯	省份	废水排放量(2004～2016年)/万吨	环境投资/万元	吨均投资/元(2004～2010年)	占比/%	吨均投资/元(2011～2016年)	占比/%
第一阶梯	青海	2.73×10^5	2.41	0.45	18.58	1.96	81.42
	西藏	5.76×10^4	3.75	0.09	2.43	3.66	97.57
	平均	3.3×10^5	3.08	0.27	10.5	2.81	89.5
第二阶梯	新疆	1.06×10^6	4.89	2.83	57.81	2.06	42.19
	云南	1.54×10^5	3.21	1.53	47.76	1.68	52.24
	内蒙古	1.09×10^6	5.45	3.24	59.39	2.21	40.61
	平均	7.7×10^5	4.51	2.53	54.99	1.98	45.01
第三阶梯	江苏	7.2×10^6	2.68	1.62	60.30	1.07	39.70
	安徽	2.7×10^6	2.07	1.35	64.94	0.73	35.06
	湖南	3.5×10^6	2.23	1.43	63.82	0.81	36.18
	河北	3.3×10^6	2.41	1.54	63.91	0.87	36.09
	黑龙江	1.6×10^6	3.07	2.43	79.30	0.64	20.70
	江西	2.2×10^6	1.88	1.12	59.45	0.76	40.55
	山东	5.3×10^6	6.87	4.94	71.94	1.93	28.06
	平均	3.7×10^6	3.03	2.06	66.24	0.97	33.76

数据来源：国家统计局

省份和第三阶梯省份在废水投资上的投入分别占 12 年来的 54.99%和 66.24%。因此，尽管环保设施的建设和有效运行进程正在加快，但由于环保设备投资与设施投入运行之间的时间差，环保投资在投入运行前，大量未经处理的污染物依然直接进入水体。

与全国湖泊水质与流域经济发展强度响应关系和环保投入等方面的对比表明，尽管存在历史上优质的水质背景，简单的湖泊生态系统和地理环境等限制因素，青藏高原湖泊生态系统尚未出现典型富营养化现象和严重后果；但该湖泊近 30 年来水质整体下降和部分湖泊快速富营养化问题需要引起严正关切，该区域湖泊水质虽处于局部下降的水污染初期阶段，但水生态环境快速恶化的风险值得关注。

8.3　本 章 小 结

青藏高原藏区生态环境的典型特征是极度脆弱，其特征是生态环境系统抗干扰能力低、恢复能力差，逆向演化趋势无法有效控制。青藏高原藏区的生态环境一旦遭到毁灭性破坏则不可逆转。青藏高原藏区 GDP 及三产比在全国或全省居末位或倒数位，经济总量小、财政自给率低、城镇化率低、城乡人均可支配收入低是青藏高原藏区经济社会发展的共同特征。作为受人类污染影响最小的区域之一，人类活动的加强可能会给青藏高原的生态环境带来巨大影响，随着西藏人口和经济总量迅速增长，生态环境受到的扰动显著增强。

对青藏高原湖区湖泊水质近 30 年来变化的研究表明，青藏高原湖区受到气候变化导致的自然负荷升高和日渐强烈的人类活动影响的双重压力，湖泊水体的主要营养物 TN 和 TP 浓度在过去 30 年内总体出现了显著上升，幅度超过中国湖泊整体水平，且在地区内水污染形势具有局部性和初期性特征，地理和气候变化等非人类因素给该湖区水环境演变造成了巨大压力，快速城镇化背景下，流域不合理发展模式和生态环境保护投入不足等直接导致部分湖泊水质快速恶化。同时，青藏高原湖泊的保护也具有特殊性，太湖、滇池以及可鲁克湖对流域经济发展强度的响应关系证明了第一阶梯湖泊流域自然生态环境的脆弱性和对人类活动的敏感性，基于这一特征，在现有粗放的生产技术条件下，青藏高原湖泊无法承受流域内经济的快速开发。青藏高原湖区湖泊 30 年来水质整体下降和部分湖泊快速富营养化的趋势需要引起严正关切。

第9章　青藏高原湖泊保护治理路线图

近百年的工业化、农业现代化和城镇化等对湖泊资源的过度利用和营养盐的过量排放是造成湖泊水质下降和水生态系统退化的最主要原因(Conley et al., 2009; Smith, 2003)。中国湖泊水质下降和富营养化始于20世纪70年代的小型城市湖泊，尤以处于第三阶梯的长江中下游湖区最为突出；处于第二阶梯的蒙新湖区和云贵高原湖区由于水资源利用、流域矿产资源及农业过度开发，湖泊萎缩和富营养化问题日趋严重(Yang G S et al., 2010a; Tao et al., 2015; Liu et al., 2012)。21世纪以来，西部省区制定了跨越式发展战略，城镇化与工业化快速发展，对当地生态环境产生了较大压力，青藏高原生态环境建设与保护任务尤为艰巨。

湖泊水资源和水环境问题成为中国经济和社会色发展的重要影响因素。近年来更加严格的流域管理和大量环保投入使中国湖泊水污染及富营养化的严峻形势有所好转，并向好发展(Tong et al., 2017; Zhou et al., 2017)，但部分相对洁净，水质较好的湖泊，则出现了水污染加重，甚至富营养化现象(Tong et al., 2019)。青藏高原自然资源丰富，生态环境脆弱，经济不发达。虽然近年来，该区域生态环境保护取得了可喜成果，但人口与经济增长加快所导致人地关系紧张和水资源矛盾问题逐渐显现，可能需要重新考虑我们的发展模式和思路。

尽管青藏高原湖泊水污染问题出现时间短且程度较轻，鉴于其所处区域特殊的生态屏障作用及至关重要的水源功能，该区域湖泊保护和治理应更加迫切，保护目标应更高。应吸取东部湖区的经验教训，重点突出保护优先，关注气候、地质环境和生态环境的脆弱性，以人类活动的管理控制和生态风险监测预警为重点，分区分阶段制定该区域湖泊的保护目标和策略。

本研究意在分析我国湖泊保护治理历程及阶段性特征，结合世界湖泊保护经验和教训，提出我国湖泊保护治理保护需要关注的重点问题，在建设流域生态文明框架内，为青藏高原湖泊分区保护确定目标与策略，并提出保护治理路线图。

9.1　我国湖泊保护治理回顾及经验与教训

我国是一个多湖泊国家，民众生活与湖泊联系密切，对湖泊的开发和利用有着悠久的历史。改革开放以来，我国经济建设领域完成了跨越式的发展，但伴随着经济社会的快速发展，湖泊出现了一系列生态环境的问题，包括水环境污染与富营养化，围湖造田与江湖阻隔带来的水文情势变化，湖滨湿地萎缩以及水生态退化等等，严重制约我国生态环境安全和经济社会的可持续发展。针对严峻的湖泊生态安全形势，国务院和国家相关部门相继投入大量资金和人力物力，采取了一系列治理措施，取得了一定的成效，但诸多障碍与挑战依然摆在我国湖泊治理与保护面前。对我国湖泊水环境问题的产生、发展及治理成效和存在问题的清晰认识，对国内外湖泊治理经验与教训的总结与借鉴，是现阶段乃至今后一段时间科学制定我国湖泊治理与保护策略的关键。

9.1.1　我国湖泊特点及保护治理概况

1. 我国湖泊概况及主要问题

我国湖泊数量众多，约 2 万个，占世界天然湖泊的 1/10。按照成因分，可划分为构造湖、火口湖、堰塞湖、冰川湖、岩溶胡、风成湖、河成湖和泄湖。类型多样，分布广泛，以小型浅水湖泊为主，集中分布与分散分布相结合是我国湖泊的重要自然地理特点，且区域差异显著。按照自然地理特征和气候差异，可将我国的湖泊划分为五大湖区，即东部平原湖区、云贵高原湖区、蒙新湖区、东北平原-山地湖区和青藏高原湖区。从空间分布来看，以大兴安岭—阴山—贺兰山—祁连山—昆仑山—唐古拉山—冈底斯山为主要分界线，位于此线西北的青藏高原湖区和蒙新高原湖区基本属于内流区，属干旱半干旱气候，湖泊大多为封闭的咸水湖或盐湖。其中，东部平原、云贵高原、东北平原与山地三大湖区属外流区，属亚洲季风湿润气候，湖泊大多为开放的淡水湖。

青藏高原湖区拥有面积 1 km^2 以上湖泊数量最多和面积最大，湖泊数量 1055 个，面积 41831.7 km^2，分别占全国湖泊总数量和总面积的 39.2%和 51.4%；第二是东部平原湖区，湖泊数量 634 个，面积 21053.1 km^2，分别占全国湖泊总数量和总面积的 23.5%和 25.9%；第三是蒙新高原湖区，湖泊数量 514 个，面积 12589.9 km^2，分别占全国湖泊总数量和总面积的 19.1%和 15.4%；第四是东北平原与山地湖区，湖泊数量 425 个，面积 4699.7 km^2，分别占全国湖泊总数量和总面积的 15.8%和 5.8%；最后是云贵高原湖区，湖泊数量 65 个，面积 1240.3 km^2，分别仅占全国湖泊总数量和总面积的 2.4%和 1.5%(马荣华等，2011)。

五大湖区中除蒙新高原湖区和青藏高原湖区，均处于我国人口分布线以东，即处于我国 94%的人口生活生产的区域。湖泊开发历史悠久，是流域人类生存和发展的重要自然资源，具有调蓄洪水、提供水资源、净化水质、维护生态多样性、提供生物栖息地、提供物质生产、调节气候、航运、教育、休闲旅游等多方面服务功能。全国城镇饮用水水源的 50%以上源于湖泊，全国粮食产量的 1/4～1/3、工农业总产值的 30%以上来自于湖泊流域。以往对湖泊的认识主要是为了利用湖泊的资源，包括水资源和生物资源，其过程表现为对湖泊的依赖，为获取更多的资源而对湖泊进行利用和改造。2000年以后，资源的过度开发引发的一系列环境问题逐步暴露，我国处于经济社会发展的转型阶段和环境保护矛盾突出阶段；对湖泊生态功能的认识不断深入，是现阶段我国湖泊所呈现的重要社会属性。

就全国范围而言，我国湖泊所面临的问题可分为两类。第一类为人类对湖泊的干扰，主要包括水污染和富营养化问题、江湖阻隔导致水文过程变化而引起的问题及大范围围垦等活动侵占湖滨湿地。对全国主要湖泊营养状态多次调查表明(杨桂山等，2010；李子成等，2012；陈小峰等，2014)，处于贫营养状态的湖泊数量占总数的5%左右，处于中营养状态湖泊占比为31.6%，剩余63.4%的湖泊均为富营养状态，其中，处于轻度富营养的湖泊占 10.6%，中度富营养的湖泊占10.2%，处于重度富营养的湖泊占8.6%，剩下16.2%属于异常(严重)富营养。

20世纪50年代中后期起，我国长江中下游大部分湖泊修建了闸坝，目前仅剩鄱阳湖、洞庭湖及石臼湖等少数通江湖泊。江湖阻隔后，湖泊失去了与干流的自由水文连通，水位波动形式变为水库型。以巢湖为例，建闸前水位波动幅度平均超过2 m，建闸后，波幅仅1 m，且冬季水位升高近1 m，导致大量水生植物消失。江湖水文连通被切断或受限对湖泊生态系统有非常重要的影响，是湖泊富营养化的重要原因之一，浮游藻类生物量大幅度上升；大型水生植物和底栖动物多样性下降，生物量和生产力亦同时下降，阻隔也导致鱼类多样性下降。

水体自然流动是河流-泛滥平原生态系统物种繁多和物产丰富的重要驱动因子。河湖长期演化过程中，不同生物逐步形成了与水文周期相适应的生活史对策，江湖阻隔扰乱了自然水文过程，必然会对生物群落及结构产生重要影响，其结果是湖泊物种多样性下降，生物群落结构发生改变(Wang et al.，2016；王兆印等，2009；王洪铸等，2015)。

20世纪以来，各地围湖造田，兴建直立驳岸，沿岸区域渔业养殖和超常规发展等加速了湖滨湿地系统退化，长江流域有 1/3 以上的湖泊面积被围垦，总面积超过五大淡水湖面积总和的 1.3 倍，湖泊容积下降带来的直接后果是湖泊的洪水调蓄功能下降，导致江湖洪水位不断升高，最高洪水位不断刷新历史纪录，如太湖，1954年的洪水水位记录为4.65 m，1999年上升至5.07 m(虞孝感等，2000)，鄱阳湖平均多年最高洪水位由20世纪50年代的18.51 m上升至90年代的20.10 m。

围垦区域主要是高位滩地或中位滩地，是湿生、挺水、沉水及浮叶等水生植物植被的主要分布区，其对维持湖泊生态系统良性循环和丰富的水产资源具有重要作用。围垦不仅直接导致菱、莲、芡及苇等水生植物分布面积骤减，同时也使鱼类赖以生息繁衍的生存空间缩减。另外，城镇化和道路建设使大面积陆向湖滨带及湿地塘坝区变为不透水地面，导致水生植被和沿岸陆生植被衰退，降低了湖滨带拦截外源污染和消减内源负荷的能力，破坏了湖泊生态系统的完整性及多样性。

第二类为气候变化引发的湖泊演变，主要包括冰川融化导致的湖泊淡化和水资源配置不足导致的咸化。冰川融化导湖泊淡化，主要出现在我国西北的青藏高原湖区，该区域湖泊以盐湖为主，大多富含钾、硼、锂、铷、铯和溴等元素，具有重要的工业开发和应用价值(郑绵平和刘喜方，2010；宋彭生等，2011)。全球变暖加速了青藏高原冰川快速融化，降雨和地表径流增加，使盐湖面积扩大，化学组分及含量发生改变(李鹤等，2015；李承鼎等，2016；余疆江等，2016)。

水资源配置不足导致的咸化主要出现在我国西北干旱半干旱地区湖泊，尤其是内蒙古地区，同 1988 年对比，柴窝堡湖、红碱淖、吉力湖、乌梁素海、达里诺尔、乌伦古湖和哈素海的矿化度都有不同程度升高，其中乌梁素海矿化度更是增加了 100%，柴窝堡湖和红碱淖水体矿化度也分别增加了 58.8%和 53.6%(姜家虎和黄群，2004；曾海鳌和吴敬禄，2010)。湖水咸化的原因在于蒙新地区降水量小，蒸发量大，致使湖泊矿化度增加；同时人类活动(主要是修筑水库和地下水开采等)减少了地表水和地下水对湖泊的补给，加速湖泊面积萎缩和水体咸化。

湖泊演变受自然因素和人类活动共同影响，而人类活动往往叠加于气候变化之上，对湖泊变化产生正反馈作用。湖泊萎缩代表的水量变化及人类对湖泊资源忽略生态后果的开发利用，造成水质下降、水生态退化及水生生物资源衰退等问题，目前我国部分湖泊开发强度已超过生态系统限值，并已威胁到了区域生态安全。

2. 我国五大湖区湖区主要问题

我国五大湖区湖泊构造、气候、地形等不同，使湖泊环境发展演变程度和驱动因素各异；但自然环境只是引起我国湖泊环境问题的基础条件，除湖泊流域自然环境条件差异外，现阶段忽视湖泊保护治理需求的经济社会活动是造成我国湖泊水环境问题的主因，即流域经济社会不合理发展模式是关键所在(表 9-1)。

表 9-1　我国五大湖区主要问题特点

湖区名称	主要问题	主要驱动因素
东部平原湖区	严重富营养化、江湖阻隔、水生态退化	工业、城市点源与农业面源
东北平原-山地湖区	富营养化	农业面源为主
蒙新湖区	水资源短缺，湖泊咸化、富营养化	气候变化与人类活动
云贵高原湖区	富营养化、水生态退化	面源为主
青藏高原湖区	水质下降、湖泊淡化	气候变化与人类活动

1) 蒙新湖区

蒙新湖区地处内陆，气候干旱，降水稀少，地表径流补给少，蒸发强度超过湖水补给量，逐渐咸化，湖泊面积呈逐渐萎缩趋势。与东部平原湖区相比，蒙新湖区存在湖泊萎缩、咸化、水质恶化及水生生物退化等生态环境问题；而我国关于蒙新湖区的研究明显滞后，缺乏系统认识。近 50 年来，对蒙新地区土地资源和水资源的大规模开发，造成入湖径流急剧减少，湖泊水资源在降水稀少的干旱气候背景下蒸发强烈，加上人为因素影响，湖泊缺乏水源补给，造成湖泊水资源严重短缺，湖面迅速萎缩，水质咸化并向盐湖发展，部分湖泊最终形成干涸的荒漠。据近年调查结果，蒙新湖区面积共减少 6989 km^2，占全国湖泊面积减少数的 56%（张亚丽等，2011）。

另外，该区域部分湖泊由于受流域排放的大量污染物影响，面临严峻富营养化威胁，严重危及湖泊及相邻区域生态环境，带来一系列环境问题，包括湖泊鱼类减少，甚至消失，生物多样性减少；环湖地区生态环境恶化，荒漠化加剧；农牧业生产和居民生存受到极大威胁等。

蒙新湖区中的新疆湖区相对清洁，喀纳斯、乌伦古湖、天池和博斯腾湖等新疆湖泊的富营养化水平均维持在中营养水平以下，但近年来博斯腾湖有明显富营养化趋势。内蒙古呼伦湖营养水平则持续上升，其富营养化程度已从 20 世纪 80 年代初的中营养恶化至重度富营养。

2) 东部平原湖区

东部平原湖区包括长江中下游平原及三角洲平原、淮河中下游平原、黄河和海河中下游平原及京杭大运河沿岸；地势低平，濒临海洋，气候温暖，降水丰沛，河网交织，湖泊星罗棋布，我国著名的五大淡水湖——鄱阳湖、洞庭湖、太湖、洪泽湖和巢湖都分布于此。众多大中型湖泊大多是在构造盆地基础上，由于河床演变而形成的河成湖，属吞吐型湖泊，河湖关系密切，而沿海平原与低地湖泊则多为古泻湖的遗迹。绝大多数湖泊湖盆浅平，大多数湖泊水深在 4 m 以下。

东部平原湖区人口稠密，经济发达，长期以来由于对湖泊资源的不合理利用，尤其是改革开放以来，高强度人类活动极大地改变了自然湖泊要素的循环规律，使该区湖泊生态环境遭到严重破坏，围垦、渔业及不合理工业发展造成的水污染和生态破坏是东部平原湖区的突出问题。围垦使长江中下游地区湖泊面积减少了 12000 km^2 以上，消亡湖泊多达 1100 余个，减少了湖泊的调蓄库容，仅洞庭湖、鄱阳湖和江汉湖群就因围垦损失了 300×10^8 m^3 的贮水量。

经济快速增长和滞后的环境管理使大量污水未经处理直接排入湖，使东部平原湖区成为我国湖泊富营养化最严重的地区。五大淡水湖中的巢湖，富营养化指数从“六五”中期至“九五”中期明显上升，从 1985 年开始就一直处于中度富营养，营养指数九五期间达到最高的 66，十五之后缓慢下降，十二五末期为 54，营养状态下降至轻度富营养。太湖富营养化指数“七五”中期至“八五”期间速升，富营养化程度由轻度上升至中度，从“九五”初至“十一五”基本维持在中度富营养状态，富营养化指数在 2000 年达到 63，“十一五”中期开始明显改善。2002 年“引江济太”工程实施，增加了太湖水资源量，加快了局部水体流动，提高了纳污和自净能力，改善了富营养化程度，“十二五”末期富营养指数下降至53，营养状态变为轻度富营养。洪泽湖富营养化指数从“七五”到“十五”中期经历了明显上升和快速下降过程。最高值为“九五”前期的 63。从“十五”中期再到“十二五”末期，则表现为缓升与缓降的稳定趋势，“十二五”末期富营养指数下降至 57，属轻度富营养。鄱阳湖与洞庭湖位于长江中游，为长江仅存的两个大型通江湖泊，受长江来水量与来沙量影响较大。鄱阳湖富营养化指数在 2003 年前总体呈缓升趋势，在 2003～2005 年间明显升高，2004 年达到最高的 53，“十二五”末期为 46，降至中营养。洞庭湖情况与鄱阳湖类似，三峡工程减少了来沙量，使水位降低，换水周期变长，水体交换不畅，湖体自身净化能力降低，且利于营养物积累与藻类生长，导致湖泊富营养化指数升高，富营养化指数在 2005 年达到 65 以上，“十一五”“十二五”期间由于综合整治力度加强而下降至 46，已恢复到中营养状态。

3)云贵高原湖区

云贵高原湖泊分属长江、珠江、红河、澜沧江水系，既是云贵高原的重点发展资源，也是流域区域重要水体，在区域及流域经济社会发展中起着非常重要的支撑作用；高原湖泊以构造断陷湖为主，南北向伸展，湖体多狭长状，大都处于水系分水岭，流域面积小，具有封闭与半封闭特点，加之受季节性降雨及人类活动双重影响，生态系统较脆弱。

云贵高原湖泊水环境的主要问题也是富营养化，由于其发育阶段、所处地理位置、自然条件、湖区社会经济状况和城市化程度不同，开发利用和人为干扰强度有较大差异。因此，表现出多种营养类型。例如泸沽湖近 30 年来一直保持贫营养水平，且变化幅度不大；程海营养水平也比较稳定，从 20 世纪 90 年代至今一直保持中营养。而该区域开发较早，湖滨区人口密集的滇池、杞麓湖、异龙湖、长桥海和草海在 19 世纪 80 年代已富营养化；尤其是滇池，位列“三湖”之一。社会经济快速发展导致流域污染负荷总量进一步增加，给云贵高原湖泊生态环境带来巨大压力，原本就十分脆弱的水环境进一步恶化，滇池、星云湖、杞麓湖、阳宗海和洱海等湖泊水质明显下降；抚仙湖在 20 世纪 80 年代初，富营养化指数值小于 10，到 90 年代初已超过 20，此后实施了系列保护措施，营养水平逐渐下降，但近年有小幅上升。

云贵高原湖泊富营养化主要是由面源污染造成，流域森林覆盖率较低，土壤侵蚀严重，保土保水和保肥能力差(金相灿等，1990)，携带营养物的泥沙集中在雨季随暴雨径流入湖，而湖泊出流水系普遍较少。因此，营养物在湖泊内累积明显。此外，云南湖泊大多大型水生植物分布面积小，对输入营养物质的吸收和调节作用较弱。

4) 东北平原-山地湖区

该湖区地处半湿润半干旱季风性气候区，夏短而温凉多雨，入湖水量丰富，冬季漫长，冰封期可达 4～6 个月。东北湖泊既浅又小，流速缓慢，周边农业人口众多，不断发展的农业带来了新建水利工程的需求，灌溉截留消耗了大量水资源，2000～2010 年间东北湖泊处于萎缩状态，湖泊总面积减少了 926.44 km^2，其中天然湖泊面积减少了 1024.5 km^2，以水库为主的人工湖泊面积增加了 98.06 km^2(李宁等，2014)。

东北湖区湖泊水质原本较好，近年来污染日趋严重，富营养化发展迅速，“水华”现象时有发生，严重影响了湖泊系统功能稳定与生态健康。农业生产是该地区湖泊营养物主要来源，以黑龙江省镜泊湖和辽宁大伙房水库为例，据统计大伙房水库上游地区农药施用量超过 200 t/a，化肥施用量 27×10^4 t/a(贺斌和郭海英，2010)；镜泊湖上游敦化市农药年施用量约 200 t/a，化肥年施用量近 2×10^4 t/a(金志民等，2009)。

此外，畜牧业和禽类排泄物对东北平原与山地湖泊水质影响也日益严重，以大伙房水库为例，上游 3 个县市的养殖业每年产生粪便达 72×10^4 t/a；污染物大多通过地表径流入湖，东北湖区营养化指数变化规律为丰水期＞平水期＞冰期，降水量越大，湖泊富营养化越严重。

5) 青藏高原湖区

青藏高原被称为“中华水塔”，该区域湖泊由于其所处特殊的地理环境条件，对区域和全国生态环境建设意义重大，且在水环境容量变化，水体和沉积物生源要素地球化学循环、沉积物重金属污染等方面都有特殊性。由于其独特的陆地景观，脆弱的生态系统及特殊的季风循环等原因，青藏高原是一个对污染影响反应敏感的地区，且流域人类活动加剧给青藏高原湖泊生态环境带来了巨大影响。

青藏高原湖泊水质变化及驱动因素研究表明(闫露霞等，2017)，近 40 年来青藏高原湖泊矿化度均降低，水体呈不同程度淡化趋势，其中雅根错、小柴旦湖及尕海大幅度降低，雅根错从 196.6 g/L 减少到 7.44 g/L、小柴旦湖 339.07 g/L 减少到 48 g/L、尕海从 90.59 g/L 减少到 0.95 g/L，可能与全球气候变暖，降水量增加，冰川融水增加等有关。另外，青藏高原 33 个湖泊水样水质为Ⅳ、Ⅴ和劣Ⅴ类，均受到不同程度的污染，构造湖 pH 值和矿化度超标，冰湖水化学性质与感官性状较好，但受 Cr 等重金属污染较严重，可能与流域人类活动有关。

因此，虽然青藏高原湖区工业污染较小，但长期粗放式的农牧业生产方式和当地居民传统生活习惯在一定程度上影响湖泊水质。因此，近年来气候变化及农业、旅游业和矿业等二、三产业的迅速发展，对青藏高原湖泊水质造成了不利影响，区域主要问题是良好湖泊水质下降。

3. 我国湖泊保护治理概况

经过 30 多年的发展，我国湖泊保护治理经历了从单一的污染控制转变为集污染控制、生态修复与综合管理为一体的保护和治理体系，治理对象由以前的湖泊水域转变为湖泊流域。2007 年无锡太湖暴发大规模蓝藻水华并引发饮水危机；以此为契机，我国湖泊保护治理进入了新阶段，即认识到湖泊是一个兼具自然属性和社会属性的流域复合生态系统，湖泊问题不仅是环境问题，更是社会问题，流域生产生活方式及发展理念对湖泊生态系统有着直接影响。湖泊暴露出的水资源与水环境问题实际上是流域经济社会发展模式的客观反映，流域社会经济发展状况与其水污染程度直接影响湖泊水量、水质与生态环境状况。

我国湖泊水污染问题得到了国家及各级政府的高度重视，投入巨大，实施了系列工程措施及科研项目，在湖泊治理和工程技术方面，2007 年，根据《国家中长期科学和技术发展规划纲要(2006—2020 年)》要求，按照“自主创新、重点跨越、支撑发展、引领未来”的环境科技指导方针，启动了水体污染控制与治理科技重大专项，是新中国成立以来投资最大的水污染治理科技项目，总经费概算近百亿元。逐步实现湖泊及其集水区的重点控源与局部湖区水质改善向湖泊整体水环境质量明显改善转变的国家水专项战略目标，为我国当前与今后大规模开展不同类型湖泊富营养化治理提供成套技术与管理经验。

水体污染控制与治理科技重大专项经过“十一五”、“十二五”两个五年计划的组织实施，取得了丰硕科研成果，对我国水污染防治工作的开展起到了有力的推动作用。同时，技术成果的产业化工作也取得了长足的进步。尤其是“十二五”时期，在优秀技术与装备产业化专项项目及产业联盟试点等工作的开展，事前立项事后补助机制建立等一系列新举措推进下，大部分技术已进入工程示范或推广应用阶段，部分优秀成果入选国家级技术指导目录，有力推动了技术的产业化应用；成立了一批技术创新联盟，提升了产业化水平，经济和社会效益可观。

湖泊保护方面，我国有 365 个水质较好的湖泊，其中部分湖泊正面临富营养化风险，部分湖泊因流域植被破坏、湿地减少、水土流失和湖泊淤积等原因，加之受工农业生产和城乡生活用水量激增，湖泊蓄水量减少等影响，入湖污染负荷将急剧增加，我国湖泊生态环境的总体形势仍然十分严峻。

为了避免众多湖泊走“先污染、后治理”的老路。2010 年，财政部、环保部针对水质较好湖泊日益面临水污染和生态退化的威胁，按照“防治并举、保护优先、自然恢复为主”的原则，启动了水质较好湖泊生态环境保护试点工作，联合印发了《湖泊生态环境保护试点管理办法》和《水质良好湖泊生态环境保护工作指南》。为了推进各地有序开展良好湖泊保护，2014 年，环保部、发改委、财政部联合印发了《水质较好湖泊生态环境保护总体规划(2013～2020 年)》(以下简称《湖泊规划》)，针对五大湖区不同特点，提出分区域的保护重点，《湖泊规划》明确提出到 2020 年，规划湖泊水质要进一步改善，水质为Ⅰ类、Ⅱ类的湖泊比例要有所增加，湖泊生态环境自然恢复能力明显增强。

综上所述，我国自 20 世纪 50 年代开始关注湖泊富营养化问题以来，湖泊富营养化治理取得了阶段性成效，但湖泊生态安全形势依然严峻，湖泊保护治理依然面临诸多困难，如湖泊治理理念落后，生态安全形势严峻等，目前存在的主要问题和面临的困难有下列五方面。

1) 缺乏国家层面湖泊保护的思路和战略

我国长期以来将湖泊与江河视为一个整体，立法上采取了“一视同仁”的态度。从理论上讲，所有水事立法和相关立法都包括了湖泊保护内容，如《水法》《水污染防治法》《渔业法》《土地管理法》《森林法》《河道管理条例》等法律法规都可以成为湖泊保护的法律依据。水资源一体化保护的立法思路及依此而建立的各种法律制度，在湖泊保护方面并没有达到预定目标，许多地方还在重复着“先污染后治理、先破坏后恢复”的模式。要改变中国湖泊保护现状，必须加强基础研究，更新对湖泊演变机理的认识，创新保护理念，构建新型保护模式，要充分认识到在一定程度上，湖泊生态破坏具有不可逆性。

2) 湖泊保护与治理需要大量资金，当前体制下湖泊治理与保护没有充分利用市场机制吸引社会力量参与

我国湖泊保护治理仍以各级政府为主，社会力量参与度不高，湖泊水环境治理领域发挥市场作用不足，客观上影响了湖泊治理与保护效果。同时，湖泊保护治理主要关注了重要湿地型湖泊、城市湖泊和社会关注度较高的污染湖泊，对广大乡村中小型湖泊关注较少。企业与社会参与湖泊生态保护，可充分利用市场机制在内的多种治理与保护手段，可更好地发挥市场对资源配置的决定性作用，提高湖泊治保护理效率。

3) 制定湖泊保护规划时对流域多种因素影响研究不够，划定湖泊生态红线，构建安全格局等工作不到位，湖泊生存空间不足

保护治理湖泊需全面考虑流域各方面因素，需要划定禁止开发与限制开发的生态红线、水位调整和水资源调度的水量红线；还需要划定水质下降和鱼类等水生生物变化及调整的水生态红线，更为重要的是还需要划定流域人口及产业发展与布局的空间管控红线，即基于湖泊保护目标，需要提出对流域发展规模、产业布局及人口等方面的约束性红线指标。当前针对湖泊生态安全格局构建和红线划

定理论、方法等方面的研究仍没有统一的结论，需要进一步加强，并实现制度化。

4) 治理的短期性特征明显，治理的破碎化问题较突出

"水十条"、"河长制"和最新的"湖长制"等要求加强环境保护和生态建设，环境指标被纳入地方政府政绩考核，对地方端正态度，正视生态环境问题起到了积极的作用，但考核指标的"指挥棒"效应也随机开始体现，在环境考核高压下，部分湖泊治理出现了重视短期效果，而忽视系统治理的整体设计，致使具体的治理工程破碎化，"考核什么指标，就治理什么"的环境保护思想仍然有市场。具体表现为以孤立短视的方式应对河湖水环境危机，将河湖水资源开发利用与水生态保护割裂，使水环境治理与社会经济发展脱节，运动式执法，治理水平偏低，旧患未去新患又至，积重难返，区域性复合型水污染问题日益凸显，终于酿成总体性环境危机，而使河湖水环境治理成效有限。

5) 缺乏地缘和经济因素的整体考虑

河湖治理的地学基础是在对中国七大水系治理实践中出现的问题进行深刻思考后得到的宝贵经验。目前相当部分湖泊治理规划与设计，忽视了湖泊的地学属性，仅从社会、经济、工程技术角度制定治理方略与规划，难以取得良好效果。湖泊治理是人与自然的对话，应充分尊重湖泊的地学属性，治理才可能和谐有效。将地学属性纳入整体考虑是湖泊治理获得成功的科学依据和必要条件。

9.1.2　我国湖泊保护治理的阶段性特征

我国湖泊保护治理历程共经历了调查诊断阶段(1950～1989 年)、污染治理阶段(1990～1999 年)、休养生息阶段(2000～2012 年)与生态文明建设阶段(2012 年至今)四个阶段(表 9-2)。

表 9-2　我国湖泊保护的不同阶段

保护治理阶段	时期	对湖泊的认识	治理思路	技术体系
调查诊断阶段	1950～1989 年	重要资源	湖泊水污染与富营养化调查研究	各种湖泊水质、沉积物调查技术和评价方法
污染治理阶段	1990～1999 年	单一水污染问题	水污染问题治理，主要是控源治污和湖体内生态修复	各种点源、面源、内源处理技术+湖泊水生态修复
休养生息阶段	2000～2012 年	湖泊不是的资源 关注湖泊的生态问题	降低社会发展对湖泊的资源的利用和造成的影响，发展的同时保护湖泊水生态	流域管控+湖滨缓冲带生态修复+湖泊水生态保育技术
生态文明建设阶段	2012 年至今	湖泊具有不可替代的生态服务功能 关注流域综合性生态环境问题	建设流域五位一体的生态明，保护优先，提升湖泊质量、修复流域生态、防控生态风险	湖泊生态安全评估+生态安全格局构建+风险防控

1. 调查诊断阶段

二十世纪五六十年代到“七五”期间，我国湖泊水污染与富营养化问题并不十分严重，除部分城市湖泊外，长江中下游大部分湖泊水质较好。该阶段对湖泊的认识仍然是资源型，即湖泊承担着城市供水、工农业用水、调蓄防洪、旅游航运、水产养殖等多种功能，对经济社会发展起着至关重要的作用。湖泊保护工作重点集中在资源调查研究、开发利用与管理及治水防病等方面。该阶段主要研究工作包括“主要污染物水环境容量研究”“全国主要湖泊水库富营养化调查研究”“中国典型湖泊氮磷容量与富营养化综合防治技术研究”，其目的是了解我国湖泊及富营养化状况(陈吉宁，2009)。

2. 污染治理阶段

“八五”至“九五”期间，随流域经济快速发展，有机污染物与氮磷等营养物质大量入湖，我国湖泊水污染和富营养化问题开始集中爆发。1988 年全国调查的 34 个湖泊中，富营养化比例占到 61.5%，而 1996 年调查的 26 个国控湖泊(水库)，富营养化湖泊占比高达 85%，其中我国东部湖泊几乎全部富营养化。从 20 世纪 80 年代初到 90 年代中期，太湖水质类别下降了 1 个等级，偶有大规模水华暴发(顾宗濂，2002；秦伯强等，2004)。该阶段湖泊治理充分吸取了国外经验，是以流域工业和生活点源治理为重点，以重点流域“三湖”治理为抓手，通过“滇池城市饮用水源地污染防治技术研究”、“滇池流域面源污染控制技术研究”及“中国湖泊生态恢复工程及综合治理技术研究”等项目开展了湖泊富营养化控制技术方面的探索与实践。

我国湖泊科学研究者于 20 世纪 90 年代提出了“污染源控制+生态修复+流域管理”的湖泊治理思路，并发展为湖泊泊生态修复的“三圈”理论(金相灿，2001；南京地湖所，2006)，即把湖泊流域划分成三个区域，包括侵蚀区(包括山区、半山区)、湖滨区(又可称为湖泊水陆生态交错带)及湖泊浅水区。之后的十多年时间里，“三圈”理论成为支撑我国三湖(太湖、巢湖、滇池)及其他湖泊治理实践的主导技术思路(单平等，2003；郑丙辉，2014)。

3. 休养生息阶段

基于多年的湖泊保护与治理实践，我国湖泊保护治理进入了休养生息阶段(2000～2012 年)。对湖泊的认识已不再简单地停留在资源与开发利用层面，而是完整的生态系统；对湖泊水污染和富营养化的认识也不再是简单的水污染层面，其实质是发展问题。

该阶段湖泊保护治理研究进入了将生态系统与流域经济社会发展结合的阶

段，已认识到流域社会经济发展水污染程度与生态系统状况直接影响湖泊水质与富营养化，湖泊不是无穷无尽的资源，必须让湖泊“休息”，湖泊保护治理必须从流域总体出发，将湖泊水污染防治与全流域社会经济发展、流域生态系统建设及民众生产生活行为融为一体，保护与发展并重，突出了保护的重要性。在此基础上，提出了基于“绿色流域建设+清水产流机制修复+湖泊生境改善”的湖泊流域综合治理技术思路；其中“绿色流域”建设是核心，“绿色”意味着立足于流域层面，开展统筹设计和布局，优化调整流域产业布局，形成循环发展理念的低污染生态经济模式(金相灿等，2011)。

4. 生态文明建设阶段

随生态文明的提出，我国湖泊保护和治理进入了生态文明阶段，其关键是突出了保护优先的发展理念，已经认识到湖泊流域是一个有机整体，仅仅控源无法控制湖泊富营养化，需要兼顾修复湖泊良性生态系统，逐步发挥湖泊生态系统巨大的自我调节能力，湖泊生态环境问题才能得到控制，其核心问题是正确处理人与湖泊间关系，本质要求是尊重湖泊，顺应自然和修复自然，具体方式为通过优化流域发展格局，管控湖泊开发强度，转移淘汰不合理产能；改变生产和生活方式全面促进资源节约；加大湖泊自然生态系统保护力度，实施湖泊生态修复工程，扩大湖泊湿地面积，保护生物多样性；重视湖泊生态风险监测和预警；加强湖泊生态文明制度建设，严格落实“湖长制”、“河长制”及“生态红线”等制度，实现湖泊保护和流域社会经济协调发展(图 9-1)。

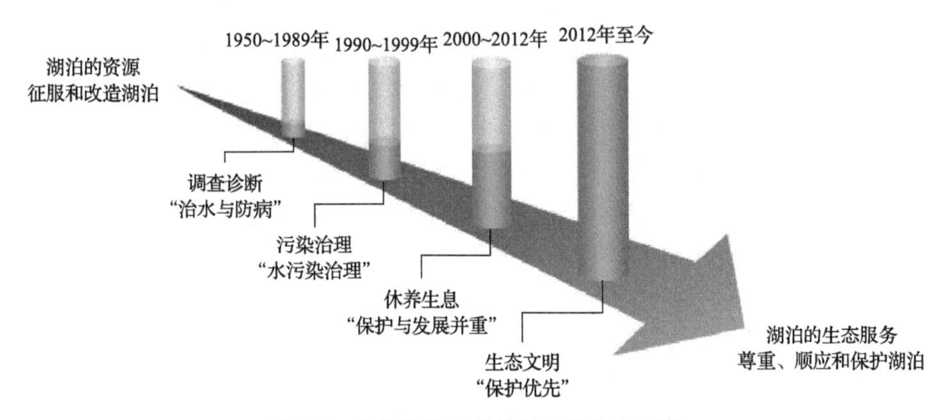

图 9-1　我国湖泊保护和治理的探索历程

9.1.3　我国及世界湖泊保护治理经验和教训

1. 中国湖泊保护治理的经验和教训

改革开放 40 年以来，伴随流域经济社会快速发展，中国湖泊水环境质量总体呈现明显下降，其中第三、二阶梯湖泊先后出现了较为严重的水污染与富营养化问题。就其原因而言，首先是对水污染问题的认识不足，低估了流域粗放发展对湖泊水环境的可能影响，保护和治理措施严重滞后，其实质还是沿袭了发达国家走过的“先污染后治理”的流域发展与环境保护模式。

其次是低估了湖泊水污染和富营养化的危害，直到湖泊水安全危机的爆发，才真正认识到所需付出代价之巨大，如太湖2007年蓝藻水华事件，超过400万人饮水受到威胁，造成超过28.77亿元的严重直接经济损失和恶劣的社会影响。再次是低估了湖泊水污染治理的长期性和艰巨性，以往湖泊保护治理都是以管理措施及应急处理和短期治理措施等为主，直到近十年来才真正意义上开始实施流域综合治理，才开始重视生态系统的整体保护与修复。巨额湖泊保护治理资金投入并没有得到理想的环境效益，如相比2007年，经过十年治理，太湖水质由Ⅴ类好转为Ⅳ类，富营养化程度从中度改善为轻度，而藻类水华却没有得到根本性改善，太湖治理并没有达到预期效果(Qin et al, 2017)。

我国自20世纪50年代开始关注湖泊水污染和富营养化等问题以来，湖泊治理经历了从单一的调查诊断与控源治污等向以湖泊生态安全和流域生态文明建设为核心的流域综合治理与调控转变，湖泊水环境问题得到了各级政府高度重视，投入巨大，工业污染受到明显遏制，城镇生活源治理取得一定成效，农村农业污染治理开始大规模展开，湖泊生态修复和示范方面也取得了较好效果，主要包括污染源得到一定程度控制，城镇生活污染治理取得一定成效，农村污染源治理开始启动，内源治理示范效果良好及水生态修复取得一定进展等。

在治理湖泊的同时，对我国湖泊水环境问题的认识也得以加深，湖泊水污染与富营养化治理技术体系已日趋完善，更为重要的是积极转变发展思路，摒弃先污染后治理的老路，在探索用较少投入解决我国湖泊环境保护新途径方面开展了大胆尝试，积累了一定经验，包括确立了建设流域生态文明是解决湖泊水污染及富营养化问题根本所在的思路；综合治理是湖泊水污染及富营养化治理的基本途径；调整产业结构是有效控制污染源的关键举措；依靠科技进步是推进湖泊水污染及富营养化治理的重要支撑及综合运用技术、经济、法律和必要行政手段是有效解决湖泊水环境问题的有效手段等方面。

巨大的环境保护投入取得了阶段性成功，扭转了水质下降的整体趋势，但从富营养化指数评价结果来看，只有巢湖和太湖营养状态回到了1985年前后的轻度富营养状态，鄱阳湖、洪泽湖及洞庭湖的TLI指数与1985年相比仍升高了20%以上。由于湖泊生态系统演变的复杂性，通过治理恢复湖泊生态系统难度较大，且随流域经济发展水平的提高，湖泊治理所需要投入也会成倍增加，营养状态转换仍然是一个非常缓慢，且难以预测的艰难过程(Folke et al., 2004; Scheffer et al., 2012)。

总体来看，我国湖泊水污染及富营养化形势依然严峻，湖泊治理面临诸多困难，各类问题交叉出现，区域性和复合性特征并存，主要包括环湖地区饮用水安全形势依然严峻；部分湖泊流域污染物排放不降反增；流域产业结构和布局不合理，点源污染治理和污水处理水平有待进一步提升；农村面源污染治理严重滞后；水环境监测预警应急能力不强；湖泊保护及治理法规不完善，执法不严；多部门分割管理，落实流域综合管理难度大；投入渠道不畅，投入不足等。

2. 国际湖泊保护治理的经验和教训

国际湖泊保护治理经历了“先污染，后治理”到“边污染，边治理”，再到目前的“保护中发展，发展中保护”的艰难历程。国内外无数治水经验和教训从正反方面告诫我们，湖泊水污染治理与富营养化控制不仅要符合自然规律，还要适应经济社会发展规律。任何一个流域或区域，经济社会发展的不同阶段，治水的目标、要求、投入能力与管理水平也不同，治水是一个处于动态变化中的过程。

湖泊水污染和富营养化已成为世界普遍存在的环境难题，从 20 世纪 30 年代首次发现富营养化到现在，全世界已有 30%～40%的湖泊和水库发生了不同程度水污染和富营养化。国际上真正开始关注湖泊水污染和富营养化，并逐步开展相关研究是始于 20 世纪 50 年代(濮陪民，1990)。欧美、日本等发达国家和地区，经济社会发展快，湖泊水污染和富营养化发生早，治理开始早，成效也较显著。例如日本琵琶湖作为富营养化治理的典范，得到世界公认。位于美国和加拿大的五大湖，在 1960～1970 年间出现了严重富营养化问题，尤其是五大湖之一的伊利湖，经过 30 年的治理，富营养化问题基本得到解决。欧洲，位于德国、瑞士和奥地利三国的博登湖保护治理成为跨国湖泊协调治理的样板。欧盟为协调各成员国高效治理河湖污染，出台了《欧盟水框架指令》，并提出了流域综合治理方法(马丁· 格里菲斯，2008)，包括中国在内的发展中国家的众多湖泊，如菲律宾内湖、巴拉圭伊帕卡拉伊湖、非洲乍得湖等湖泊正处于富营养化治理的关键期。

各国治理湖泊水污染和富营养化的经验和方法各有不同，如日本治理琵琶湖的成功经验主要表现在组织机构、管理体系、严格标准及法规与全民参与的综合治理等方面。芬兰湖泊治理经验是政府对水资源保护和水污染治理的力度大，配套法律法规和相关技术措施到位，污水处理技术先进，环境管理责任主体明确，且具有严格奖惩制度；采取湖区产业集群与合理资源开发有机结合的模式；十分重视解决面源污染对湖泊水环境影响问题。相反，横跨非洲四国的乍得湖流域委员会成立后，虽进行了许多工作，但由于缺乏完善的法律框架来管理整个流域，且部门间的管理及量化取水政策缺失，缺乏水资源规划及污水处理回用政策，水资源基础设施建设实施进度缓慢等，加之政治不稳定性和极端贫困等原因，乍得湖流域管理仍是棘手问题(马栋山等，2015)。

综上分析，国外湖泊富营养化治理经验主要可概括为如下方面：

1) 以保护水生态作为制定政策的出发点，长期治理与分阶段治理相结合，并建立多部门多层次的涉湖管理机构或实施流域综合管理

基于生态优先的思路在世界湖泊富营养化治理历程中占有突出位置。日本琵琶湖起初曾采取综合开发政策，导致湖泊富营养化进一步加重，生物多样性锐减，自然和生态景观遭到破坏；之后尽管投入巨资改善水质，但未见成效；直到20世纪90年代，地方政府对综合开发政策进行反思，开始考虑和实施“综合保护政策”，才慢慢取得显著成效。芬兰对湖泊开发与保护采取对湖区进行产业集群与合理的资源开发有机结合的模式，其开发与保护的关键在于各个产业协调发展；湖区周边造纸厂较多，通过建立森林产权制度，明确森林所有者的责任权利，并建立相应的奖惩机制，作为林业可持续发展的根本保证；同时要求林业和纸浆造纸企业需以多种形式建设原料林基地，并将制浆、造纸、造林、营林、采伐与销售结合起来，形成良性循环的产业链，带动林业和造纸业共同发展，形成林、浆、纸一体化循环发展模式，符合环境保护要求，实现了“林纸环”多赢(马双丽等，2014)。

湖泊水污染和富营养化治理是一个长期过程，因为非生物因素的改变需要数年，而生态环境的恢复则需要更长时间，不可能在短期内就看到湖泊水污染和富营养化问题的解决，必须整体规划，而分期分阶段实施。美国为了治理五大湖，制定和实施了许多土地使用管理措施，如减少耕地、轮作及废料使用及储存管理与沿湖区新开发项目延缓或限制及开发带限定等；其目的是减少土壤侵蚀，防止农业或城区土壤营养物流失。日本琵琶湖保护治理也可分为两个阶段，其中第一阶段为1972～1997年，历时25年；1999年至今为第二阶段，制定了“母亲湖21世纪规划”，该规划为1999～2020年的22年规划，分两期，第1期为1999～2010年，第2期为2010～2020年，规划的主要目标是水质保护、水源涵养及自然环境与景观保护等(徐开钦等，2010)。

水资源管理涉及多部门，所以有必要多部门合作管理湖泊。五大湖及流域管理涉及不同层次多家管理机构，管理机构从上到下分为国际组织、联邦组织和民间组织。美加两国政府之间管理五大湖的部门涉及湖区各级政府、流域管理机构、科研机构、用水户和地方团队，所有机构将作为一个环境保护团体开展工作和进行相互合作。琵琶湖保护治理成功之一就在于有多层次化的组织机构。由于琵琶湖的重要性，相关省厅设有专门的琵琶湖管理机构，如国土交通省琵琶湖河川事务所、环境省国立环境研究所和生物多样性中心等。琵琶湖所在的滋贺县设有滋贺县琵琶湖环境部，琵琶湖、淀川水质保护机构等负责琵琶湖的保护管理。日本政府将琵琶湖流域分成7个小流域，按流域设立流域研究会，每个研究会选出一位协调人，负责组织居民、生产单位等代表参与综合规划的实施。博登湖流域横

跨四国，通过强化多国合作治理，建立跨界综合治理模式。博登湖因为没有明确划定边界，共同合作机制更为重要，也正是因为没有划定边界，所以沿湖各方把整个湖的水体保护作为自己的职责。博登湖管理的三个主要合作机制分别是博登湖国际水体保护委员会、博登湖-莱茵水厂工作联合、博登湖国际大会。通过成立国际湖泊管理机构，共同制定湖泊管理法律，控制重点面源污染，在多国联合治理的努力下，到 21 世纪初，水质基本恢复到污染前水平。

2) 制定法律法规，完善规章制度，实施经济调控，增加投入

法律手段的强制性相对于政策手段的指导性更易产生直接的富营养化治理效果。世界各国湖泊水污染和富营养化治理对法律手段都有充分应用。美国、加拿大在治理五大湖富营养化时，早在 1972 年就签署了五大湖水质协议，同年美国制定了清洁水法；之后随五大湖富营养化治理推进，对其水质协议进行了多次修改以适应保护治理需求。

日本琵琶湖所在的滋贺县为了治理和保护琵琶湖，制定了《琵琶湖综合开发特别措施法》《琵琶湖富营养化防止条例》等法律法规。而由乍得、尼日尔、尼日利亚和喀麦隆四国共同签署的《拉密堡公约》，目的在于管理乍得湖流域，但由于缺乏有效的法律文书以确保公约实施，且公约只是在改变国际水道方面对成员国做出限制，对其他发展事项却没有明确约束(李小平，2007)，导致其效果不明显。

法律手段可强制污染者承担责任，但相对缺少弹性。因此，湖泊水污染和富营养化治理还需采取各种经济调控手段。政府作为公共管理者，须增加对富营养化湖泊治理投入，如增强污水处理能力，五大湖水质协定签订后的 10 年间，美、加两国政府共筹款 72 亿美元用于改善并增强五大湖流域城市污水处理能力，大大减少了五大湖流域磷排放量。日本各级政府依据相关法律规定，按照中央和地方分担原则各自提供资金，支持琵琶湖治理和保护，还专门设了琵琶湖管理基金、琵琶湖研究基金等，从多方面筹措琵琶湖保护管理所需资金；财政政策方面，建立了水源区综合利益补偿机制。新西兰政府联合怀卡托区环境局及陶波湖湖区委员会提出“陶波湖水质改善计划”，该计划投入 8200 万美元在未来 15 年内减少输入该湖的 TN 含量，提高水质和水体透明度，缓解并逐步解决营养化问题(李贵宝等，2015)。

由政府负担富营养化治理全部成本不但不现实，也不符合谁污染谁付费原则。各国富营养化治理过程中，经济激励或限制等调控手段被广泛采用。补贴是常用的经济刺激手段。美国城市污水处理厂建设体现了补贴的经济激励作用，美国《水污染控制法 1956 年修正案》规定联邦政府要支付城市污水处理厂建设投资的 55%，从联邦补贴的效果来看，具有二级处理能力污水处理厂的比例从 1960 年的 4%上升到了 1988 年的 84%。新西兰计划通过财政奖励和免费咨询鼓励当地农牧民生产活动中采用多样化低氮产品，并向当地农民和其他土地所有者提供实用建

议和商业计划援助，以降低流入陶波湖废水含氮量。芬兰 20 世纪 60 年代，造纸工业造成的水污染问题十分严重，污水不经处理排放到塞马湖，引发了红藻潮，政府通过建立排污许可制度，严厉惩罚不按照规定执行企业，水污染治理逐步显现成效。

3) 内外源污染综合控制，因地制宜

合适的技术措施是治理湖泊富营养化的重要手段。对于一个富营养化湖泊，治理前首先要评价湖泊富营养程度，然后根据富营养化成因和程度，因地制宜地选择相应的治理技术。北美五大湖区，开展有关环境问题学术研究，加强湖区环境监测，成立了美国大湖环境研究实验室，研究提出恢复和维持五大湖生态平衡、限定磷排放总量的治理策略。

入湖营养负荷增加会使水体营养物质浓度急剧增加，导致藻类暴发、溶氧耗尽等富营养化问题。因此，外源消减与控制是治理湖泊富营养化的先决条件。美国华盛顿湖是一个成功案例，1963～1968 年建成污水分流工程，显著降低了入湖磷酸盐；美国莎迦瓦湖通过污水除磷工艺消除尾水处理厂 99%的磷，但由于该湖是一个典型的双季混合湖，污水除磷时没有考虑夏季内源负荷对藻类增长和水华的影响，故污水除磷技术在该湖并没有完全成功；华盛顿州的绿湖和摩斯湖，通过向湖泊调入清洁生态用水，降低入湖平均磷浓度，同时加速湖泊水循环，该方法适用于水流速较快且磷含量较高的湖泊，但费用较高(李小平，2007)。

部分湖泊仅仅治理外源不能从根上治理富营养化，内源足以延缓甚至阻止湖泊治理效果。因此，还需采取湖内治理技术以消除内源。美国威斯康星的几个湖泊，通过向湖中投加铝盐会形成絮状氢氧化铝，沉入湖底后与磷离子结合形成不溶性沉淀，减少内源磷释放率；20 世纪 70 年代早期经过处理，10 年后水质出现了很大改善，该方法用于深水湖泊效果较好。瑞典楚门湖采取底泥疏浚方法治理富营养化，清除 0.5 m 深污染淤泥，以移除多年积累的营养物质，由于底泥疏浚花费较大，且对底栖生态系统造成威胁，易带来生态风险，使用时需谨慎。

9.1.4 我国湖泊保护治理需要关注的重点问题

经历了湖泊保护和治理的四个阶段，广泛吸取了国内外湖泊保护经验教训，认识到湖泊保护对保障区域生态环境安全有极为重要的地位，且我国湖泊正处于较敏感时期，巩固成果，防止湖泊状态转换再度发生，保障水质良好湖泊是下一阶段我国湖泊保护治理的重要任务。十八届五中全会提出了要“实施山水林田湖生态保护和修复工程”，以“全面提升河湖、湿地等自然生态系统稳定性和生态服务功能”，“系统整治江河流域，连通江河湖库水系”，这是新时期我国湖泊保护与管理的重要的纲领和主题，新时期的湖泊保护需要关注以下重点问题。

1. 由流域治理模式向湖泊综合治理体系转变

新时期的湖泊保护必须体现综合治理，彻底转变“环湖造城、环湖布局”的发展模式，彻底转变“就湖抓湖”的治理格局，先做“减法”再做“加法”，解决岸上、入湖河流沿线、农业面源污染等问题，把维护湖泊生态系统完整性放在首位，严守生态保护红线、环境质量底线、资源利用上线和环境准入负面清单“三线一单”，实现从“流域之治”走向山水林田湖草生命共同体综合治理体系转变。

2. 构建河湖水系可持续发展共同体

要坚持把治山、治水、治田与治湖结合起来，推进实施河湖水系连通工程，构建布局合理，生态良好，引排得当，循环通畅，蓄泄兼筹，丰枯调剂，多源互补，调控自如的江河湖库水系连通体系。

3. 建设精准治理-网格化立体监测体系

湖泊的精准治理需要通过构建高效、完善的监控预警体系来实现，要积极推进智慧湖泊建设，在河湖内外科学布设监测设施，形成完善的监控体系，构建区域水安全、水资源、水污染、水环境、水生态和水功能综合监控平台，对水问题及其治理实现预测预警预报预案，对应急问题实现快速处理。通过流域网格化管理，提高湖泊保护监督执法水平。

4. 实施基于自然完整性的水系修复

要关注并实施基于自然完整性的水系修复，综合运用并实施水质处理、生态护岸、雨洪处理、景观处理等技术，在兼顾防洪排涝、供水、航运、生态、娱乐、开发等不同服务功能与要求的同时，加强对水系及湿地的保护，对河湖水体进行生态化改造，重建河湖生境。

5. 河湖水体运维养护体系不可或缺

河湖水质与水环境受气温、降雨、生物、植物、动物、内源和外源等多因素影响，水污染容易出现反复，必须正确认识治理过程的长期性和阶段性，关注河湖水体运维养护体系建设。

6. 建立湖泊治理与生态环境保护的制度与保障机制

湖泊治理要精准，必须“一湖一策”，紧紧围绕湖泊水环境状况和流域生态特点，因地制宜，对湖泊保护治理形势作出精准判断，要制定差别化的保护策略与管理措施，实施精准治理，探索科学的湖泊治理绩效评价机制，落实河湖保护治理主体责任核办法。

7. 推动水污染与富营养化的机理研究

要继续推进湖泊水污染与富营养化机理研究，我国除长江中下游的重点湖泊外，尤其是水质较好湖泊的水污染与富营养研究缺乏，机理机制等基础研究严重滞后，将严重制约我国湖泊生态环境保护。

9.2 青藏高原湖泊保护治理需要关注的主要问题及治理策略

青藏高原在我国生态安全战略格局中具有重要的位置，青藏高原湖区是我国最大的湖群，湖泊分布密集，成因多样，目前整体水质尚好，有 117 个湖泊被列入具有饮水水源功能或重要生态功能的水质较好湖泊名单，但也有少数湖泊出现了水质下降的现象，其保护与治理不能走东部湖区“先污染，后治理”的老路，需要全面考虑青藏高原湖泊形成的地学特征、气候变化带来的影响、青藏高原湖区自然生态条件的脆弱性、经济和社会发展相对落后的特点，防治并重，重点关注青藏高原湖泊的保护方式、环境问题的修复治理手段和生态系统风险管理、生态足迹控制等方面，分区分阶段地制定保护目标和策略。

9.2.1 青藏高原湖泊保护治理需要关注的重点问题

青藏高原是我国生态系统类型最丰富的地区之一，其生态系统服务功能在我国乃至世界占有重要的地位，高原环境变化对全球变化具有敏感响应和强烈影响，高原的现代环境与地表过程相互作用，引起包括冰冻圈和水资源及生态系统等一系列变化，对高原本身及周边地区的人类生存环境和经济社会发展产生重大影响，青藏高原湖泊的保护治理也一直是第三极研究的热点。青藏高原的湖区保护和治理需要重点关注的是如何保护、如何修复和如何管控问题(图 9-2)，具体包括：

1. 加深对青藏高原湖泊生态环境功能的重要性、生态系统的脆弱性与保护方式的认识和在极端脆弱地区进行生态修复的方案

青藏高原的众多湖泊湿地众多，面积较大，孕育了许多重要江河，是我国最为重要的生态区和水资源富集区，对众多亚洲重要江河的水源涵养和水文调节具有重要作用。必须认识到青藏高原湖泊湿地作为生态系统中最重要的组成部分之一，在气候系统稳定、水资源供应、生物多样性保护中具有不可替代的作用，树立保护优先，严守生态红线的意识。近半个世纪以来，随着青藏高原人口和经

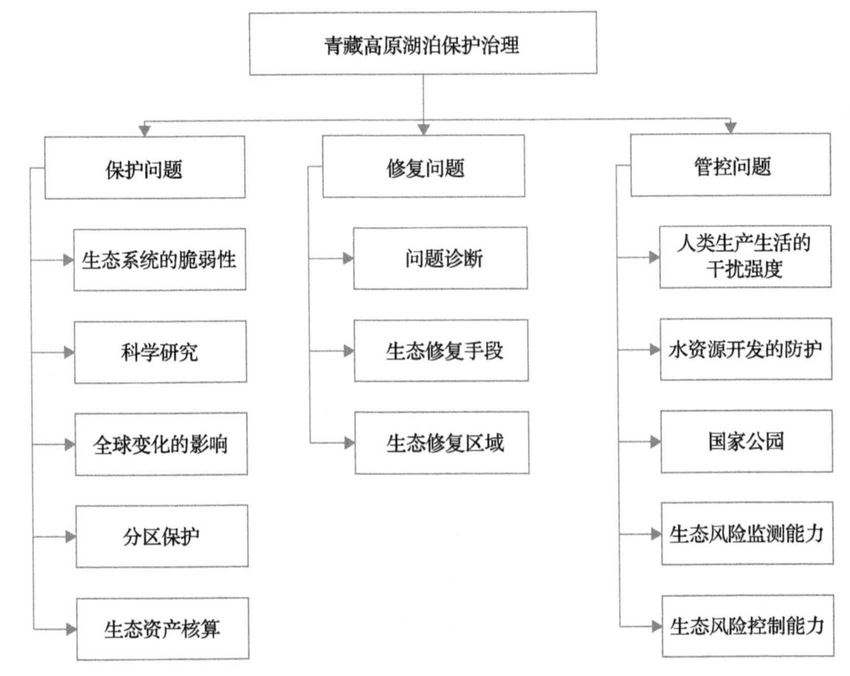

图 9-2　青藏高原湖泊保护治理需要关注的重点问题

济总量迅速增长，人类活动对生态环境的扰动显著增强。由于青藏高原生态环境脆弱性强、抗扰性弱，尽管目前人类活动规模依然不大，但生态环境风险不容忽视，必须通过加强管控的方式来保护青藏高原湖泊。

同时，由于海拔高，气温低，降水少等特殊的环境状况，青藏高原高寒生态系统极为脆弱，在自然和人为因素影响下极易发生退化，草地退化和土地沙化的治理一直是青藏高原湖区生态安全保护与建设的重中之重，治理和生态修复难度大，需要通过经济、技术及政策等多手段，制定符合当地脆弱生态条件的生态修复和治理方案及技术模式。

2. 在保护生态环境的前提下，寻求合适的发展模式

在我国水资源问题日益严峻的情况下，西藏的水资源与水安全对保障水资源的持续利用具有重大意义，我国东部湖泊水污染与治理的教训清楚地表明，在经济社会发展中忽视对湖泊的保护而产生的流域经济社会不合理的发展模式是湖泊水环境恶化的根本原因。青藏高原藏区也面临增收方式与持续发展间矛盾。但青藏高原湖区的发展方式绝不能重复我国东部地区的模式，生态保护是青藏高原藏区发展的基石，是经济社会系统持续发展的最大前提。青藏高原的经济和社会发展模式是青藏高原湖泊保护治理的关键之一。青藏高原地区依赖于自然生态系统的绿色发展模式需要政策和技术方面的不断探索。

3. 加强科学研究，提升生态监测及风险防范能力

青藏高原是除南北极以外全球最大的冰川作用中心，青藏高原湖区处于冰川作用的最直接影响下，该区域过去30年的升温速率是全球升温速率的2倍，气候和环境的显著变化导致冰川消融加速与湖泊水量及面积的较大变化。基于气象基础资料(气温和降水)的研究表明，青藏高原除藏东地区外，其他区域气候条件在20世纪末21世纪初由暖干向暖湿转变；遥感研究表明，近几十年受冰川融水补给的大型湖泊大多呈现面积普遍扩张、水位明显上升及离子浓度减小等特征。因此，青藏高原湖区环境变化、气候作用及资源生态效应等是关乎区域生态环境安全、人类生存环境和社会经济发展的重大战略问题，需高度关注该湖区的科学研究和生态环境监测能力建设。

9.2.2 青藏高原湖泊保护治理目标与策略

除流域自然环境条件差异外，湖泊水污染和富营养化问题在一定程度上是我国经济社会发展不均衡所致。东部平原湖区湖泊由于开发历史久远，土地利用强度高，人口密度大，GDP增速快及城市化水平较高等原因，导致水污染和富营养化问题出现时间早，速度快，且面积较大；而东北和蒙新湖区湖泊受人类社会经济发展影响出现时间明显较东部湖区晚，且影响强度也较小，湖泊富营养化表现为发生时间较晚，演化较慢，程度较轻，仅部分湖泊富营养化；但随我国西部大开发和东北老工业振兴战略的实施，该区域湖泊水污染可能会加速。

而云贵高原湖区，由于其区域经济社会发展水平相对较低，湖泊富营养化形势总体好于以上三个湖区，但由于该区域生态环境较为敏感，湖泊自身较脆弱，一旦受到破坏，其治理难度较大。

青藏高原作为受人类活动干扰最小的地区，也是我国五大湖区中受污染程度最低的区域。该区域湖泊基本处于自然状态，但如果湖区经济不合理发展，也应高度重视部分湖泊的潜在水质下降风险。因此，设计我国湖泊保护目标应按照“一湖一策”的思路，重点是加快推进流域综合治理与系统生态修复，建设好绿色湖泊流域。

流域生态文明建设是将湖泊水污染防治、水环境保护与流域社会经济发展、生态系统建设及民众文明生活生产行为融为一体考虑的综合治理体系；流域具备绿色生活、生产及发展模式，人类行动应遵循低碳、循环、无污染少污染的原则，民众身体健康，流域生态安全，环境保护与经济发展和谐自然，湖泊与陆地及水生态系统良性循环，人水和谐发展。使流域社会经济发展模式和产业布局在满足湖泊水环境保护优先的前提条件，使流域污染物入湖量与湖泊水环境承载力相适应，在实现流域经济社会可持续发展的同时，保障湖泊生态安全(图9-3)。

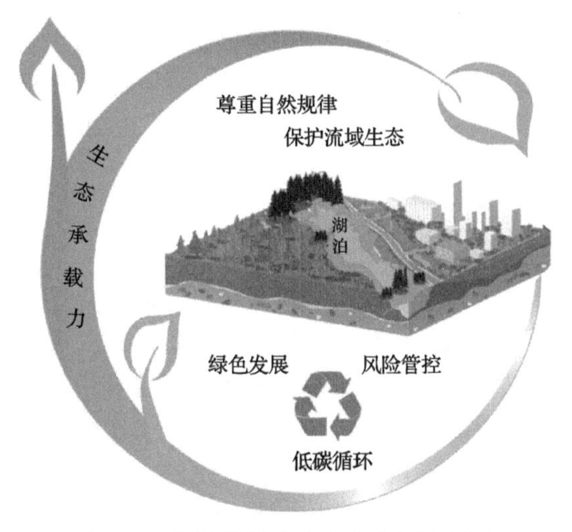

图 9-3　湖泊流域生态文明建设概念图

1. 青藏高原湖泊保护治理目标

全国主体功能区规划明确了我国以“两屏三带”为主体的生态安全战略格局，是指以青藏高原生态屏障、黄土高原川滇生态屏障、东北森林带、北方防沙带和南方丘陵土地带及大江大河重要水系为骨架，以其他国家重点生态功能区为重要支撑，以点状分布的国家禁止开发区域为重要组成部分的生态安全战略格局。“两屏三带”中，青藏高原是面积最大、生态功能最强、地理位置特殊且自然资源较丰富的地区，其重要生态功能是涵养水源、保持水土、调节气候和保护生物多样性。

从分阶段制定保护治理目标的角度出发，在我国治理时间最长的长江中下游湖泊，由于前期大量资金的投入与污染控制工程建设，水质出现改善趋势，但富营养化的潜在威胁依然存在，所以近期的主要目标是继续通过污染控制改善水环境质量，同时全面推进系统生态修复，防控水生态风险，中期以水环境功能区达标为目的，至远期实现生态系统健康。与长江中下游湖泊相比，目前青藏高原湖泊大多水质良好，80%以上湖泊的面积和水量处于稳定和增长态势(刘英等，2016)；根据遥感图研究结果，近 40 年青藏高原只有雅鲁藏布江流域湖泊总面积呈现持续萎缩，而呈现 13 个流域为扩张趋势(袁媛等，2016)。

青藏高原湖群保护治理的近期目标主要是做好流域分区管控与生态建设及生态修复，以流域管理和生态足迹控制为重点，以水体污染控制为辅；中远期应该以湖泊流域的生态保育、国家公园建设与生态风险防范和监测能力建设等为重点。因此，青藏高原湖泊保护治理的长期目标为考虑自然变化带来的影响，保持水量、水质与水生态稳定向好发展，继续降低人类活动对湖泊的不利影响，控制发展速度和规模，以生态保育和水源涵养为主要途径，以建设绿色流域，实现可持续发展为目标。作为实现生态安全战略格局的保障，鉴于其对于全国水资源重要性，考虑到自然气候变化对湖泊的影响，应控制湖泊面积萎缩在5%以内，湖泊水质优于Ⅱ类水的湖泊占比达到90%以上，流域生态多样性在2015年基础上继续上升作为保护治理的重要指标。

2. 青藏高原湖泊保护治理策略

青藏高原湖泊水质及水生态状况总体较好，气候变化导致的冰川快速消融和降雨增加等使湖泊面积扩张，矿化度下降，其保护治理的关键是解决好流域发展与湖泊保护间关系，做好区域和流域空间管控及环境容量管控。策略上应以保护流域自然生态系统，提高水源涵养能力为重点，大力实施自然区保护，湿地保护与天然林保护等生态工程。在限制和禁止开发区建立国家公园和自然保护区；同时，重大河流上下游各省区之间建立生态补偿机制，以高原特色经济发展为基础，加大投入力度，提高资源利用效率，生态红线范围实行生态移民和产业转移，调整经济发展方式，优化产业结构，保障生态安全，将青藏高原湖区建成一个独具特色的国家级可持续发展区，实现湖区生态文明建设目标。

3. 技术要求及要点

1）与西藏生态功能分区相结合的分区管控

青藏高原幅员辽阔，地理特征、自然条件和资源环境承载力均存在显著差别，大部分地区生态环境脆弱，属《全国主体功能区规划》的禁止和限制开发区域。青藏高原湖泊大都位于生态脆弱区，同时也是少数民族集聚区，更是经济贫困区，限制开发、经济贫困及民族问题错综复杂，湖区生态环境保护与生态屏障建设问题具有长期性和复杂性并存的特征。因此，青藏高原湖泊保护应与《青藏高原区域生态建设与环境保护规划(2011—2030年)》相结合，根据湖泊保护工作的一般特点和青藏高原湖泊保护需求，制定具体保护工作的方针与路线。

西藏可分为四个主体功能区(图9-4)，从西北往东南依次为以自然生态系统保护为主的藏北高原北部高寒荒漠草原生态屏障带，功能定位为高寒特有生物多样性保护，为禁止开发区；以天然草地保护为主，牧业适度发展的藏北高原南部草原生态屏障带，功能定位为土地沙化控制和高原湖泊-湿地保护，为限制开发区；以农牧林业重点发展的藏南宽谷—藏东山地灌丛草原—森林生态屏障带，功能定位为水土流失控制、地质灾害预防、水源涵养和农林牧业重点发展，定位为分为宽谷重点开发区和东部山地区域限制开发区；以生物多样性保护为主的藏南山原—藏东南山地森林生态屏障带，功能定位为生物多样性保护和水源涵养，即限制开发区。根据青藏高原湖泊分布与生态系统类型，结合西藏主体功能分区，遵循发生学原则、区域相关性原则、相似性原则和可持续发展原则等，将其划分为5个区域进行合理保护(图 9-5)。

图 9-4　西藏自治区主体功能区域空间分布图(刘雨林，2007)

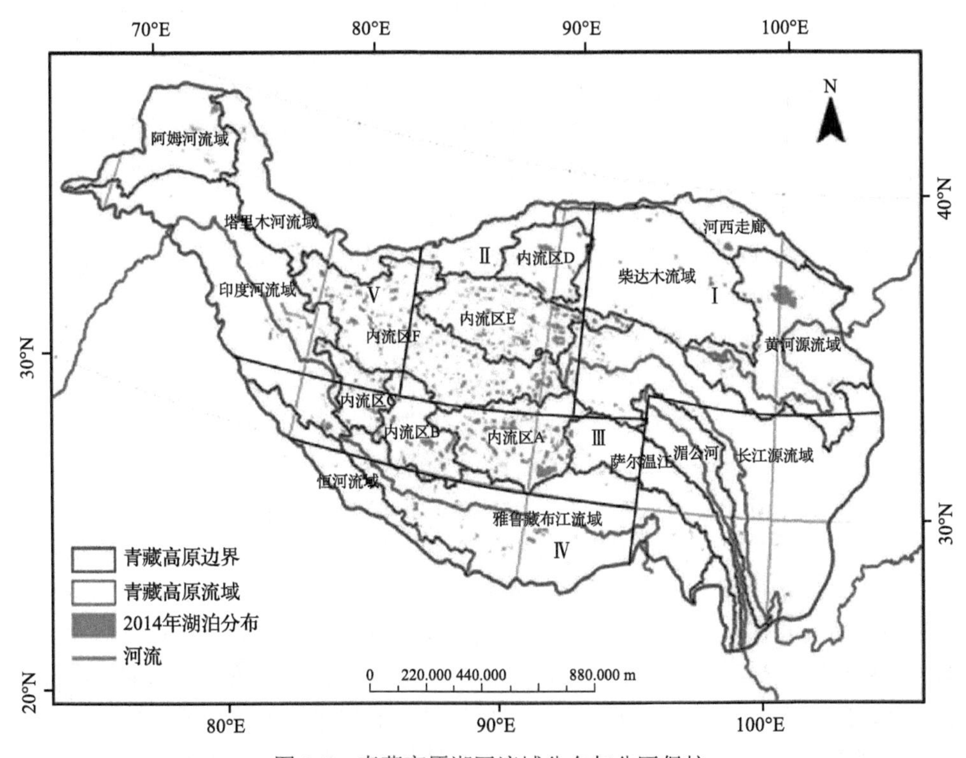

图 9-5　青藏高原湖区流域分布与分区保护

区域Ⅰ包括了西宁所在的湟水流域，青海湖、可鲁克湖—托素湖所处的柴达木流域和三江源地区，气候寒冷干燥，生态系统类型以高原山地荒漠-山地草原为主，湟水流域、青海湖流域和柴达木流域的开发程度较高，当地湖泊已不同程度受到营养盐和有机物等污染，需要采取截污控源，产业调整和植树固沙，控制水土流失等生态修复工程措施，重点是要提升小流域环境污染治理能力和湖滨水源涵养能力，并推进水生态系统恢复，对于三江源地区，则以管控人类活动和提升湖泊涵养水源功能为主，主要保护措施为生态移民、生态修复和生态风险防控等。

区域Ⅱ包括内流区 D，内流区 E 和内流区 F 的东半区，该区域地处羌塘高原东部怒江源头区及藏北内外流分水岭部分地区，地势开阔平缓，属寒冷干燥-半湿润气候，主要生态系统类型为山地荒漠、高寒草甸和高寒草甸草原，草地植被组成较高寒草原类复杂，主要保护策略是保护怒江源区水源涵养功能和适度发展草原畜牧业，严禁工业开发。

区域Ⅲ包括青藏高原内流区 A，内流区 B，内流区 C，色林错与纳木错等大型湖泊位于该区域，内气候寒冷干燥，地势平缓，生态系统类型以高寒草原生态系统为主，其次为温性荒漠、温性荒漠草原和高寒荒漠草原等，生态系统类型简单，植物种类较少，自然状态下的草地植被覆盖度较低，存在沙漠化风险，开发程度很低，以高山冰湖为主，区域湖泊主要保护策略是加强高寒和温性脆弱草原生态系统的保护与修复，保护怒江源区水源涵养功能，发展草原畜牧业。

区域Ⅳ包括雅鲁藏布江流域与恒河流域，属于温暖半干旱气候区的藏南山地灌丛草原地带，该区域是西藏人口最密集、经济最发达的地区，具有发展河谷农牧业和特色经济的有利条件，重点开发建设了拉萨、日喀则与泽当三个城市。草地生产力和生物量较高，经济结构以农牧为主，另外旅游业和矿业发展也较迅速，人类活动一定程度加重了山地草场的水土流失。

区域Ⅴ包括内流区 F 的西半区，属印度河、塔里木河和阿姆河等流域。该区域位于羌塘高原北部，昆仑山脉南侧，地势开阔和缓，气候极端寒冷干燥，主要生态系统类型为高寒荒漠和高寒荒漠草原，生态系统结构简单，植物组成较单一，存在沙化风险；该区域湖泊为高寒特有生物栖息地，主要保护策略是以物种多样性保护和生态环境及地质风险动态预警监等为主，设立国家公园，禁止开发。

该区域湖泊在过去几十年间变化分为两种，其一是大于 1 km^2 的湖泊整体上来呈现持续萎缩趋势，尤其是羊卓雍错和玛旁雍错，湖泊面积萎缩的主要原因是气候变化带来的强烈蒸发；而另一些湖泊，如普莫雍错、塔若错及扎日南木错等湖泊面积扩张，原因是冰川加速消融，藏中南地区是青藏高原冰川退缩幅度最大的区域，冰川物质的负平衡状态导致冰川补给湖泊和冰川末端湖泊，特别是古冰川末端湖泊，近几十年来湖泊面积的增大与冰川负物质平衡状态加剧及冰川融水对湖泊的补给作用加强有直接关系(姚檀栋和姚治君，2010)。

另外，根据 2015 年内羊卓雍错流域水质调查显示，羊卓雍错和巴纠错水环境受中度污染，其他水体清洁或尚清洁，其中 Se 及氟化物为主要污染因子，流域 9 处居民饮用水与自来水水质明显好于井水，但也仅有 3 处自来水达清洁标准，Se、Al 及 NO_3^-为主要超标指标。

因此，此区域湖泊保护策略主要是控制土地沙化、水土流失综合整治和保护水源涵养功能。虽然目前 N、P、COD 等营养物质尚未成为主要水污染因子，但必须要做好流域生态环境功能区划和综合整治，并控制好面源污染，在环境容量和承载力范围内发展，完善饮用水基础设施建设，加强水质监测。同时要重点关注气候变化对冰川带来的影响。

2) 控制发展规模和速度，适度发展特色产业

根据当地实际情况发展适合高原的特色产业，优化产业结构及区域布局。将河湟谷地与一江两河流域为主体的东部及东南部地区建设成高原特色生态农业带；将三江源、藏西及藏北地区大力发展成高原特色生态畜牧业生产区；依托得天独厚的生态旅游资源和特色鲜明的藏文化，在坚持生态保护优先、建设并重的原则下，把青藏高原打造为世界级生态旅游品牌；适度发展青藏高原特色工矿及新能源产业；着力打造以县城为主体，特色小城镇和美丽乡村协调发展的生态友好、民族文化浓郁的高原特色城镇体系，培养发展高质量产业发展集群，提高产业链发展水平，提高城市土地集约利用水平。

3) 走高原特色现代生态农牧业发展之路

高原生态环境脆弱，农牧业发展水平低，应当充分发挥资源优势，强调农牧结合，提升农牧业生产科技化水平，打造绿色产业名片，走一条具有高原特色的现代化农牧产业发展之路。生态农业、绿色农业对于实现农牧业经济发展与生态环境保护的良性循环有着重大意义；同时，加强农区和牧区、其他省市自治区乃至于世界各地的信息交流、资源共享和经济合作，加快商品流动，实现高原农牧业的跨越式发展。

4) 湖泊环境监测与应急能力建设

水质是反映湖泊最重要的指标之一，目前虽然已获得越来越多的青藏高原湖泊实测水质，但整个湖区分布着大大小小湖泊 1000 多个，受各种条件所限，对全部湖泊的现场测量是不可能的，并且湖泊水样的现场采测也有很大的局限性，对水质的空间分布和时间变化难以准确、全面地表现。因此，需要发展新的研究技术方法，以获取湖泊水质参数的时空变化。如可发展利用遥感卫星数据获取湖泊的光谱特征，形成用以征湖泊主要水质指标参数解析技术方法(朱立平等，2017)。

除了要加强湖泊水质的监测能力外，全面的高原湖泊监管应还包括生态环境保护管理、自然生态动态监测、人为引发的突发环境事件管理三方面指标，其中生态环境保护管理从生态保护制度、措施、成效、监管能力等方面设立具体指标，

与“湖长制”相结合，建立健全以党政领导负责制为核心的责任体系，落实属地管理与保护责任；自然生态动态监测重点针对自然保护区与生态保护红线区等生态敏感区，通过高分辨卫星遥感或无人机遥感监测等手段观测自然生态变化；人为因素引发的突发环境事件主要针对县域出现的突发性环境污染事件或生态环境违法案件等，需做好应急预案准备。

5) 以国家自然公园为载体的湖泊保护制度建设

国家公园是以保护具有国家代表性的自然生态系统为主要目的，实现自然资源科学保护和合理利用的特定陆域或海域，是我国自然生态系统中最重要、自然景观最独特、自然遗产最精华、生物多样性最富集的部分，保护范围大，生态过程完整，具有全球价值、国家象征，国民认同度高。

青藏高原地表生态系统分布格局和功能对全球变化的敏感性强，平衡关系十分脆弱。高寒干旱为主的气候条件下，自然环境表现出脆弱易变的不稳定性，极易退化为荒漠与戈壁，且很难恢复，不适合大规模开发。同时，青藏高原作为“世界第三极”，其独特的地理环境造就了高原特色的自然景观及珍稀动植物；作为藏族同胞的传统集居地又完整地保存了其独特的传统文化、宗教信仰、民族建筑等，形成了独具魅力的人文景观。以国家公园为保护湖泊的载体，可以在充分保护青藏高原湖泊生态的前提下，结合人文历史树立高原特色国家公园品牌，在生态保护优先的前提下，合理发展旅游业，促进当地三产融合，实现自然发展和人类发展的协同发展。

6) 保护路线图

青藏高原区域湖泊生态建设与环境保护总体可分为三个阶段，近期的主要目标为尽快划定湖泊生态保护红线，转移清退红线范围的产业和人类活动痕迹，着力解决重点地区生态退化和小流域环境污染问题，使区域环境质量明显好转，抓紧完善环保基础设施建设，控制污染源，主要治理和保护要点是发展环境友好型产业，加快传统农牧业生态转型，科学合理有序地开发矿产资源和水能资源，促进生态旅游健康发展；推进沙化土地和水土流失综合治理，加强土地整治和地质灾害防治，提高自然保护区管护水平；完善农牧民聚居区环境基础设施，建设村镇污水处理厂，提升农村和牧区固体废物安全处理率。提高生态环境监管和科研能力，建设气候变化和生态环境监测评估预警体系；完善法规标准，加强生态环境管理执法能力建设，严格执法监督。

近期目标的具体指标为水质优于Ⅱ类水的湖泊占比达到 80%，建成湖泊生态安全动态监测能力。中期主要目标是已有治理成果得到巩固，区域生态环境总体改善，主要治理和保护要点是湖泊流域产业的优化和生态化升级，利用产业带动游牧民定居，实施农村传统能源替代；开展农村面源污染治理；大力开展生态环境保护科学研究和宣传教育；其具体指标是湖泊水质优于Ⅱ类水的占比达到 85%。

远期目标是湖泊自然生态系统趋于良性循环，生态环境清洁优美，人与湖泊和谐，主要保护要点是坚守保护优先原则，优化流域产业发展，解决好定居游牧民的长远生计，实施生态补偿；具体指标是湖泊水质优于Ⅱ类水的湖泊占比达到 90%以上，生态安全得到保障(图 9-6)。

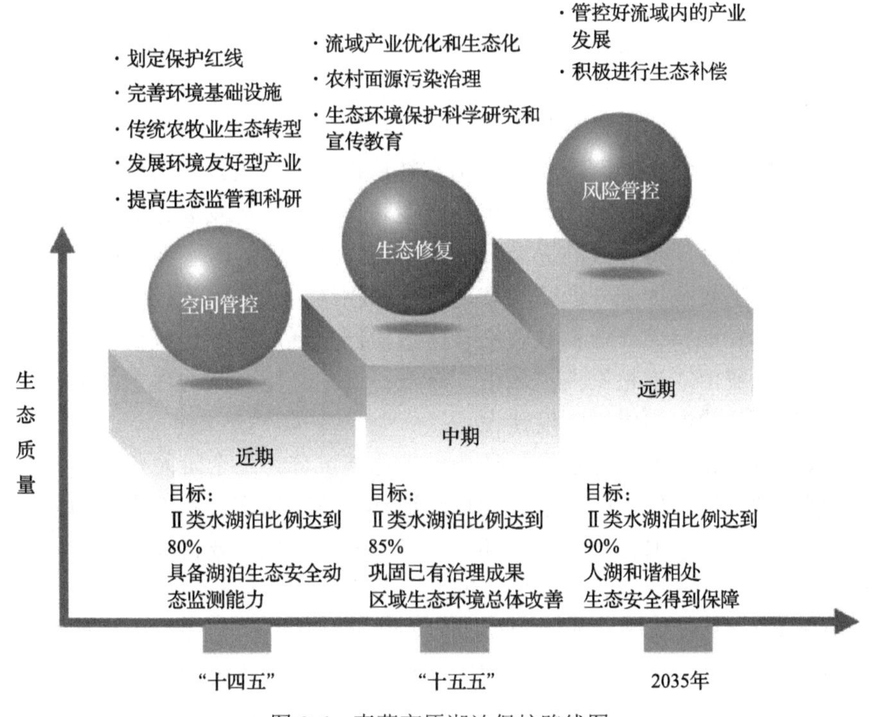

图 9-6　青藏高原湖泊保护路线图

9.3　本 章 小 结

目前我国正处于经济社会发展的转型阶段，经济发展和环境保护矛盾突出。湖泊出现了较为严重的生态环境问题，如水环境污染与水体富营养化，围湖造田与江湖阻隔等带来的水文情势变化，湖滨湿地萎缩及水生态退化等。我国湖泊保护与治理经历了四个阶段，治理措施从单一的污染控制转变为集污染控制、生态修复与综合管理为一体的流域综合治理体系，治理对象由以前的水域转变为流域。虽已取得了阶段性成效，但湖泊生态安全形势依然严峻，湖泊治理面临诸多困难，如治理理念落后与基础研究不足等。青藏高原在我国生态安全战略格局中具有重要地址，是我国面积最大的湖群，湖泊分布密集，目前有少数湖泊出现了水质下降现象，其保护与治理不能走东部湖区“先污染，后治理”的老路，防止目前水质良好湖泊富营养化将是下一阶段我国湖泊保护治理的重要任务之一。

青藏高原的湖泊保护治理需要重点关注的是如何保护、如何修复和如何管控，包括加深对青藏高原湖泊生态环境功能的重要性、生态系统的脆弱性与保护方式的重要性认识，制定极端生态脆弱区生态修复技术方案；在保护生态环境的前提下寻求青藏高原湖区经济的适度发展；不断提升湖区科学研究和生态监测能力。

保护策略的关键是解决好流域发展与湖泊保护间关系，做好区域和流域的空间管控及环境容量管控。以保护流域自然生态系统，提高水源涵养能力为重点，大力实施自然区保护、湿地保护、天然林保护等生态工程；在限制和禁止开发区建立国家公园和自然保护区。实施好生态补偿机制，加大投入力度，提高资源利用效率，生态红线范围实行生态移民和产业转移调整经济发展方式，优化产业结构，保障生态安全，将青藏高原湖区建成一个独具特色的国家级可持续发展区。

保护手段主要是加强与西藏生态功能分区相结合的分区管控；控制发展规模和速度，适度发展特色产业；农牧结合区域协同发展，改变传统粮食安全保障观念，实现种植业由“增粮”向“增效”转变；湖泊环境监测与应急能力建设；以国家公园为载体的湖泊保护制度建设。

青藏高原区域湖泊生态建设与环境保护总体可分为三个阶段，近期主要目标为尽快划定湖泊生态保护的红线，转移清退红线范围的产业和人类活动痕迹，着力解决重点地区生态退化和小流域环境污染问题。中期主要目标是已有治理成果得到巩固，区域生态环境总体改善，湖泊水质优于Ⅱ类水的湖泊占比达到85%。远期要使湖泊自然生态系统趋于良性循环，生态环境清洁优美。主要保护要点是坚守保护优先原则，优化流域产业发展，解决好定居游牧民的长远生计；湖泊水质优于Ⅱ类水的湖泊占比达到90%以上，生态安全得到保障。

参 考 文 献

阿列金. 1960. 水文化学原理[M]. 北京：地质出版社.

白由路，杨俐苹. 2006. 我国农业中的测土配方施肥[J]. 中国土壤与肥料，(2)：3-7.

蔡延玲. 2016. 浅析近五年柴达木盆地沙化土地动态变化及原因[J]. 内蒙古林业调查设计，39(4)：14-16.

曹文虎，蔡嗣经. 2004. 青海省矿产资源开发与产业发展战略研究[M]. 北京：地质出版社.

常庆瑞，安韶山，刘京，等. 2003. 陕北农牧交错带土地荒漠化本质特性研究[J]. 土壤学报，40(4)：518-523.

巢世军，拜得珍，甘小莉，等. 2014. 可鲁克湖流域植被净第一性生产力研究[J]. 青海环境，24(2)：59-61.

陈大庆. 2014. 河流水生生物调查指南[M]. 北京：科学出版社.

陈洪达，何楚华. 1975. 武昌东湖水生维管束植物的生物量及其在渔业上的合理利用问题[J]. 水生生物学报，(3)：410-420.

陈吉宁，傅涛. 2009. 基于水质的水资源模型与水质经济学初探[J]. 中国人口:资源与环境，(6)：48-52.

陈雷. 1999. 节水灌溉是一项革命性的措施[J]. 节水灌溉，(1)：1-6.

陈耀. 2014. 中西部跨越发展必须避免走“先污后治”老路[J]. 中国党政干部论坛，(4)：24-28.

成升魁，沈镭. 2000. 青藏高原人口、资源、环境与发展互动关系探讨[J]. 自然资源学报，15(4)：297-304.

程鹏，李叙勇，苏静君. 2016. 我国河流水质目标管理技术的关键问题探讨[J]. 环境科学与技术，(6)：195-205.

崔保山，赵翔，杨志峰. 2005. 基于生态水文学原理的湖泊最小生态需水量计算[J]. 生态学报，(7)：260-267.

代梨梨. 2013. 浮游动物群落对水环境改变响应机制的研究[D]. 北京：中国科学院大学.

德令哈市地方编纂委员会. 2015. 德令哈年鉴[M]. 西宁：青海民族出版社.

德令哈市人民政府，青海省环境科学研究设计院. 2012. 可鲁克湖生态环境保护项目总体实施方案(2012—2015)[R].

德令哈市人民政府. 2008. 德令哈市土地利用总体规划(2006—2020年)[R].

德令哈市人民政府. 2012. 德令哈市土地利用总体规划(2006—2020年)[R].

德令哈市人民政府. 2015a. 德令哈市政府工作报告(2015 年)[EB/OL]. http://www.delingha.gov.cn/zwgk/xxgk/zfgzbg.htm. 2015-01-30.

德令哈市人民政府. 2015b. 统计信息[EB/OL]. http://www.delingha.gov.cn.

德令哈市统计局. 2016. 德令哈市统计年鉴(2011—2015).

邓红兵, 王庆礼, 蔡庆华. 1998. 流域生态学——新学科、新思想、新途径[J]. 应用生态学报, 9(4): 443-449.

董金柱. 2020. 统筹发力: 抚仙湖流域保护发展走进新时代[EB/OL]. http://difang.gmw.cn/yn/2020-01/05/content_33456342.htm. 2020-01-05.

冯保清. 2013. 我国不同分区灌溉水有效利用系数变化特征及其影响因素分析[J]. 节水灌溉, (6): 29-32.

冯林传. 2011. 巴音河山前冲洪积平原地下水资源开发利用研究[D]. 西安: 长安大学.

冯宗炜, 冯兆忠. 2004. 青海湖流域主要生态环境问题及防治对策[J]. 生态环境学报, 13(4): 467-469.

伏洋, 肖建设, 校瑞香, 等. 2008. 气候变化对柴达木盆地水资源的影响——以可鲁克湖流域为例[J]. 冰川冻土, 30(6): 998-1006.

付建龙, 荣光忠, 李银平, 等. 2006. 青海省柴达木盆地西部油田水资源评价及钾硼锂碘提取技术现场扩大实验报告[R]. 西宁: 青海省地质调查院: 135-137.

甘贵元, 严晓兰, 赵东升, 等. 2006. 柴达木盆地德令哈断陷石油地质特征及勘探前景[J]. 石油实验地质, 28(5): 499-503.

甘贵元, 姚熙海, 陈海涛, 等. 2007. 柴达木盆地德令哈断陷油气运聚特征[J]. 新疆石油地质, 28(3): 279-281.

高鹏, 简红忠, 魏样, 等. 2012. 水肥一体化技术的应用现状与发展前景[J]. 现代农业科技, (8): 250.

高世荣, 潘力军, 孙凤英, 等. 2006. 用水生生物评价环境水体的污染和富营养化[J]. 环境科学与管理, 31(6): 174-176.

高祥照. 2008. 我国测土配方施肥进展情况与发展方向[J]. 中国农业资源与区划, 29(1): 7-10.

高祥照, 杜森, 钟永红, 等. 2015. 水肥一体化发展现状与展望[J]. 中国农业信息, (4): 14-19.

高正海, 李瑞云, 王秋军, 等. 2013. 柴达木盆地东北缘中新统遗迹化石组合及其沉积环境[J]. 沉积学报, 31(3): 413-420.

顾宗濂. 2002. 中国富营养化湖泊的生物修复[J]. 生态与农村环境学报, 18(1): 42-45.

郭爱君, 张惠茹. 2009. 西北地区产业结构对经济增长的效应分析——基于偏离一份额分析法[J]. 改革与战略, 25(1): 137-139.

郭彬, 汤兰, 唐莉华, 等. 2010. 滨岸缓冲带截留污染物机理和效果的研究进展[J]. 水土保持研究, 17(6): 257-262.

郭铌. 2003. 植被指数及其研究进展[J]. 干旱气象, 21(4): 71-75.

国家环境保护总局. 2002a. 水和废水监测分析方法[M]. 第 4 版. 中国环境科学出版社.

国家环境保护总局. 2002b. 地表水环境质量标准: GB3838-2002[S]. 北京: 中国标准出版社.

国家环境保护总局. 2006. 全国生态现状调查与评估: 西北卷[M]. 北京: 中国环境科学出版社.

国家环境保护总局, 国家质量监督检验检疫总局. 2002. 畜禽养殖业污染物排放标准: GB18596—2001[S]. 北京: 国家标准出版社.

国家林业局. 2015. 中国荒漠化和沙化状况公报[EB/OL]. http://www.forestry.gov.cn/main/65/20151229/835177.html. 2015-12-29.

国务院第一次全国污染普查领导小组办公室. 2009. 第一次全国污染普查——畜禽养殖也源产排污手册[R].

海西州地方志编纂委员会. 2008. 海西年鉴. 2003～2007[M]. 西宁: 青海民族出版社.

海西州地方志编纂委员会. 2016. 海西年鉴 2016[M]. 西宁: 青海民族出版社.

何俊, 谷孝鸿, 刘国锋. 2008. 东太湖水生植物及其与环境的相互作用[J]. 湖泊科学, 20(6): 790-795.

贺斌, 郭海英. 2010. 辽宁大伙房水库总氮总磷污染成因分析[J]. 黑龙江环境通报, (1): 70-71.

洪志强, 熊瑛, 李艳, 等. 2016. 白洋淀沉水植物腐解释放溶解性有机物光谱特性[J]. 生态学报, 36(19).

胡传林, 黄道明, 吴生桂, 等. 2005. 我国大中型水库渔业发展与多功能协调研究[J]. 水生态学杂志, 25(5): 1-4.

胡汝骥, 姜逢清, 王亚俊, 等. 2007. 论中国干旱区湖泊研究的重要意义[J]. 干旱区研究, 24(2): 137-140.

胡小贞, 许秋瑾, 蒋丽佳, 等. 2011. 湖泊缓冲带范围划定的初步研究——以太湖为例[J]. 湖泊科学, 23(5): 719-724.

胡学玉, 陈德林, 艾天成. 2006. 1990～2003 年洪湖水体环境质量演变分析[J]. 湿地科学, 4(2): 115-120.

黄桂林. 2008. 青海克鲁克-托素湖自然保护区湿地景观格局及其演变分析[J]. 林业资源管理, (4): 112-117.

黄廷林, 戴栋超, 王震, 等. 2006. 漂浮植物修复技术净化城市河湖水体试验研究[J]. 地理科学进展, 25(6): 62-67.

季笠, 李敏. 2007. 强化水资源流域管理促进流域经济社会协调发展[J]. 水利规划与设计, (6): 17-18.

简敏菲, 李玲玉, 余厚平, 等. 2015. 鄱阳湖湿地水体与底泥重金属污染及其对沉水植物群落的影响[J]. 生态环境学报, (1): 96-105.

姜加虎, 黄群. 2004. 青藏高原湖泊分布特征及与全国湖泊比较[J]. 水资源保护, 20(6): 24-27.

蒋丽佳, 胡小贞, 许秋瑾, 等. 2011. 湖滨带生态退化现状、原因分析及对策[J]. 生物学杂志, 28(5): 65-69.

金相灿. 2001. 湖泊富营养化控制和管理技术[M]. 北京: 化学工业出版社.

金相灿. 2016a. 湖滨带与缓冲带生态修复工程技术指南[M]. 北京: 科学出版社.

金相灿. 2016b. 入湖河流水环境改善与修复[M]. 北京: 科学出版社.

金相灿, 胡小贞, 储昭升, 等. 2011. “绿色流域建设”的湖泊富营养化防治思路及其在洱海的应用[J]. 环境科学研究, 24(11): 1203-1209.

金相灿, 屠清瑛. 1990. 湖泊富营养化调查规范[M]. 第 2 版. 北京: 中国环境科学出版社.

金相灿, 王圣瑞, 庞燕. 2004. 太湖沉积物磷形态及 pH 值对磷释放的影响[J]. 中国环境科学, 24(6): 707-711.

金相灿, 叶春, 颜昌宙, 等. 1999. 太湖重点污染控制区综合治理方案研究[J]. 环境科学研究, 12(5): 1-5.

金志民, 杨春文, 金建丽, 等. 2009. 镜泊湖水质及富营养化现状调查[J]. 水资源保护, 25(6): 56-57.

柯强, 赵静, 王少平, 等. 2009. 最大日负荷总量(TMDL)技术在农业面源污染控制与管理中的应用与发展趋势[J]. 生态与农村环境学报, 25(1): 85-91.

雷坤, 孟伟, 乔飞, 等. 2013. 控制单元水质目标管理技术及应用案例研究[J]. 中国工程科学, 15(3): 62-69.

雷声隆, 罗强, 张瑜芳, 等. 2003. 防渗渠道输水损失的估算[J]. 灌溉排水学报, 22(3): 7-10.

雷泽湘, 徐德兰, 顾继光, 等. 2008. 太湖大型水生植物分布特征及其对湖泊营养盐的影响[J]. 农业环境科学学报, 27(2): 698-704.

李承鼎, 康世昌, 刘勇勤, 等. 2016. 西藏湖泊水体中主要离子分布特征及其对区域气候变化的响应[J]. 湖泊科学, 28(4): 743-754.

李贵宝, 王圣瑞. 2015. 大洋洲湖泊水环境保护与管理[J]. 世界环境, (2): 39-41.

李鹤, 李军, 刘小龙, 等. 2015. 青藏高原湖泊小流域水体离子组成特征及来源分析[J]. 环境科学, (2): 430-437.

李家康, 林葆. 2001. 对我国化肥使用前景的剖析[J]. 磷肥与复肥, 16(3): 1-10.

李健, 王建军, 黄勇, 等. 2009. 青海德令哈市巴音河流域水资源开发利用[J]. 干旱区研究, (4): 33-39.

李皎, 李明慧, 方小敏, 等. 2015. 柯鲁克湖水化学特征分析[J]. 干旱区地理(汉文版), 38(1): 43-51.

李均力, 盛永伟, 骆剑承, 等. 2011. 青藏高原内陆湖泊变化的遥感制图[J]. 湖泊科学, 23(3): 311-320.

李林, 申红艳, 李红梅, 等. 2015. 柴达木盆地气候变化的区域显著性及其成因研究[J]. 自然资源学报, (4): 641-650.

李宁, 刘吉平, 王宗明. 2014. 2000—2010 年东北地区湖泊动态变化及驱动力分析[J]. 湖泊科学, 26(4): 545-551.

李茜, 逄勇, 罗缙. 2016. 青海省巴音河流域节水前后灌溉回归水计算[J]. 水资源保护, 32(1): 167-171.

李荣昉, 张颖. 2011. 鄱阳湖水质时空变化及其影响因素分析[J]. 水资源保护, 27(6): 9-13.

李小平. 2003. 美国湖泊富营养化的研究与治理[J]. 自然杂志, 24(2): 63-68.
林盛群. 2008. 水污染事件应急处理技术与决策[M]. 北京: 化学工业出版社.
刘斌涛, 陶和平, 宋春风, 等. 2013. 1960—2009 年中国降雨侵蚀力的时空变化趋势[J]. 地理研究, 32(2): 245-256.
刘赣明. 2005. 最大日负荷总量(TMDL)模式下的污染负荷分配研究[D]. 广州: 中山大学.
刘家宏, 秦大庸, 王浩, 等. 2010. 海河流域二元水循环模式及其演化规律[J]. 科学通报, 55(6): 512-521.
刘蕾, 刘建军, 朱海涌. 2008. 2001～2007 年天山南坡中段不同植被类型 NDVI 变化分析——以新疆和静县为例[J]. 中国环境监测, (5): 69-74.
刘树坤. 2002. 刘树坤访日报告: 河流整治与生态修复(五)[J]. 海河水利, (5): 64-66.
刘务林. 2013. 西藏野生动物[M]. 拉萨: 西藏人民出版社.
刘晓雪, 温忠辉, 束龙仓, 等. 2014. 近40年可鲁克湖-托素湖面积变化及影响因素分析[J]. 水资源保护, 30(1): 28-33.
刘笑菡, 冯龙庆, 张运林, 等. 2012. 浅水湖泊水动力过程对藻型湖区水体生物光学特性的影响[J]. 环境科学, 33(2): 412-420.
刘英, 岳辉, 王浩人, 等. 2016. 基于 LEGOS HYDROWEB 的青藏高原湖泊群水位和面积动态变化分析[J]. 科学技术与工程, 16(30): 169-175.
刘振元, 张杰, 陈立. 2017. 青藏高原植被指数最新变化特征及其与气候因子的关系[J]. 气候与环境研究, 22(3): 289-300.
卢宏玮. 2004. 湖滨带生态系统的恢复与重建[D]. 长沙: 湖南大学.
卢娜, 金晓媚. 2015. 柴达木盆地植被覆盖分布规律及影响因素[J]. 人民黄河, 37(1): 94-98.
马栋山, 王圣瑞, 李贵宝. 2015. 非洲水资源危机与乍得湖水问题[J]. 世界环境, (2): 42-44.
马剑敏, 靳萍, 吴振斌. 2007. 沉水植物对重金属的吸收净化和受害机理研究进展[J]. 植物学报, 24(2): 232-239.
马荣华, 杨桂山, 段洪涛, 等. 2011. 中国湖泊的数量、面积与空间分布[J]. 中国科学: 地球科学, 4: 394-401.
马世骏, 王如松. 1984. 社会-经济-自然复合生态系统[J]. 生态学报, 4(1): 3-11.
马双丽, 李晓秀, 王圣瑞, 等. 2014.芬兰湖泊水环境污染治理与保护[J]. 水利发展研究, 14(12): 106-110.
马耀明, 胡泽勇, 田立德, 等. 2014. 青藏高原气候系统变化及其对东亚区域的影响与机制研究进展[J]. 地球科学进展, 29(2): 207-215.
孟庆伟. 2007. 青藏高原特大型湖泊遥感分析及其环境意义[D]. 北京: 中国地质科学院.
南京地湖所. 2006. 太湖流域水污染控制与生态修复的研究与战略思考[J]. 湖泊科学, 18(3).
牛远, 胡小贞, 王琳杰, 等. 2019. 抚仙湖流域山水林田湖草生态保护修复思路与实践[J]. 环境工程技术学报, (5).

濮培民, 王国祥, 李正魁, 等. 2001. 健康水生态系统的退化及其修复——理论, 技术及应用[J]. 湖泊科学, 13(3): 193-203.
濮培民. 1990. 国外湖泊学研究简介[J]. 湖泊科学, (1): 76-81.
秦伯强. 2004. 太湖水环境演化过程与机理[M]. 北京: 科学出版社.
秦伯强. 2009. 太湖生态与环境若干问题的研究进展及其展望[J]. 湖泊科学, 21(4): 445-455.
秦建光, 王兆军, 蔡明玉, 等. 1983. 可鲁克湖的水化学和水生生物及渔业利用[J]. 水产科学, (4): 17-21.
青海湖流域生态监测综合技术组. 2011. 2011 年度生态监测报告[R].
青海省环境科学研究设计院. 2012a. 可鲁克湖流域生态环境基线调查报告[R].
青海省环境科学研究设计院. 2012b. 可鲁克湖生态环境保护项目总体实施方案[R].
青海省环境科学研究设计院. 2016. 柴达木盆地典型湖泊环境特征及其成因研究[R].
青海省科技厅. 2006. 青海湖流域生态环境保护与综合治理规划[R].
青海省水文水资源勘测局. 2009. 柴达木盆地水资源与开发利用调查评价[R].
青海省统计局. 2010. 青海统计年鉴 2010[M]. 北京: 中国统计出版社.
全国污染源普查水产养殖业污染源产排污系数测算项目组. 2009. 第一次全国污染普查——水产养殖业污染源产排污系数手册[R].
单保庆, 王超, 李叙勇, 等. 2015. 基于水质目标管理的河流治理方案制定方法及其案例研究[J]. 环境科学学报, 35(8): 2314-2323.
单平, 殷福才. 2003. 巢湖水污染防治回顾评价及对策研究[J]. 安徽师范大学学报(自科版), 26(3): 289-293.
宋国君, 宋宇, 王军霞, 等. 2010. 中国流域水环境保护规划体系设计[J]. 环境污染与防治, 32(12): 94-99.
宋彭生, 李武, 孙柏, 等. 2011. 盐湖资源开发利用进展[J]. 无机化学学报, 27(5): 801-815.
宋先松. 2004. 黑河流域水资源约束下的产业结构调整研究——以张掖市为例[J]. 干旱区资源与环境, 18(5): 81-84.
孙成明, 孙政国, 穆少杰, 等. 2011. 基于MODIS的植被指数模型及其在草地生态系统中的应用[J]. 中国农学通报, 27(22): 84-88.
孙鸿烈, 郑度. 1998. 青藏高原形成演化与发展[M]. 广州: 广东科技出版社.
田富银, 陈喜善, 刘定坚. 1995. 青海北川河流域水环境现状评价及污染防治基本对策[J]. 青海环境, (4): 187-190.
汪超, 尹娟, 邱小琮. 2016. 旅游活动对沙湖水环境质量影响评价[J]. 宁夏工程技术, 15(1): 82-87.
王斌, 李伟. 2002. 不同 N、P 浓度条件下竹叶眼子菜的生理反应[J]. 生态学报, 22(10): 1616-1621.

王海泉, 李晓华. 2014. 青藏高原湖区可鲁克湖水生态系统调查与分析[J]. 青海师范大学学报(自然科学版), (2): 62-66.

王海英, 董锁成, 尤飞, 等. 2003. 黄河沿岸地带水资源约束下的产业结构优化与调整研究[J]. 中国人口·资源与环境, 13(2): 79-83.

王浩. 2010. 水生态系统保护与修复理论和实践[M]. 北京: 中国水利水电出版社.

王恒山, 杨晓丽, 周小平, 等. 2016. 青藏湖区可鲁克湖氮形态空间分布研究[J]. 青海环境, 26(4): 153-158.

王洪铸, 王海军, 刘学勤, 等. 2015. 实施环境-水文-生态-经济协同管理战略, 保护和修复长江湖泊群生态环境[J]. 长江流域资源与环境, 24(3): 353-357.

王基琳. 1986. 关于青海可鲁克湖资源增殖问题的探讨[J]. 淡水渔业, (4): 10-10.

王基琳, 陈瑗, 蒋卓群, 等. 1982. 青海省可鲁克湖水生植物资源及其在渔业上的利用意见[J]. 淡水渔业, (3): 9-11.

王菊翠, 丁华, 胡安焱. 2008. 陕西关中地区生态需水量的初步估算[J]. 干旱区研究, 25(1): 22-27.

王珺, 顾宇飞, 朱增银, 等. 2005. 不同营养状态下金鱼藻的生理响应[J]. 应用生态学报, 16(2): 337-340.

王林, 刘家忠, 刘宇, 等. 2012. 抚仙湖流域水土流失与入湖污染负荷量调查研究[J]. 安徽农业科学, 40(4): 2157-2158.

王曼霖, 席北斗, 许其功, 等. 2012. 镜泊湖水体水溶性有机物荧光特性研究[J]. 光谱学与光谱分析, 32(9): 2477-2481.

王圣瑞. 2015. 中国湖泊环境演变与保护管理[M]. 北京: 科学出版社.

王圣瑞, 焦立新, 金相灿, 等. 2008. 长江中下游浅水湖泊沉积物 TN、可交换态氮与固定态铵的赋存特征[J]. 环境科学学报, 28(1): 37-43.

王圣瑞, 李贵宝. 2017. 国外湖泊水环境保护和治理对我国的启示[J]. 环境保护, (10): 64-68.

王苏民. 1998. 中国湖泊志[M]. 北京: 科学出版社.

王晓学, 胡元明, 彭树恒, 等. 2017. 流域一体化下的生态文明先行示范区建设探索[J]. 水资源保护, 33(1): 83-89.

王玉明. 2007. 滴灌、喷灌及管灌对马铃薯产量与水分生产效益的影响[J]. 华北农学报, 22(s3): 83-84.

王兆印, 邵东国, 邵学军,等. 2009. 长江流域水沙生态综合管理[M]. 北京: 科学出版社.

王志芸. 2016. 基于系统动力学的高原湖泊流域污染负荷入湖总量预测的应用研究[J]. 生态经济(中文版), 32(6): 179-182.

尉元明, 朱丽霞, 乔艳君, 等. 2003. 干旱地区灌溉农田化肥施用现状与环境影响分析[J]. 干旱区资源与环境, 17(5): 65-69.

魏振铎. 1991. 柴达木盆地沙区植被破坏的由来与对策研究[J]. 青海环境, (1): 5-8.

吴丰昌, 金相灿, 张润宇, 等. 2010. 论有机氮磷在湖泊水环境中的作用和重要性[J]. 湖泊科学, 22(1): 1-7.
吴丰昌, 王立英, 黎文, 等. 2008. 天然有机质及其在地表环境中的重要性[J]. 湖泊科学, 20(1): 1-12
吴小刚, 尹定轩, 宋洁人, 等. 2006. 我国突发性水资源污染事故应急机制的若干问题评述[J]. 水资源保护, 22(2): 76-79.
吴振斌, 邱东茹, 贺锋, 等. 2001. 水生植物对富营养水体水质净化作用研究[J]. 植物科学学报, 19(4): 299-303.
吴振斌, 邱东茹, 贺锋, 等. 2003. 沉水植物重建对富营养水体氮磷营养水平的影响[J]. 应用生态学报, 14(8): 1351-1353.
席北斗, 魏自民, 赵越, 等. 2008. 垃圾渗滤液水溶性有机物荧光谱特性研究[J]. 光谱学与光谱分析, 28(11): 2605-2608.
夏建新, 任华堂, 陶亚. 2009. 基于 TMDL 的深圳湾海域水污染防治规划研究[C]//中国环境科学学会 2009 年学术年会论文集(第一卷). 北京: 北京航空航天大学出版社.
夏菁, 张翔, 朱志龙, 等. 2015. TMDL 计划在长湖水污染总量控制中的应用[J]. 环境科学与技术, 38(7).
夏敬源. 2011. 大力推进农作物病虫害绿色防控技术集成创新与产业化推广[J]. 今日农药, 30(3): 20-24.
向波, 缪启龙, 高庆先. 2001. 青藏高原气候变化与植被指数的关系研究[J]. 高原山地气象研究, 21(1): 29-36.
向军, 逄勇, 李一平, 等. 2008. 浅水湖泊水体中不同颗粒悬浮物静沉降规律研究[J]. 水科学进展, 19(1): 111-115.
谢刚, 彭岩波, 李必成, 等. 2006. TMDL 计划与小流域污染综合治理思路的研究——以南水北调东线山东段治污为例[J]. 农机化研究, (5): 189-192.
谢理, 杨浩, 渠晓霞, 等. 2013. 滇池典型陆生和水生植物溶解性有机质组分的光谱分析[J]. 环境科学研究, 26(1): 72-79.
谢贻发. 2008. 沉水植物与富营养湖泊水体、沉积物营养盐的相互作用研究[D]. 广州: 暨南大学.
邢乃春, 陈捍华. 2005. TMDL 计划的背景, 发展进程及组成框架[J]. 水利科技与经济, 11(9): 534-537.
徐开钦, 齐连惠, 蛯江美孝, 等. 2010. 日本湖泊水质富营养化控制措施与政策[J]. 中国环境科学, 30(增刊).
徐志伟. 2016. 工业经济发展、环境规制强度与污染减排效果——基于“先污染, 后治理”发展模式的理论分析与实证检验[J]. 财经研究, 42(3): 134-144.
许春雪, 袁建, 王亚平, 等. 2011. 沉积物中磷的赋存形态及磷形态顺序提取分析方法[J]. 岩矿测试, 30(6): 785-794.

薛志成. 1998. 国内外田间节水灌溉新法[J]. 节水灌溉, (6): 18-19.
闫立娟, 郑绵平, 魏乐军. 2016. 近40年来青藏高原湖泊变迁及其对气候变化的响应[J]. 地学前缘, 23(4): 310-323.
闫露霞, 孙美平, 姚晓军,等. 2018. 青藏高原湖泊水质变化及现状评价[J]. 环境科学学报.
杨桂山, 马荣华, 张路, 等. 2010. 中国湖泊现状及面临的重大问题与保护策略[J]. 湖泊科学, 22(6): 799-810.
杨明慧. 1999. 德令哈中生代沉积盆地成因类型及其与南祁连造山带的关系[J]. 西北地质科学, (1): 15-22.
姚生海, 张加庆, 李文巧, 等. 2016. 德令哈莲湖地区泥火山特征及托素湖, 可鲁克湖成因调查研究[J]. 西北地质, (3): 155-163.
姚檀栋, 姚治君. 2010. 青藏高原冰川退缩对河水径流的影响[J]. 自然杂志, 32(1): 4-8.
叶春. 2007. 退化湖滨带水生植物恢复技术及工程示范研究[D]. 上海: 上海交通大学.
叶春, 李春华, 邓婷婷. 2015. 论湖滨带的结构与生态功能[J]. 环境科学研究, 28(2): 171-181.
叶春, 李春华, 吴蕾, 等. 2015. 湖滨带生态退化及其与人类活动的相互作用[J]. 环境科学研究, 28(3): 401-407.
叶春, 邹国燕, 付子轼, 等. 2007. TN浓度对3种沉水植物生长的影响[J]. 环境科学学报, 27(5): 739-746.
叶兴平, 张玉超. 2008. TMDL计划在污染物总量控制中的应用初探[J]. 环境科学与管理, 33(8): 13-16.
佚名. 1998. 西藏的植物资源[J]. 西藏科技,(4): 18-22.
于伯华, 吕昌河. 2011. 青藏高原高寒区生态脆弱性评价[J]. 地理研究, 30(12): 2289-2295.
余国营, 刘永定. 2000. 滇池水生植被演替及其与水环境变化关系[J]. 湖泊科学, 12(1): 73-80.
余辉. 2013. 湖滨带生态修复与缓冲带建设技术及工程示范[J]. 中国科技成果, (4): 40-41.
余疆江, 郑绵平, 伍倩, 等. 2016. 西藏班戈湖淡化湖水的自然蒸发和析盐规律[J]. 科技导报, 34(5): 60-66.
虞孝感, 吴泰来, 姜加虎, 等. 2000. 关于1999年太湖流域洪水灾情、成因及流域整治的若干认识和建议[J]. 湖泊科学, 12(1): 1-5.
袁媛, 万剑华, 万玮. 2016. 近40年青藏高原湖泊环境变化遥感分析研究[J]. 环境科学与管理, 41(10).
曾海鳌, 吴敬禄. 2010. 蒙新高原湖泊水质状况及变化特征[J]. 湖泊科学, 22(6): 882-887.
张高社. 2008. 正确运用科学发展观 推进德令哈市工业化与城市化进程[J]. 柴达木开发研究, (3): 4-8.
张根芳, 邓闽中, 方爱萍. 2005. 蚌、鱼养殖模式对水体富营养化控制作用的研究[J]. 中国海洋大学学报(自然科学版), 35(3): 491-495.
张鸿光, 阎莎莎, 杨国栋. 2012. 农作物病虫害绿色防控技术指南[M]. 北京: 中国农业出版社.

张骏, 曾金华, 孙亚乔, 等. 2002. 柴达木盆地土地荒漠化成因分析[C]. 中国西北部重大工程地质问题论坛: 190-194.

张荣祖. 1982. 西藏自然地理[M]. 北京: 科学出版社.

张西营, 马海州, 韩凤清, 等. 2007. 德令哈盆地尕海湖 DG03 孔岩芯矿物组合与古环境变化[J]. 沉积学报, 25(5): 767-773.

张兴奇, 秋吉康弘, 黄贤金. 2006. 日本琵琶湖的保护管理模式及对江苏省湖泊保护管理的启示[J]. 资源科学, 28(6): 39-45.

张亚丽, 许秋瑾, 席北斗, 等. 2011. 中国蒙新高原湖区水环境主要问题及控制对策[J]. 湖泊科学, (6): 10-18.

张镱锂, 李炳元, 郑度. 2002. 论青藏高原范围与面积[J]. 地理研究, 21(1):1-8.

张运林, 秦伯强. 2007. 梅梁湾、大太湖夏季和冬季 CDOM 特征及可能来源分析[J]. 水科学进展, 18(3): 415-423.

张运林, 秦伯强, 胡维平, 等. 2006. 太湖典型湖区真光层深度的时空变化及其生态意义[J]. 中国科学: D 辑, 36(3): 287-296.

张志斌. 2014. 滇池水污染治理的分析及思考[J]. 环境工程, 32(12): 26-29.

章家恩, 徐琪. 1999. 生态退化的形成原因探讨[J]. 生态科学, 18(3): 27-32.

赵串串, 董旭, 辛文荣, 等. 2009. 柴达木盆地土地沙漠化现状分析与治理对策研究[J]. 水土保持通报, (1): 196-199.

赵克金, 刘放光, 巴桑罗布. 2003. 西藏野生动物资源及其监测体系的探讨[J]. 中南林业调查规划, 22(3): 9-11.

赵利华, 王基琳, 张玉书, 等. 1990. 青海省柴达木盆地可鲁克湖渔业环境和鱼类引种[J]. 水产学报, 14(4): 286-296.

赵美风, 席建超, 葛全胜. 2011. 六盘山生态旅游区水质变化对人类旅游活动干扰的动态响应[J]. 资源科学, 33(9): 1815-1821.

赵晓飞. 2016. 抚仙湖流域生态保护与治理研究[C]. 2016 中国环境科学学会学术年会论文集: 1738-1743.

赵跃龙. 1999. 中国脆弱生态环境类型分布及其综合整治[M]. 北京: 中国环境科学出版社.

郑丙辉. 2014. "十二五"太湖富营养化控制与治理研究思路及重点[J]. 环境科学研究, 27(7): 683-687.

郑建宗, 刘黎明, 秦海山, 等. 2005. 柴达木荒漠地带生态建设规划与模式设计——以德令哈市荒漠类退化草场建设为例[J]. 中国水土保持, (11): 12-14.

郑绵平, 刘喜方. 2010. 青藏高原盐湖水化学及其矿物组合特征[J]. 地质学报, 84(11): 1585-1600.

中国环境规划院. 2003. 全国水环境容量核定技术指南[R].

中国土壤分类与代码 GB/T 17296—2009.

中华人民共和国环境保护部. 2011. 突发环境事件应急监测技术规范: HJ589—2010[S]. 北京: 中国标准出版社.

中华人民共和国林业部防治沙漠化办公室. 1994. 联合国关于在发生严重干旱和/或沙漠化的国家特别是在非洲防治沙漠化的公约[M]. 北京: 中国林业出版社.

钟德才. 1986. 柴达木盆地沙漠形成和演变的初步研究[J]. 中国科学院兰州沙漠所集刊(3): 136.

周小平, 杨晓丽. 2017. 基于主成分分析法的青藏高原湖区可鲁克湖水质评价[J]. 青海大学学报, (1): 78-85.

周兴民. 2000. 加强生态建设发展生态畜牧业——论青海省21世纪草地畜牧业可持续发展战略[J]. 青海环境, (3): 108-111.

周永欣, 王士达, 夏宜琤. 1983. 水生生物与环境保护[M]. 北京: 科学出版社.

周元军. 2005. 我国生态畜牧业的发展研究[J]. 安徽农业科学, 33(4): 725-726.

朱党生, 张建永, 李扬, 等. 2011. 水生态保护与修复规划关键技术[J]. 水资源保护, 27(5): 59-64.

朱海勇, 陈永金, 刘加珍, 等. 2013. 塔里木河中下游地下水化学及其演变特征分析[J]. 干旱区地理(汉文版), 36(1): 8-18.

朱立平, 乔宝晋, 杨瑞敏, 等. 2017. 青藏高原湖泊水量与水质变化的新认知[J]. 自然杂志, 39(3): 166-172.

朱兆良. 2003. 合理使用化肥充分利用有机肥发展环境友好的施肥体系[J]. 中国科学院院刊, 18(2): 89-93.

庄犁, 周慧平, 张龙江. 2015. 我国畜禽养殖业产排污系数研究进展[J]. 生态与农村环境学报, 31(5): 633-639.

卓玛措, 乔菊先. 2017. 对青藏高原藏区绿色发展的思考[J]. 青藏高原论坛, 5(2): 1-6.

Ao H, Wu C, Xiong X, et al. 2014. Water and sediment quality in Qinghai Lake, China: A revisit after half a century[J]. Environmental Monitoring and Assessment, 186(4): 2121-2133.

Baker A. 2002. Fluorescence excitation-emission matrix characterization of river waters impacted by a tissue mill effluent[J]. Environmental Science & Technology, 36(7): 1377-1382.

Birkeland S. 2001. EPA's TMDL program[J]. Ecology Law Quarterly: 297-325.

Borsuk M E, Stow C A, Reckhow K H. 2003. An integrated approach to TMDL development for the Neuse River estuary using a Bayesian probability network model(Neu-BERN)[J]. Journal of Water Resources Planning and Management, 129: 271-282.

Brown M T, Starnes E M. 1983. A wetlands study of seminole county[R]. Center for Wetlands and Department of Urban and Regional Planning, University of Florida, Gainesville. Technical Report, 41.

Cairns Jr J. 1991. The status of the theoretical and applied science of restoration ecology[J]. Environmental Professional, 13(3): 186-194.

Catalan J, Pla S, Rieradevall M, et al. 2002. Lake Redó ecosystem response to an increasing warming the Pyrenees during the twentieth century[J]. Journal of Paleolimnology, 28 (1) : 129-145.

Chambers P A. 1987. Light and nutrients in the control of aquatic plant community structure. II. *In situ* observations[J]. Journal of Ecology, 75 (3) : 621-628.

Chambers P A, Kalff J. 1987. Light and nutrients in the control of aquatic plant community structure. I. *In situ* experiments[J]. Journal of Ecology, 75 (3) : 611-619.

Chen J, Jönsson P, Tamura M, et al. 2004. A simple method for reconstructing a high-quality NDVI time-series data set based on the Savitzky-Golay filter[J]. Remote Sensing of Environment, 91 (3-4) : 332-344.

Chen W, Westerhoff P, Leenheer J A, et al. 2003. Fluorescence excitation-emission matrix regional integration to quantify spectra for dissolved organic matter[J]. Environmental Science & Technology, 37 (24) : 5701.

Chen X, Hu B R. 2005. Spatial and temporal variation of phenological growing season and climate change impacts in temperate eastern China[J]. Global Change Biology, 11 (7) : 1118-1130.

Chin Y P, Aiken G, O'Loughlin E. 1994. Molecular weight, polydispersity, and spectroscopic properties of aquatic humic substances[J]. Environmental science & technology, 28 (11) : 1853-1858.

Clifton J, Benson A. 2006. Planning for sustainable ecotourism: the case for research ecotourism in developing country destinations[J]. Journal of Sustainable Tourism, 14 (3) : 238-254.

Coble P G. 1996. Characterization of marine and terrestrial DOM in seawater using excitation-emission matrix spectroscopy[J]. Marine Chemistry, 51 (4) : 325-346.

Conley D J, Paerl H W, Howarth R W, et al. 2009. Controlling eutrophication: Nitrogen and phosphorus[J]. Science, 323 (5917) : 1014-1015.

Cory R M, Miller M P, Mcknight D M, et al. 2010. Effect of instrument-specific response on the analysis of fulvic acid fluorescence spectra[J]. Limnology & Oceanography Methods, 8 (1) : 67-78.

Daniels R B, Gilliam J W. 1996. Sediment and chemical load reduction by grass and riparian filters[J]. Soil Science Society of America Journal, 60 (1) : 246-251.

Davis S M, Ogden J C. 1994. Everglades: The ecosystem and its restoration[J]. Colonial Waterbirds, 19 (1) : 157.

Dillaha T A. 1989. Vegetative filter strips for agricultural non-point source pollution control[J]. Transactions of the American Society of Agricultural Engineers, 32 (32) : 513-519.

Feth J H, Gibbs R J. 1971. Mechanisms controlling world water chemistry: Evaporation-crystallization process[J]. Science, 172 (3985) : 870.

Folke C, Carpenter S, Walker B, et al. 2004. Regime shifts, resilience, and biodiversity in ecosystem management[J]. Annual Review of Ecology Evolution and Systtematics, 35: 557-581.

Fukushima T, Arai H. 2015. Regime shifts observed in Lake Kasumigaura, a large shallow lake in Japan: analysis of a 40-year limnological record[J]. Lakes & Reservoirs: Research & Management, 20(1): 54-68.

Fukushima T, Ishibashi T, Imai A. 2001. Chemical characterization of dissolved organic matter in Hiroshima Bay, Japan[J]. Estuarine, Coastal and Shelf Science, 53(1): 51-62.

Grossman G M, Krueger A B. 1994. Economic growth and the environment[J]. Nber Working Papers, 40(1): 61-77.

Hadwen W L, Bunn S E. 2004. Tourists increase the contribution of autochthonous carbon to littoral zone food webs in oligotrophic dune lakes[J]. Marine & Freshwater Research, 55(7): 701-708.

Hall D J, Werner E E. 1977. Seasonal distribution and abundance of fishes in the littoral zone of a Michigan lake[J]. Transactions of the American Fisheries Society, 106(6): 545-555.

Hayakawa A, Shimizu M, Woli K P, et al. 2006. Technical report-surface water quality-evaluating stream water quality through land use analysis in two grassland catchments: Impact of wetlands on stream nitrogen concentration[J]. Journal of Environmental Quality, 35(2): 617-627.

Huang X, Sillanpää M, Gjessing E T, et al. 2009. Water quality in the Tibetan Plateau: major ions and trace elements in the headwaters of four major Asian rivers[J]. Science of the Total Environment, 407(24): 6242-6254.

Huguet A, Vacher L, Relexans S, et al. 2009. Properties of fluorescent dissolved organic matter in the Gironde Estuary[J]. Organic Geochemistry, 40(6): 706-719.

Irfanullah H M, Moss B. 2004. Factors influencing the return of submerged plants to a clear-water, shallow temperate lake[J]. Aquatic Botany, 80(3): 177-191.

Jaffé R, Boyer J N, Lu X, et al. 2004. Source characterization of dissolved organic matter in a subtropical mangrove-dominated estuary by fluorescence analysis[J]. Marine Chemistry, 84(3-4): 195-210.

Jin X C. 1990. Eutrophication of lakes in China[M]. Beijing: China Environmental Science Press.

Kalbitz K, Geyer S, Geyer W. 2000. A comparative characterization of dissolved organic matter by means of original aqueous samples and isolated humic substances[J]. Chemosphere, 40(12): 1305-1312.

Kang L, Zhou T, Gan Y, et al. 2017. Spatial and temporal patterns of soil erosion in the Tibetan Plateau from 1984 to 2013[J]. Chinese Journal of Applied & Environmental Biology.

Kirk J T O. 1994. Light and photosynthesis in aquatic ecosystems[M]. New York: Cambridge University Press.

Kitabatake Y. 1982. Welfare cost of eutrophication-caused production losses: A case of aquaculture in Lake Kasumigaura[J]. Journal of Environmental Economics and Management, 9(3): 199-212.

Kumagai M, Vincent W F, Ishikawa K, et al. 2003. Lessons from Lake Biwa and other Asian Lakes: Global and local perspectives[M]. Freshwater management. Tokyo, Springer: 1-22.

Le C, Zha Y, Li Y, et al. 2010. Eutrophication of lake waters in China: cost, causes, and control[J]. Environmental Management, 45(4): 662-668.

Li L, Fassnacht F E, Storch I, et al. 2017. Land-use regime shift triggered the recent degradation of alpine pastures in NyanpoYutse of the eastern Qinghai-Tibetan Plateau[J]. Landscape Ecology, (8): 1-17.

Li X Y, Ma Y J, Xu H Y, et al. 2009. Impact of land use and land cover change on environmental degradation in Lake Qinghai watershed, northeast Qinghai-Tibet Plateau[J]. Land Degradation & Development, 20(1): 69-83.

Lin Q, Xu L, Hou J, et al. 2017. Responses of trophic structure and zooplankton community to salinity and temperature in Tibetan lakes: Implication for the effect of climate warming[J]. Water Research, 124: 618-629.

Liu W, Li S, Bu H, et al. 2012. Eutrophication in the Yunnan Plateau lakes: The influence of lake morphology, watershed land use, and socioeconomic factors[J]. Environmental Science and Pollution Research, 19(3): 858-870.

Liu W, Zhang Q, Liu G. 2010. Lake eutrophication associated with geographic location, lake morphology and climate in China[J]. Hydrobiologia, 644(1): 289-299.

Lu S J, Si J H, Hou C Y, et al. 2017. Spatiotemporal distribution of nitrogen and phosphorus in alpine lakes in the Sanjiangyuan Region of the Tibetan Plateau[J]. Water Science & Technology, 76(2): 396-412.

Lutz A F, Immerzeel W W, Shrestha A B, et al. 2014. Consistent increase in High Asia's runoff due to increasing glacier melt and precipitation[J]. Nature Climate Change, 4(7): 587.

Ma X, Liu G, Wu X, et al. 2018. Influence of land cover on riverine dissolved organic carbon concentrations and export in the Three Rivers Headwater Region of the Qinghai-Tibetan Plateau[J]. Science of The Total Environment, 630: 314-322.

Mao D, Wang Z, Yang H, et al. 2018. Impacts of climate change on Tibetan lakes: Patterns and processes[J]. Remote Sensing, 10(3): 358.

McKnight D M, Boyer E W, Westerhoff P K, et al. 2001. Spectrofluorometric characterization of dissolved organic matter for indication of precursor organic material and aromaticity[J]. Limnology & Oceanography, 46(1): 38-48.

Menzel A. 2003. Plant Phenological Anomalies in Germany and their Relation to Air Temperature and NAO[J]. Climatic Change, 57(3): 243-263.

Ministry of Agriculture of P. R. China. 2009. Generation and emission coefficient manual of livestock farming for the first Chinese Pollution Source Census[R].

Ministry of Ecology and Environment of P. R. China(MEE). 2008. Report on the State of the Ecology and Environment in China 2017[R].

Mu C, Zhang T, Peng X, et al. 2014. The organic carbon pool of permafrost regions on the Qinghai-Xizang(Tibetan) Plateau[J]. Cryosphere Discussions, 8(5): 5015-5033.

National Research Council. 1992. Restoration of Aquatic Ecosystems: Science, Technology, and Public Policy[M]. National Academies Press.

Noges T. 2009. Relationships between morphometry, geographic location and water quality parameters of European lakes[J]. Hydrobiologia, 633(1): 33-43.

Oliva M, Pereira P, Antoniades D. 2018. The environmental consequences of permafrost degradation in a changing climate[J]. Science of the Total Environment, S616–617: 435-437.

Petersen M S. 1986. River Engineering[J]. Tu Delft Department Hydraulic Engineering.

Pifer A D, Fairey J L. 2012. Improving on $SUVA_{254}$ using fluorescence-PARAFAC analysis and asymmetric flow-field flow fractionation for assessing disinfection byproduct formation and control[J]. Water Research, 46(9): 2927-2936.

Qin Y, Zheng B. 2010. The Qinghai-Tibet Railway: A landmark project and its subsequent environmental challenges[J]. Environment, Development and Sustainability, 12(5): 859-873.

Rhoads B L, Herricks E E. 1996. Naturalization of headwater streams in Illinois: Challenges and possibilities[M]. New York: John Wiley & Sons.

Smith V H. 2003. Eutrophication of freshwater and coastal marine ecosystems a global problem[J]. Environmental Science and Pollution Research, 10(2): 126-139.

Spencer R G M, Pellerin B A, Bergamaschi B A, et al. 2007. Diurnal variability in riverine dissolved organic matter composition determined by in situ optical measurement in the San Joaquin River(California, USA)[J]. Hydrological Processes: An International Journal, 21(23): 3181-3189.

Sun H L, Zheng D, Yao T D, et al. 2012. Protection and construction of the national ecological security shelter zone on Tibetan Plateau[J]. Acta GeographicaSinica, 67(1): 3-12.

Tao S, Fang J, Zhao X, et al. 2015. Rapid loss of lakes on the Mongolian Plateau[J]. Proceedings of the National Academy of Sciences, 112(7): 2281-2286.

Tobin E. Pronsolino V. 2003. Nastri: Are TMDLs for Nonpoint Sources the Key to Controlling the “Unregulated” Half of Water Pollution?[J]. Environmental Law: 807-840.

Tong Y, Li J, Qi M, et al. 2019. Impacts of water residence time on nitrogen budget of lakes and reservoirs[J]. Science of the Total Environment, 646: 75-83.

Tong Y, Zhang W, Wang X, et al. 2017. Decline in Chinese lake phosphorus concentration accompanied by shift in sources since 2006[J]. Nature Geoscience, 10(7): 507.

Tremblay L, Benner R. 2006. Microbial contributions to N-immobilization and organic matter preservation in decaying plant detritus[J]. Geochimica et Cosmochimica Acta, 70(1): 133-146.

Wang G, Wang Y, Li Y, et al. 2007. Influences of alpine ecosystem responses to climatic change on soil properties on the Qinghai-Tibet Plateau, China[J]. Catena, 70(3): 506-514.

Wang H Z, Liu X Q, Wang H J. 2016.The Yangtze River Floodplain: Threats and Rehabilitation[M]// Fishery Resources, Environment, and Conservation in the Mississippi and Yangtze(Changjiang) River Basins.

Wang L Y, Wu F C, Zhang R Y, et al. 2009. Characterization of dissolved organic matter fractions from Lake Hongfeng, Southwestern China Plateau[J]. Journal of Environmental Sciences, 21(5): 581-588.

Wang S, Dou H. 1998. Chinese Lakes[M]. Beijing: Science Press.

Wang Y, Wang G, Hu H, et al. 2008. Erosion rates evaluated by the ^{137}Cs technique in the high altitude area of the Qinghai-Tibet plateau of China[J]. Environmental Geology, 53(8): 1743-1749.

Wolfram G, Argillier C, De Bortoli J, et al. 2009. Reference conditions and WFD compliant class boundaries for phytoplankton biomass and chlorophyll-a in Alpine lakes[J]. Hydrobiologia, 633(1): 45-58.

Wu TH, Zhao L, Li R, et al. 2013. Recent ground surface warming and its effects on permafrost on the central Qinghai-Tibet Plateau[J]. International Journal of Climatology, 33(4): 920-930.

Xu H, Hou Z, An Z, et al. 2010. Major ion chemistry of waters in Lake Qinghai catchments, NE Qinghai-Tibet plateau, China[J]. Quaternary International, 212(1): 35-43.

Yang F B, Lu C H. 2016. Assessing changes in wind erosion climatic erosivity in China's dryland region during 1961-2012[J]. Journal of Geographical Sciences, (26): 1276.

Yang G S, Ma R H, Zhang L et al. 2010. Lake status, major problems and protection strategy in China[J]. Journal of Lake Sciences, 22(6): 799-810.

Yang W X, Xia Y Q, Jiang X S, et al. 2015. Influencing factors and estimation of total phosphorus runoff from farmlands in China[J]. Journal of Agro-Environment Science, 34: 319-325.

Yang Y, Hu R, Lin Q, et al. 2018. Spatial structure and β-diversity of phytoplankton in Tibetan Plateau lakes: nestedness or replacement?[J]. Hydrobiologia, 808(1): 301-314.

Yang Z P, Yang H O, Xu X L, et al. 2010. Effects of permafrost degradation on ecosystems[J]. Acta EcologicaSinica, 30(1): 33-39.

Yang Z Y, Li C Y, Zhang S et al. 2009. Temporal and spatial distribution of chlorophyll-a concentration and the relationships with TN, TP concentrations in Lake Ulansuhai, Inner Mongolia[J]. Journal of Lake Sciences, 21(3): 429-433.

Zhang G, Yao T, Xie H, et al. 2014. Lakes' state and abundance across the Tibetan Plateau[J]. Chinese Science Bulletin, 59(24): 3010-3021.

Zhang Y, Zhang B, Ma R, et al. 2007. Optically active substances and their contributions to the underwater light climate in Lake Taihu, a large shallow lake in China[J]. Fundamental and Applied Limnology/ArchivfürHydrobiologie, 170(1): 11-19.

Zhang Y, Zhang E, Yin Y, et al. 2010. Characteristics and sources of chromophoric dissolved organic matter in lakes of the Yungui Plateau, China, differing in trophic state and altitude[J]. Limnology & Oceanography, 55(6): 2645-2659.

Zhao L, Wu X, Wang Z, et al. 2018. Soil organic carbon and total nitrogen pools in permafrost zones of the Qinghai-Tibetan Plateau[J]. Scientific Reports, 8(1): 3656.

Zhou Y, Ma J, Zhang Y, et al. 2017. Improving water quality in China: Environmental investment pays dividends[J]. Water Research, 118: 152-159.

Zsolnay A, Baigar E, Jimenez M, et al. 1999. Differentiating with fluorescence spectroscopy the sources of dissolved organic matter in soils subjected to drying[J]. Chemosphere, 38(1): 45-50.